高｜等｜学｜校｜计｜算｜机｜专｜业｜系｜列｜教｜材

MATLAB
仿真建模实用教程

潘 巍 编著

U0252689

清華大学出版社
北京

内 容 简 介

　　MATLAB语言是目前世界上极为流行的科学计算语言之一。通过本书的学习,读者不仅能运用MATLAB语言进行科学计算,还能利用 Simulink 仿真工具完成系统的建模与分析。

　　全书分为 12 章,内容包括 MATLAB 入门,MATLAB 的数据与数据类型,数组、矩阵及其运算,MATLAB 的程序设计,MATLAB 的数值计算,MATLAB 的文件操作,MATLAB 的绘图,图形用户界面的设计与实现,Simulink 概述,常用模块库及数据的导入与导出,动态系统的仿真与分析和子系统。

　　本书针对通识选修类、电子信息类或计算机科学与技术类的本科生和研究生编写,内容丰富、案例典型、实用性强,既可作为 MATLAB 仿真建模课程的教材,也可作为广大科研和工程技术人员的参考书。

本书封面贴有清华大学出版社防伪标签,无标签者不得销售。

版权所有,侵权必究。举报:010-62782989,beiqinquan@tup.tsinghua.edu.cn。

图书在版编目(CIP)数据

MATLAB仿真建模实用教程/潘巍编著. —北京:清华大学出版社,2023.3
高等学校计算机专业系列教材
ISBN 978-7-302-62846-0

Ⅰ.①M⋯　Ⅱ.①潘⋯　Ⅲ.①计算机仿真－Matlab 软件－高等学校－教材　Ⅳ.①TP317

中国国家版本馆 CIP 数据核字(2023)第 035276 号

责任编辑:龙启铭
封面设计:何凤霞
责任校对:申晓焕
责任印制:宋　林

出版发行:清华大学出版社
　　　网　　　址:http://www.tup.com.cn,http://www.wqbook.com
　　　地　　　址:北京清华大学学研大厦 A 座　　　　　邮　　编:100084
　　　社 总 机:010-83470000　　　　　　　　　　　　邮　　购:010-62786544
　　　投稿与读者服务:010-62776969,c-service@tup.tsinghua.edu.cn
　　　质量反馈:010-62772015,zhiliang@tup.tsinghua.edu.cn
　　　课件下载:http://www.tup.com.cn,010-83470236
印 装 者:三河市天利华印刷装订有限公司
经　　销:全国新华书店
开　　本:185mm×260mm　　　印　张:21.5　　　字　数:497 千字
版　　次:2023 年 5 月第 1 版　　　　　　　印　次:2023 年 5 月第 1 次印刷
定　　价:59.00 元

产品编号:095459-01

前言

MATLAB 语言是目前世界上极为流行的科学计算语言之一,它的特点是能够快速地完成诸如矩阵运算、微分、寻优、曲线拟合等计算任务。由于它配备了很多应用领域的专业工具箱(诸如信号处理、图像处理、数据拟合、计算机视觉、深度学习、机器学习、嵌入式系统、仿真建模等),而且每个工具箱都包含了该应用领域最常用、最经典的算法和函数,所以用户使用起来十分方便。

仿真建模的主要目的,是不需要以实物的方式,就可以预先演练或试验某种算法的可行性。MATLAB 专门提供了仿真建模工具箱 Simulink,该工具箱包含了众多的仿真模块库,用户只需以图形化的方式就能完成比较复杂的仿真过程。

通过本书的学习,学生不仅能够熟练地运用 MATLAB 语言进行科学计算,还能够熟练地利用 Simulink 仿真工具完成系统的建模与分析。此外,通过本书的学习,希望学生能获得一种从专业问题中抽象出数学模型进而运用 MATLAB 语言或 Simulink 工具去求解的思维方法,锻炼他们综合运用编程语言和专业知识去解决问题的能力,而这些对培养学生的创新精神和实践能力有很大的促进作用。

本书针对通识选修类、电子信息类或计算机科学与技术类的本科生和研究生编写,定位于培养既有一定的理论基础,又有一定的实践能力的工程应用型人才。

编者多年来一直承担仿真建模与 MATLAB 课程的教学工作,同时在科研工作中大量使用相关知识进行仿真建模与实验,积累了丰富的经验和素材,而这对于教材的编写有着很大的益处。

与目前的同类教材相比,其创新点主要有:

(1) 同时兼顾理论深度和应用实践,定位于培养拥有一定理论基础的工程应用型人才。

(2) 将实际项目写入教材,且贯穿始终,能让学生对仿真建模与 MATLAB 语言在实际项目中的应用有直观的、完整的了解。

(3) 教学内容分层次编写,教师和学生可根据需要进行选择。

本书以最新版的 MATLAB 为基础进行知识点讲解,用新增的函数代替已过时或不再推荐使用的函数,其中的人机交互章节全部改写,从 GUIDE 设计变为 App 应用设计。

根据近几年的学生反馈与教学总结,本书修订了部分教学内容,更新了例题和案例。

总之，本书包含了 MATLAB 的主要教学内容，不仅适用于计算机编程的初学者，对已有较多开发经验的编程人员同样有较大的帮助，可作为高等学校的计算机语言教材，也可为相关设计、科研和教学人员提供参考。本书提供了大量例题和应用案例，能启发学生的算法思维，培养他们的动手能力，让他们从最初的想尝试、想编程，最终达到能创新、能验证。

编　者

2023 年 2 月

目 录

第 7 章 MATLAB 的绘图 /168

第1章

MATLAB 入门

MATLAB 是一款工业化的科学计算语言,它将高性能的数值计算和方便的可视化集成在一起,并提供大量的专业领域函数,使其在诸如信号处理、数据科学和深度学习、系统辨识、自动控制、计算机视觉与图像处理、符号计算、建模仿真、机械动力、机器人、计算金融、通信等领域表现出一般高级语言难以比拟的优势,因此广受科研人员、教师和学生的喜爱。

本章将对 MATLAB 进行概述,使读者对 MATLAB 有一个初步的认识,为深入学习打下基础。

1.1 MATLAB 简介

1.1.1 MATLAB 的由来

MATLAB 是由美国 MathWorks 公司研发的科学计算软件,名字是由 Matrix(矩阵)和 Laboratory(实验室)两词的前 3 个字母组合而成的,含有矩阵实验室的意思。20 世纪 80 年代前后,时任美国新墨西哥大学计算机系主任的 Cleve Moler 博士在讲授线性代数课时发现,即使是用当时最先进的 EISPACK 和 LINPACK 软件包求解线性代数问题,其求解过程也很烦琐。为减轻学生的编程负担,他和同事用 Fortran 语言编写了一组调用 EISPACK 和 LINPACK 库程序的"通俗易用"的接口,这就是处于萌芽状态的 MATLAB。以后几年,MATLAB 作为免费软件在大学里被广泛使用,深受师生欢迎。

后来,MATLAB 逐渐工业化和商业化,集成了很多工程行业领域的工具箱,所提供的函数、模型和模块都是由大量的本领域科学家和工程专家在实际的科研实验过程中进行验证和总结的,从而确保了算法和模型的准确性和可靠性,这也导致国内外的很多科研会议和学术交流更认可经由 MATLAB 计算得到的结果。可以说,MATLAB 是目前最主流的工业领域科学计算软件之一,有着其他类似软件所无法替代的优势。

1.1.2 MATLAB 的发展

1984 年,Cleve Moler 教授与其曾经的学生 John Little 等人联合起来成立了 MathWorks 公司,专门从事 MATLAB 软件的开发,并把 MATLAB 正式推向市场。从此时起,MATLAB 的内核开始采用 C 语言进行编写。通过不断地推陈出新,MATLAB 已从开始时期的简单数值计算工具,逐步发展成为具有强大的科学计算能力、能够图视交互的高效率的高级程序设计语言。以下是关于 MATLAB 发展的一些重要时间点:

1984 年,推出 MATLAB 1.0 版。

1993 年,推出 MATLAB 4.0 版,从此告别 DOS 版,并新推出 Simulink。

1997 年,推出 MATLAB 5.0 版。

2000 年,推出 MATLAB 6.0 版。

2002 年,推出 MATLAB 6.5 版,从此拥有强大的、成体系的交互式界面。

2004 年,推出 MATLAB 7.0 版,Simulink 发展到 6.0 版。

2006 年,推出 MATLAB 7.2(R2006a),在技术层面上又一次实现飞跃,从此产品的发布模式也发生了改变,即分别在每年的 3 月和 9 月进行两次产品发布,版本的命令方式为"R＋年份＋代码",其中对应于上、下半年的代码分别是"a"和"b"。每次产品发布都会包含所有的产品模块,如模块的更新升级、Bug 修订及推出新产品等。

2008 年,增强了面向对象的编程功能,能以更快的速度开发复杂的科学计算应用程序。

2009 年,从 R2009a 开始,引入了 License Center——在线 License 管理工具,MATLAB 和 Simulink 产品家族软件需要在安装后进行激活才能使用。

2016 年,MATLAB 新增了深度学习方面的工具箱。

2021 年 3 月的最新版本是 R2021a,也是本书编写实例时所使用的版本。

1.1.3   MATLAB 的特点

MATLAB 之所以能被迅速地普及、显示出强大的生命力,是因为它有着不同于其他语言的特点:

- MATLAB 规则简单,更贴近人的思维方式。
- MATLAB 以矩阵(数组)为基本单位,其命令形式与数学、工程中常用的习惯形式十分相似,因此被称为"演算纸式的"科学计算语言。
- MATLAB 提供大量的专业工具箱函数,把编程人员从烦琐的程序代码中解放出来,以便让他们更专注于系统设计和数据分析。

1. 高效方便的矩阵和数组运算

与 C/C++、Java 等基于数值运算的编程语言不同,MATLAB 是基于矩阵(数组)进行运算的,一次运算就可以完成其他语言需要重复多次才能完成的工作。由于提供了丰富的矩阵函数,使之在解决数字信号处理、系统建模、自动控制、图像处理、数值统计等领域的问题时显得简洁高效,具有其他高级语言不可比拟的优势。

假设有矩阵 A 和矩阵 B,要求计算它的行列式值和逆矩阵。由于 C/C++ 或 Java 并没有直接提供相应的函数,再加上计算行列式值和逆矩阵需要一定的数学功底,因此,即使是优秀的编程人员,也需要花费相当的时间和精力才能完成。而在 MATLAB 中,求解上述问题则变得非常简单,只需要三个语句就可以实现。

【例 1-1】   本例的功能是展示 MATLAB 在矩阵运算中的优势。

```
>>A=[1 3 5;2 6 8;2 5 1];    %第一步: 为矩阵 A 赋值,此处 A 为 3×3 的矩阵
                            %注意本语句以";"结尾,表示不显示本语句的执行结果
>>B=det(A)                  %第二步: 用 MATLAB 提供的求行列式函数 det 计算行列式值
                            %注意本语句没有以";"结尾,表示要显示本语句的执行结果
B =
    -2
>>C=inv(A)                  %第三步: 用 MATLAB 提供的求逆函数 inv 计算逆矩阵
```

```
C =
    17.0000   -11.0000    3.0000
    -7.0000     4.5000   -1.0000
     1.0000    -0.5000         0
```

事实上,许多复杂的数学运算,诸如求特征值、矩阵分解、函数积分、曲线拟合、目标优化等,都有现成的库函数可以调用。更重要的是,MATLAB 具有严格的解题规则,能够根据不同的应用情况采用不同的优化算法,从而保证结果的可靠性和求解的快速性。

2. 面向对象进行编程

具有面向对象编程的特点,尤其在制作图形用户界面(GUI)方面简单快捷。

3. 功能强大的工具箱

MATLAB 工具箱包括两部分:核心工具箱和可选工具箱。其中,核心工具箱含有数百个内部函数,它们又可分为功能性工具箱和学科性工具箱。功能性工具箱主要用来扩充符号计算、Simulink 仿真、图形处理和实时交互等功能,其函数可用于多个学科;学科性工具箱的专业性更强,如图像处理工具箱(Image Processing Toolbox)、控制系统工具箱(Control System Toolbox)、金融工具箱(Financial Toolbox)、系统辨识工具箱(System Identification Toolbox)等,而且这些工具箱都是由该领域内的高水平专家编写的,用户可以直接使用它们进行研究。

4. 方便的绘图功能

使用 MATLAB 进行绘图非常方便,它的高层绘图命令简单明了、容易掌握;底层绘图命令能更灵活地控制和显示数据图形。

【例 1-2】　本例的功能是利用 plot 函数绘制曲线。

```
>>x=0:0.1:10;                %x 从 0 到 10 均匀取值,间隔为 0.1
>>y=sin(x);                  %sin 正弦函数
>>z=cos(x);                  %cos 余弦函数
>>plot(x,y,'r-',x,z,'g--');  %利用 plot 函数绘制曲线,并设置两条曲线的参数
>>title('绘制正弦和余弦图'); %为图形设置标题
>>legend('sinx','cosx');     %为图形设置图例
>>grid on;                   %加网格
```

程序的最终绘图结果如图 1-1 所示。

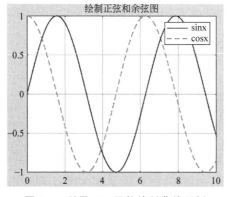

图 1-1　利用 plot 函数绘制曲线示例

另外,利用曲面绘制函数 surf 和罗盘绘制函数 compass 可以快速地绘制曲面或罗盘箭头图形(如图 1-2 和图 1-3 所示)。

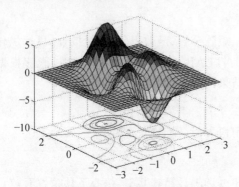
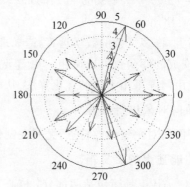

图 1-2　利用 surf 函数绘制曲面示例　　　图 1-3　利用 compass 函数绘制罗盘箭头图形示例

以上只是初步展示了 MATLAB 的绘图功能,在后面的章节中还会对其进行详细的介绍。

5. 方便的交互式编程

MATLAB 提供了两种编程方式:一种是传统的文件编程方式,即将程序全部写在一个文件里,然后统一进行解释和执行;另一种是在命令窗口中进行编程,用户每写一条语句,MATLAB 就解释并执行一条语句。不论哪种方式,只要有必要,都能在命令窗口中查看程序的中间结果。这种编辑、解释和执行都在同一个窗口的方式,能够快速地排除输入程序时的书写错误和语法错误,也能快速地通过查看中间结果寻找程序出错的位置,从而加速编写、修改和调试程序的进程。

【例 1-3】　本例的功能是在命令窗口中使用交互式编程。

```
>>A=6                %语句没有以";"结束,要显示本语句的执行结果
A =
    6
>>B=A+5              %显示本语句的执行结果
B =
    11
>>C=cod(A)           %本意是计算 cos(A),但输入时发生错误,MATLAB 立刻进行提示函数或
                     %变量 'cod' 无法识别
>>C=cos(A)           %显示本语句的执行结果
C =
   0.9602
```

6. 强大的扩充能力

MATLAB 有丰富的工具箱函数,而这些函数的源码都是开放的,用户可以对源文件进行修改,也可以将其加入自己的文件中。

此外,用户自己编写的函数与 MATLAB 的库函数在形式上是一样的,因此用户编写的函数可以作为 MATLAB 的库函数来进行调用。用户完全可以根据自己的需要,方便地建立新的库函数或扩充原有的库函数,以提高使用 MATLAB 的效率。

最后,MATLAB 可以通过建立 MEX 文件的方式与 C/C++、Java、Fortran 等进行混合

编程,而这种编程方式已逐渐成为流行趋势。

7. 较弱的执行效率

　　MATLAB 的执行效率要比一般高级语言低。究其原因,既有用户的编程习惯问题,也有 MATLAB 自身的问题。MATLAB 提供了灵活的数据使用方式、提供了交互式编程方式、提供了中间结果的查看方式,而这些必然会为解释和执行工作带来挑战。例 1-4(a)是一个双重循环的小程序,如果利用 C 语言编写,只需要微秒级的执行时间,但 MATLAB 却执行了 1 秒钟的时间。仅针对本例而言,最主要的原因是 C 语言的程序只能通过调用输出函数显示运行结果,而 MATLAB 只要在语句后面没有“;”,就会在命令窗口中显示该语句的执行结果。程序循环了 1000 次,就要显示 1000 次中间结果,整个程序的运行时间必然会变长(如例 1-4(a)所示)。为验证此假设,例 1-4(b)取消了中间结果的显示,运行时间果然大大缩短(如例 1-4(b)所示)。

　　【例 1-4(a)】　本例的功能是测试 MATLAB 的执行效率低的原因之一。

```
clear all              %本语句是清除工作区中的所有变量,常用语句之一
tic                    %计时开始,tic与toc结合使用,可对它们之间的程序运行时间进行计时
for i=1:100            %外层 for 循环,i 从 1 变到 100,步长为 1,即循环 100 次
    for j=1:10         %内层 for 循环,j 从 1 变到 10,步长为 1,即循环 10 次
        A(i,j)=10*i+j  %此处没有";",表示要显示中间结果
    end                %结束内层的 for 循环
end                    %结束外层的 for 循环
toc                    %计时结束
```

运行程序后,结果如下:

历时 0.373498 秒

当然,不同的机器配置会导致程序运行时间有所差异。

　　【例 1-4(b)】　本例的功能是验证 MATLAB 的执行效率低的原因之一。

```
clear all
tic                     %计时开始
for i=1:100
    for j=1:10
        A(i,j)=10*i+j;  %不显示中间结果,这是与例 1-4(a)程序唯一不同的地方
    end
end
toc                     %计时结束
```

运行程序后,结果如下:

历时 0.001332 秒

　　与例 1-4(a)相比,例 1-4(b)仅多了一个“;”,即不显示语句的中间过程运行结果。由此可见,显示中间过程的运行结果是极耗时间的。因此,除非有必要,在编写程序时尽量不要显示中间结果,尤其是不要在循环过程中显示中间结果,以免增加程序运行时间。不过,在调试程序过程中,可以通过不在语句后面添加分号来查看程序运行情况。

　　当然,除此之外,还有其他一些需要注意的问题,相关内容将在后面的数据类型、程序优化章节中详细介绍。

1.1.4　MATLAB 的组成

一般认为 MATLAB 主要由 5 大部分组成,它们分别是 MATLAB 语言、桌面工具与开发环境、数学函数库、图形系统和应用程序接口。笔者认为还要增加一部分,就是众多的专业工具箱,正是它们让编程工作变得更加简单和高效。

1. MATLAB 语言

MATLAB 语言是一种基于矩阵(数组)的高级语言,具有面向对象、程序流控制、函数、数据结构和输入/输出等功能。小到单纯的算法设计,大到复杂的应用系统开发,MATLAB 语言都能轻松地胜任。

2. 桌面工具与开发环境

简单地说,桌面工具与开发环境就是一系列实用工具的集合,如命令窗口、编辑器、调试器、代码分析器、帮助浏览器等。它们能帮助用户更快地编写函数或文件,而且这些工具大多是基于图形用户界面(GUI)的,使用起来非常方便。

3. 数学函数库

数学函数库由大量的科学计算函数组成,不仅包含了最基本的初等函数,如 sum、sine 和复数计算等,还包含了复杂的高级函数,如矩阵求逆、特征值计算和快速傅里叶变换等。以 MATLAB R2021a 版为例,数学函数库按类别分别存放在"Polyspace\R2021a\toolbox\matlab"目录下的 8 个子目录中,如表 1-1 所示。

表 1-1　MATLAB 数学函数库的分类

目　录　名	函　数　功　能	目　录　名	函　数　功　能
datafun	数值分析和傅里叶变换等	matfun	矩阵函数、数值线性函数
elfun	初等数学函数	polyfun	插值和多边形近似
elmat	对矩阵和矩阵元素的操作	sparfun	稀疏矩阵函数
funfun	功能函数和 ODE 求解	specfun	专门数学函数

4. 图形系统

图形系统不仅包含了大量高级的 2D 或 3D 的数据可视化、图像处理、动画生成和图形显示等命令,还包含了许多低级的图形命令,能让用户按照意愿定制图形的样式或者为应用程序定制图形用户界面。具体的函数分为 5 类,分别放置在"Polyspace\R2021a\toolbox\matlab"目录下的 5 个子目录中,如表 1-2 所示。

表 1-2　MATLAB 图形系统的分类

目　录　名	函　数　功　能	目　录　名	函　数　功　能
graph2d	二维图形函数	specgraph	专门图形函数
graph3d	三维图形函数	uitools	图形用户界面工具
graphics	图形句柄函数		

5.应用程序接口

应用程序接口可以让 MATLAB 与外部设备或程序（如 C/C++、Java、Fortran 程序等）
进行数据交换和程序移植，既能弥补其执行效率较低的弱点，也能增强其他应用程序进行软
件开发的能力，从而提高软件开发效率。

6. 专业工具箱

MATLAB 提供四十多个专业工具箱，分别涵盖了数据获取、科学计算、控制系统设计
与分析、数字信号处理、数字图像处理、金融财务分析以及生物遗传工程等专业领域。一些
常用的工具箱，如表 1-3 所示。

表 1-3　MATLAB 的常用工具箱

工具箱英文名称	工具箱中文名称
Matlab Main Toolbox	MATLAB 主工具箱
Communication Toolbox	通信工具箱
Computer Vision Toolbox	计算机视觉工具箱
Control System Toolbox	控制系统工具箱
Deep Learning Toolbox	深度学习工具箱
Financial Toolbox	财政金融工具箱
Fuzzy Logic Toolbox	模糊逻辑工具箱
Higher-Order Spectral Analysis Toolbox	高阶谱分析工具箱
Image Processing Toolbox	图像处理工具箱
Navigation Toolbox	自主导航工具箱
Model predictive Control Toolbox	模型预测控制工具箱
Neural Network Toolbox	神经网络工具箱
Optimization Toolbox	优化工具箱
Robotics System Toolbox	机器人控制工具箱
Robust Control Toolbox	鲁棒控制工具箱
Signal Processing Toolbox	信号处理工具箱
Simulink Toolbox	动态仿真工具箱
Spline Toolbox	样条工具箱
Statistics Toolbox	统计学工具箱
Symbolic Math Toolbox	符号数学工具箱
System Identification Toolbox	系统辨识工具箱
Wavelet Toolbox	小波变换工具箱

1.1.5　Simulink 简介

Simulink 是 MATLAB 最重要的组件之一，它采用模型化图形输入的方式，对各种动态

系统进行建模、仿真和分析。所谓模型化图形输入,是指 Simulink 提供了一些按功能分类的模块库(如输入源模块库、连续系统模块库、数学模块库、电路分析模块库等),用户利用鼠标拖放的方法调用和连接各个模块,几乎可以做到不书写一行代码就能完成整个系统模型的构建,然后进行仿真和分析。图 1-4 是 Simulink 提供的一个上下跳动的小球仿真模型 demo(可在命令窗口中直接输入 sldemo_bounce 运行该模型),图 1-5 是仿真结果。

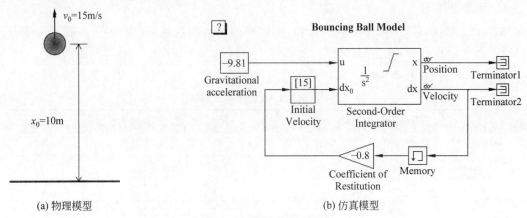

(a) 物理模型　　　　　　　　　　　　　　　　(b) 仿真模型

图 1-4　跳动的小球模型

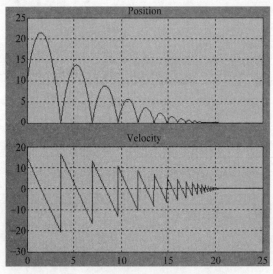

图 1-5　小球位移和速度的仿真结果

可以看到,仿真开始时,小球被向上抛出,落地后反弹,再落地再反弹,直到慢慢停止。用户可以修改参数,如小球的起始位置、抛出速度与方向(向上或向下)、反弹系数等,然后再观测仿真结果。

Simulink 的建模范围很广泛,可以为任何能够用数学来描述的系统进行建模,如蹦极系统、卫星制导系统、通信系统、航空航天系统等。它支持线性和非线性系统、离散、连续或混合系统、单任务和多任务系统,并能在同一系统中支持不同的变化速率。

Simulink 具有非常高的开放性,用户可以将自己创建的模块添加到模块库中,或者将已有的模型组合成新的模块。事实上,有很多第三方软件和硬件可应用于 Simulink,这无形中增大了模块库的数量。

Simulink 具有较高的交互性,允许随意修改模块参数、可以无缝使用 MATLAB 的所有分析工具、可视化仿真结果等,能让用户在使用 Simulink 的同时享受到建模与仿真的乐趣。

由于具有适应面广、灵活高效、结构清晰以及仿真精细、贴近实际等优点,Simulink 目前已广泛应用于航空航天、电子、电力、力学、数字、通信、系统控制、虚拟现实等领域。

1.2　MATLAB R2021a 的开发环境

1.2.1　开发环境概述

安装完 MATLAB R2021a 后,会在桌面上生成一个快捷方式 Polyspace2021a。Polyspace 是 MATLAB 家族的新成员,它是基于抽象解释原理的代码级静态分析和验证工具。所谓的静态分析,指在不运行程序的情况下,以基于数学方法的分析来验证代码是否满足规范性、安全性、可靠性、可维护性等指标的一种代码分析技术。通俗地说,静态分析可以通过不写测试用例达到动态穷举测试的效果,是用来提高代码鲁棒性和证明软件安全性的重要手段。

matlab.exe 可在安装目录下的 R2021a\bin 中找到,用户可以建立快捷方式,以方便使用。

双击 matlab.exe 后进入 MATLAB R2021a 的开发环境(如图 1-6 所示)。

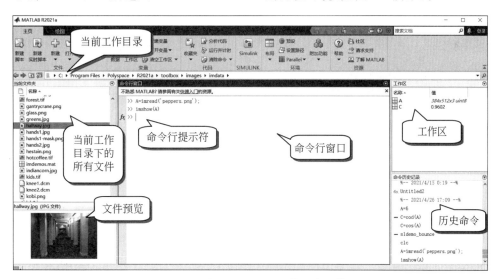

图 1-6　MATLAB R2021a 的开发环境

开发环境由命令行窗口、工作区、命令历史记录、工作目录和文件预览等窗口组成。这些窗口既可以内嵌在开发环境中,也可以以独立窗口的形式浮动在开发环境上。

MATLAB 还为新手提供了相关视频演示和帮助文档,可以让他们更快地熟悉和使用 MATLAB。

1.2.2　命令行窗口

命令行窗口是 MATLAB 的主要交互窗口,用于输入命令和显示除了图形以外的所有执行结果。MATLAB 提供两种编程方式,其中之一就是在命令行窗口中进行交互式编程。命令行窗口中有命令行提示符">>",用户在它后面输入命令后按 Enter(回车)键,即会在窗口中显示结果。

```
>>A=5
A =
    4
>>A-26
ans =
    -22
```

提示:如果命令的执行结果没有赋值给任何变量,MATLAB 会将其赋给默认变量 ans。因此,尽量不要把 ans 作为应用程序的变量名,很有可能会出现 ans 值已被改变而用户还不知晓的情况,这样对调试程序很不利。

">>"左边有个"fx"图标,可以依照函数类别的层次结构检索和调用函数。单击"fx"图标,即可显示如图 1-7 所示的窗口,在搜索框中输入要查询的函数,即可显示相关内容。

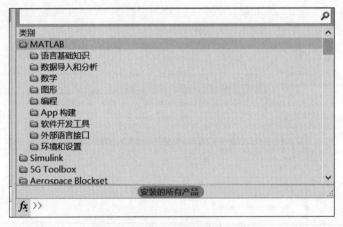

图 1-7　利用"fx"功能检索函数

在命令行窗口中编写程序时,功能键十分有用。表 1-4 列出了常用功能键及其含义。

表 1-4　常用功能键及其含义

常用功能键	含　义	常用功能键	含　义
↑	恢复当前命令之前的命令	Delete	删除光标后面的一个字符
↓	恢复当前命令之后的命令	Backspace	删除光标前面的一个字符
→	向右移动一个字符	Ctrl+C	中断 MATLAB 正在执行的程序
←	向左移动一个字符		

标点符号在 MATLAB 中的地位也很重要,并且标点符号一定要在英文状态下输入,因

为 MATLAB 不能识别中文的标点符号。表 1-5 列出了常用的标点符号及其功能。

表 1-5　常用的标点符号及其功能

标 点 名 称	标 点 样 式	功　　　能
空格		(1) 变量之间的间隔;(2) 数组中各元素间的分隔符
分号	;	(1) 用于语句结尾,表示不显示执行结果;(2) 数组中的行间分隔符
冒号	:	(1) 生成一维数值数组;(2) 步长
逗号	,	(1) 变量之间的间隔;(2) 数组中各元素间的分隔符
单引号	'	两个单引号之间的内容是字符串
黑点	.	(1) 小数点;(2) 结构体运算符;(3) 数组运算符
注释号	%	以此开头的行是注释行,程序不会执行注释行
圆括号	( )	(1) 矩阵/数组元素的索引符;(2) 用于函数的参数列表
方括号	[ ]	(1) [ ]括号间的数据用来生成数组;(2) 参数组合
花括号	{ }	元胞数组的索引符
续行号	...	表示该行未结束,下一行是该行的继续

表 1-6 列出了常用的控制命令及其功能。

表 1-6　常用的控制命令及其功能

命 令 名 称	功　　　能
cla	清除坐标轴上的图形
clc	清除命令窗口中的内容,但不会删除变量
close	关闭当前窗口,也可关闭指定窗口或所有窗口(close all)
clf	清除图形窗口中的内容
clear	删除变量,也可删除指定变量或全部变量(clear all)
who	列出当前工作区中所有变量的名称
whos	列出当前工作区中变量的详细信息或单看某个变量的信息(whos a)
quit	退出 MATLAB

【例 1-5】　本例的功能是熟悉常用标点、控制命令。

```
>>A=[1 8 6;2 3 7]    %"[]"用于生成数组,";"表示行间隔,空格间隔数组元素
A =
     1     8     6
     2     3     7
>>B=-pi:0.1:pi;      %";"表示不显示执行结果,":"表示生成从-π到π的一维数组,步长为 0.1
                     %"."表示小数点
>>C=max(A,[],2)      %"()"表示 max 的参数列表,","表示变量间的间隔
C =
     8
     7
```

```
>>D='abcd';                    %"'"用于输入字符串
>>E{1}='aaa';                  %"{}"表示 E 是元胞数组
>>E{2}=A;                      %可以把数组 A 放入元胞
>>F=1: ...                     %"..."表示此行未结束
    5                          %这一行是上一行的延续
F =
    1    2    3    4    5
>>who                          %查看工作区中所有变量的名称
```

您的变量为：

```
A B C D E F
>>whos E                       %查看变量 E 的详细信息
  Name        Size            Bytes  Class    Attributes
  E           1×2               262  cell
>>clear E                      %删除变量 E
>>clc                          %清除命令窗口中的内容
>>H=A(1,2)+A(2,3)              %"()"表示数组元素的索引
H =
    15
>>whos                         %查看所有变量
Name        Size            Bytes  Class    Attributes
  A          2×3               48  double
  B          1×63             504  double
  C          2×1               16  double
  D          1×4                8  char
  F          1×5               40  double
  H          1×1                8  double
```

1.2.3 工作区

工作区用于显示当前正在使用的所有变量名称、数据值、类型、大小和字节数。执行完例 1-5 后的工作区中的数据如图 1-8 所示。

工作区	
名称 ▲	值
A	[1,8,6;2,3,7]
B	1x63 double
C	[8;7]
D	'abcd'
F	[1,2,3,4,5]
H	15

图 1-8 工作区窗口示例

在工作区中，可以对指定变量或全部变量进行打开、编辑、复制、重命名、新建、删除、修改、导入、保存和绘图等操作，方法是先选中变量（用 Shift 或 Ctrl 键可实现多选），再单击鼠标右键打开快捷菜单，选择要进行的操作即可。

当然，也可以使用 save 和 load 命令保存和加载工作区中的变量（参见 6.5 节）。使用 save 命令可将当前工作区中的变量以二进制的形式存储到后缀名为.mat 的数据文件中，而 load 命令可以打开.mat 文件，把数据加载到工作区。

1.2.4 命令历史记录

命令历史记录记录了用户在命令行窗口中输入过的全部命令，它有很多实用的功能，如实现单行或多行命令的复制、运行和把多行命令写成.m 文件等。方法是先选中命令（用 Shift 或 Ctrl 键可实现多选），再单击鼠标右键打开快捷菜单，选择要进行的操作即可。

1.2.5　工作目录

MATLAB 的工作目录由三部分组成(参见图 1-6),一是当前文件夹的绝对路径;二是当前文件夹下的所有文件;三是被选中文件的预览。当程序中有读取或保存文件的操作时,如果没有特别指明文件所在的目录,MATLAB 总会默认地在当前目录下读取或保存文件。如果要读取的文件不存在,则会根据搜索目录进行查找,如果还查找不到,则会提示出错。

R2021a 默认的当前目录是安装目录下的 bin 目录。显然,该目录并不适合作为工作目录,一旦重装或复原系统,保存在该目录下的所有内容将会丢失。建议用户启动 MATLAB 后,先把自己的工作目录设置成当前目录。但需要注意的是,一旦关闭 MATLAB 后再重新打开,当前目录又会恢复为原始的默认状态。

如果在一段时间内都会使用同一个工作目录,可以鼠标右键单击 MATLAB 的快捷方式"▓",在弹出的快捷菜单中选择"属性",在"快捷方式"选项卡的"起始位置"输入自己的工作目录(如图 1-9 所示),然后单击"确定"按钮。这样每次启动 MATLAB 后都会进入自己的工作目录了。

图 1-9　修改 MATLAB 默认当前目录的示例

1.2.6　编辑器

MATLAB 提供了一个内置的具有编辑和调试功能的编辑器。除了可以在命令窗口中输入和执行命令外,还可以使用编辑器编写程序,保存为.m 文件后统一执行(如图 1-10 所示)。编辑器不仅可以编辑.m 文件,还可以对其进行交互式调试;不仅可以处理.m 文件,还可以阅读和编辑其他 ASCII 码文件。

```
编辑器 - Untitled*

Untitled*  ×  +

1    clear all
2    clc
3    [file path]=uigetfile({'*.jpg';'*.bmp';'*.png';'*.*'},'选择文件');
4    if file ~=0
5        file=[path file];
6        a=imread(file);
7        if numel(size(a))==2    %灰度图
8            b=nlfilter(a,[3 3],@bilateral_filter,3,2,20);
9        else
10           b=bilateral_filter_color(a,5,5,100);
11       end
```

图 1-10   MATLAB 编辑器

默认情况下,编辑器不随 MATLAB 的启动而启动,只有编写.m 文件时才启动。有三种启动编辑器的方法:

(1) 单击工具栏中的"新建"按钮。

(2) 在命令窗口中输入 edit 命令。

(3) 打开已存在的.m 文件。

1.2.7   搜索路径

MATLAB 为每一个工具箱设置了独立的目录,里面存放着该工具箱所提供的函数。经常会出现相同名字的函数文件存在于多个工具箱中的情况(如图 1-11 所示的 min()函数)。它们的功能类似,但参数设置和调用方法略有不同。此外,用户的数据或函数文件也有可能与工具箱中的某些文件的名字相同。为避免出现调用错误,MATLAB 把这些目录按照优先次序设计成"搜索路径"上的各个节点,此后在工作时,MATLAB 就会根据搜索路径寻找所需调用的文件、函数或数据。

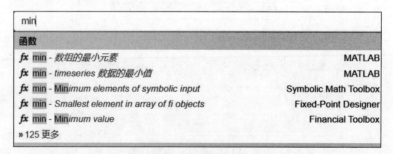

图 1-11   不同的工具箱含有相同函数名示例

例如,当用户输入含有 temp 的命令后,MATLAB 将按以下顺序进行处理:

(1) 在工作区中检查,看 temp 是否为变量。若不是,进行下一步。

(2) 查看 temp 是否为内建函数(built-in function)。检查内建函数时,要按照先私有函数后标准函数的顺序进行(参见 4.5 节)。若不是,进行下一步。

(3) 在当前目录下,检查是否有名为 temp 的数据文件。若没有,进行下一步。

（4）在搜索路径的其他目录中，检查是否有名为 temp 的文件。若没有，提示"函数或变量 'temp' 无法识别"，即没有名为 temp 的函数或变量。

需要注意的是：凡不在当前目录或搜索路径上的内容，将不会被搜索。因此，如果需要使用其他目录中的函数或数据文件，有两种方法：一种是将函数或数据文件复制到当前目录下（不推荐），另一种是将函数或数据文件所在的目录加入到搜索路径中。

例如，要使用 D:\my work 中的 student.xls 文件，可以单击主页页面栏中的"设置路径"，打开"设置路径"对话框，单击"添加文件夹…"或"添加并包含子文件夹…"按钮，添加"D:\my work"后单击"保存"按钮保存（如图 1-12 所示）。另外，还可以删除搜索路径、调整搜索顺序和恢复默认搜索路径等。

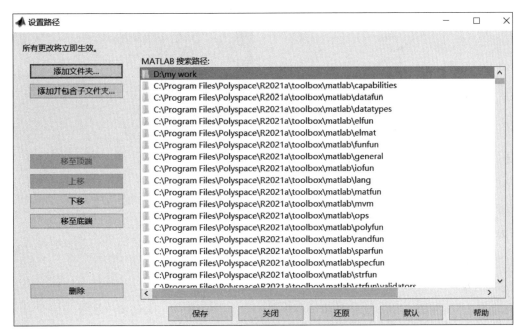

图 1-12　"设置路径"对话框

1.3　MATLAB R2021a 的帮助

对于任何 MATLAB 的使用者，都必须学会使用 MATLAB 的帮助系统。不仅因为 MATLAB 及其工具箱包含了上万条不同的函数，而且每个函数都对应着一种不同的操作或算法，更因为帮助系统是针对 MATLAB 应用的最好的教科书，不仅内容详尽、讲解清晰，而且提供丰富的演示程序。所以，养成良好的使用 MATLAB 帮助系统的习惯，对于使用者来说是非常必要的。

安装完 MATLAB 后，单击主页页面栏上的"预设"按钮，打开如图 1-13 所示的对话框，单击左侧导航栏中的"帮助"按钮，将文档位置选为"安装在本地"，语言选为"简体中文"。

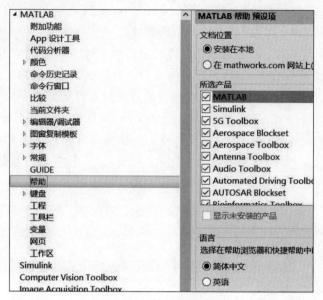

图 1-13　预设"帮助"选项

1.3.1　利用命令行窗口获得帮助

1. help 命令

例如,要查看求和函数 sum 的帮助信息,可以在命令行窗口中输入"help sum",得到的结果如图 1-14 所示。

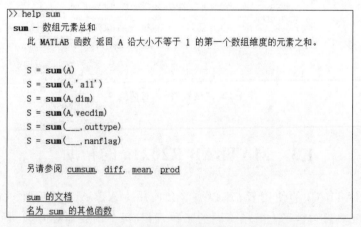

图 1-14　在命令行窗口中使用 help 命令进行帮助

2. lookfor 命令

lookfor 命令和 help 命令类似,它们都只对函数文件的第一行进行关键字搜索。只不过 help 命令只搜索与关键字完全匹配的结果,而 lookfor 命令只要发现第一行中含有所查询的关键字,就会将该函数名及第一行注释全部显示在屏幕上。显然,当只知道大概名称或函数用途时,用 lookfor 命令能更好地搜索到相关信息。图 1-15 是利用 lookfor 命令搜索

sum 的部分结果。

```
>> lookfor sum
cumsum                  - Cumulative sum of elements.
groupsummary            - Summary computations by group.
movsum                  - Moving sum value.
sum                     - Sum of elements.
hypot                   - Robust computation of the square root of the sum of squares
trace                   - Sum of diagonal elements.
summary                 - Print summary of a categorical array.
movsum                  - Moving sum value.
movsum                  - Moving sum value.
sum                     - Sum of durations.
sum                     - Sum of durations.
summary                 - Print summary of a table or a timetable.
```

图 1-15　在命令行窗口中使用 lookfor 命令进行帮助

提示：如果在 lookfor variance 后面加上"-all"，则表示对函数文件的全文进行检索。

1.3.2　利用帮助浏览器获得帮助

单击 MATLAB 主页页面栏中的"帮助"按钮，即可进入帮助浏览器（如图 1-16 所示）。

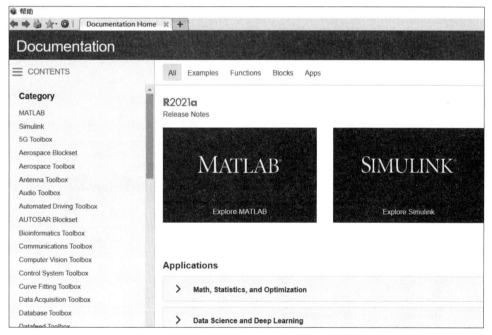

图 1-16　帮助浏览器

可以通过 CONTENTS 按照类别获得帮助，也可以通过搜索文档进行关键字查找。

【**例 1-6**】　查找图像块处理相关方面的内容。

随着不断的更新升级，MATLAB 提供的专业工具箱已基本上能包含本专业基础的、常用的或经典的算法。因此，在准备编写某个算法或进行某个处理前（如对图像进行分块处理），应先检索一下 MATLAB 是否已提供了相应的或可供参考的算法。

通过搜索文档进行检索。块处理的英文翻译是 block processing，在编辑框中输入"blockp"，可得到如图 1-17 所示的检索结果，此时，可选择具体的内容查看更详细的帮助。

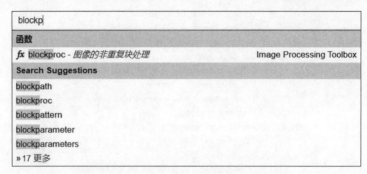

图 1-17 查找图像块处理方面内容的示例

【例 1-7】 查找深度学习相关的内容。

当关键字不明确时，可使用 CONTENTS 进行检索。MATLAB 为绝大多数的工具箱提供了诸如 Get Started（起步）、Functions（函数列表）、Examples（实例）、Apps（演示）和 Release Notes（版本信息）等内容，用户可以根据自身情况逐步学习和使用该工具箱。要检索深度学习算法，可以在帮助页面中的 CONTENTS 单击 Deep Learning Toolbox（深度学习工具箱），通过查看示例、函数和分类介绍等（如图 1-18 所示），由浅入深地掌握 MATLAB 所提供的各种深度学习网络，以及它们的应用示例。

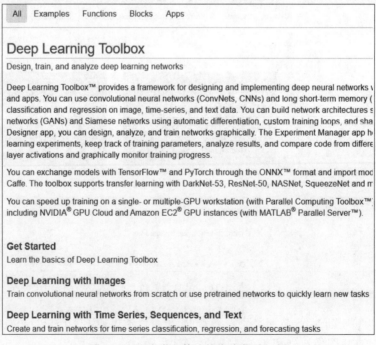

图 1-18 深度学习算法的查找帮助示例

第2章

MATLAB 的数据与数据类型

MATLAB 是基于矩阵(数组)进行运算的,在数据类型的定义和使用上都有着自己的特点,并且提供了灵活的数据转换方式。本章中需要额外注意的是元胞数组,它是 MATLAB 独有的数据类型,在使用上也非常灵活。

2.1 数据的基本概念

2.1.1 标量与向量

对于所有的物理量而言,可分为标量与向量(也称为矢量)。标量是一个表示数量大小的值,如速率 110km/h、长度 20cm 等。而向量不仅要有数值,还要有方向,二者缺一不可。如汽车的行驶速度就是一个向量,它除了能描述速度的大小(速率),还能表示汽车行驶的方向。另外,标量可以直接用于四则运算,而向量则不可以。

2.1.2 数组与矩阵

数组与矩阵也是两个完全不同的概念。数组是由标量组成的,不论是一维数组、二维数组或者多维数组,其中的成员都是标量。矩阵则是由向量组成的,可以看成若干个向量的组合。

数组与矩阵的运算方法是完全不同的。以乘法为例,数组的乘法运算是两个数组中对应位置上的元素进行相乘,因此参与乘法运算的两个数组的维数必须相同;而矩阵的乘法运算只有当第一个矩阵的列数与第二个矩阵的行数相等时才能进行。

假设 $A=\begin{bmatrix} 1 & 2 & 1 \\ 2 & 1 & 1 \end{bmatrix}$,$B=\begin{bmatrix} 2 & 1 & 2 \\ 3 & 2 & 1 \end{bmatrix}$,如果 A 与 B 都是数组,则 A 与 B 相乘的结果是 $\begin{bmatrix} 2 & 2 & 2 \\ 6 & 2 & 1 \end{bmatrix}$;如果 A 与 B 都是矩阵,由于 A 的列数是 3,而 B 的行数是 2,因此 A 与 B 不能进行矩阵乘法。

由于数组与矩阵在外观和数据结构上没有根本的区别,因此在 MATLAB 中,用".*"表示数组乘法,用"*"表示矩阵乘法。有关数组与矩阵的运算在后面的章节中会做更详细的介绍。

2.1.3 实数与复数

日常生活中,人们用到的只是实数域,但在工程领域中,经常需要扩展到复数域。复数的定义如下。

$$Z = a + bi$$

式中的 a 是实部, b 是虚部, bi 就是虚数。

在 MATLAB 中,复数可以表示为

$$复数 = 实数 + 实数 i$$

或

$$复数 = 实数 + 实数 j$$

2.1.4　常量与变量

在计算机编程语言中,数据有两种表现形式:常量和变量。常量是在程序的运行过程中,其值不能被改变的量,如 56、'K'和 4.67 等。变量是一个有名字、具有特定属性的存储单元,在程序运行过程中,变量的值是可以改变的。

【例 2-1】　本例的功能是定义一个变量,并和常量进行运算。

```
>>a=11;          %语句以";"结尾,表示不在命令行窗口中显示该语句的运算结果
>>a=a+8          %语句结尾处没有";",表示在命令行窗口中显示该语句的运算结果
a=
   19
```

在例 2-1 中,a 是变量,8 是常量。在运行过程中,a 的值发生了改变。

2.1.5　变量的命名规则

(1) 变量名可以由字母、数字和"_"(下画线)组成,但第一个字符必须是英文字母;

(2) 变量名的长度不能超过 63 个字符;

(3) 变量名区分大小写;

(4) 不能使用系统保留字和已有的函数名作为变量名。

例如,a_1、g2、byebye 是合法的变量名,但 1a、_2b、for 不是合法的变量名。abc 和 aBc 是不同的变量名。

提示:可以使用 isvarname()函数判断某个变量名是否合法,可以使用 iskeyword()函数列出 MATLAB 所保留的关键字(共 20 个)。

【例 2-2】　本例的功能是判断一个变量名是否合法。

```
>>isvarname('a_1')
ans =
   logical          %ans 的数据类型,此处为逻辑型
   1                %返回值为 1 时,表明变量名合法
>>isvarname('1_a')
ans =
   0                %返回值为 0 时,表明变量名不合法
```

提示:本章会经常显示代码的运行结果,运行结果包括数据类型和数值两部分,为节省篇幅,如非必要,以后的运行结果不再出现数据类型一项。

【例 2-3】　本例的功能是查看 MATLAB 保留的关键字。

```
>>iskeyword
```

```
ans =
    {'break'     }
    {'case'      }
    {'catch'     }
    {'classdef'  }
    {'continue'  }
    {'else'      }
    {'elseif'    }
    {'end'       }
    {'for'       }
    {'function'  }
    {'global'    }
    {'if'        }
    {'otherwise' }
    {'parfor'    }
    {'persistent'}
    {'return'    }
    {'spmd'      }
    {'switch'    }
    {'try'       }
    {'while'     }
```

提示：可以使用 iskeyword('字符串')的方式判断该字符串是否是关键字,如 iskeyword('whose')的返回值是 0,表明 whose 不是关键字。

2.2　数据的类型

跟其他很多编程语言一样,MATLAB 的数据类型包括数值型、字符型、逻辑型、结构体型等,但在使用时会有一些独特之处,需要格外注意。元胞数组是 MATLAB 所独有的数据类型,读者可以着重看这部分内容。

2.2.1　使用数据时的注意事项

1. 使用变量时不需要事先定义

跟 C 或 Java 等语言要求变量必须"先定义,后使用"不同,在 MATLAB 中使用变量是不需要事先定义的,系统会根据读者的输入自动为变量确定数据类型。当然,这也是有代价的,数值型数据都被默认为双精度实数(double)型,占 8 字节的内存。

【例 2-4】　本例的功能是为多个变量进行赋值,然后用 who 和 whos 命令查看数据类型。

```
>>a=16;              %将变量 a 自动赋值为 1×1 的矩阵(数组),并且是双精度浮点数
>>b=7.8;             %将变量 b 自动赋值为 1×1 的矩阵(数组),并且是双精度浮点数
>>c='good';          %将变量 c 自动赋值为 1×4 的字符数组
>>d.name='Jack';     %将变量 d 自动赋值为结构体,它有一个成员 name,其值为 Jack
>>d.age=19;          %变量 d 已是结构体,再为其增加一个成员 age,其值为 19
>>f{1}='abc';        %将变量 f 自动赋值为 1×1 的元胞矩阵(数组),里面放置的是字符数组
>>f{2}=125;          %变量 f 已存在,将其扩展为 1×2 的元胞矩阵(数组),且第 2 个元胞
                     %里面放置的是双精度浮点数
```

```
>>g=11678;              %将变量 g 自动赋值为 1×1 的矩阵(数组),并且是双精度浮点数
>>g(2)=242;             %变量 g 已存在,将其扩展为 1×2 的矩阵(数组),并为第 2 个元素赋值
>>who                   %利用 who 命令可以查看工作区中目前共有多少个变量
```

您的变量为:

```
a  b  c  d  f  g
>>whos                  %利用 whos 命令可以查看工作区中所有变量的名称、类型与占用空间等
    Name      Size           Bytes  Class      Attributes
    a         1×1                8  double
    b         1×1                8  double
    c         1×4                8  char
    d         1×1              264  struct
    f         1×2              140  cell
    g         1×2               16  double
```

需要注意的是:变量 c 的数组尺寸是 $1×4$,但占的内存空间是 8 字节。这是因为 MATLAB 考虑到中文等字符需要 2 字节进行编码,所以默认每个字符其实是占了 2 字节。

```
>>c='大家好';
>>whos c
  Name      Size          Bytes  Class     Attributes
  c         1×3               6  char
```

2. MATLAB 的基本单位是矩阵(数组)

与 C 或 Java 等语言采用基于数值进行运算的方式不同,MATLAB 是基于矩阵(数组)进行计算的,这一点非常重要。参看例 2-4 中 whos 命令的显示结果就可以发现,虽然变量 a 只是被赋值了一个双精度浮点数,系统仍然将其视为一个 $1×1$ 的矩阵(数组)。基于矩阵(数组)进行运算是很方便的,不仅可以在一个计算语句中实现对多组数的同时计算,而且看起来更简洁,可读性更强。例如,有两个维数都是 $m×n$ 的数组 A 和数组 B,要计算 A+B 并将其赋给数组 C,用 C 语言需要编写如下的代码(假设所有变量均已正确赋值):

```
for (i=0; i<m; i++)
    for (j=0;j<n; j++)
        C(i,j)=A(i,j) +B(i,j);
```

由于 MATLAB 是基于矩阵(数组)进行运算的,要想实现上述功能,只需一行代码:

```
C=A+B;
```

系统在执行该语句时,会自动将数组 A 和数组 B 中的对应元素一一进行加法运算。

提示:为了书写和理解更加方便,在不引起歧义的前提下,以后当需要表述"矩阵(数组)"时,将统一使用"数组"一词来代替。

3. 数据的维数是动态变化的,在程序运行过程中可随时进行"重塑"

在 C 或 Java 等语言中,变量的类型和维数一旦被确定,在程序的运行期间就无法再进行更改。MATLAB 则没有这个限制,变量的类型和维数可随时发生变化。另外,它们的编译机制也有所不同。在 C 或 Java 等语言中,整个程序只有在编译正确后才能被执行;而在 MATLAB 中,是编译一句执行一句,直到遇到错误时才停止执行后续的程序,并给出出错信息。

【例 2-5】 本例的功能是测试数据的"重塑"及编译机制。

测试过程的设计：

（1）先把变量 a 赋为字符型，然后改变它的数据类型，看程序是否报错。

（2）用循环的方式不断地改变变量 a 的维数，看程序是否报错。

（3）假设变量 a 当前的维数是 1×4，尝试访问 a 中的第 6 个元素[a(6)会越界]，看程序是否报错。

```matlab
a='hello';                      %a 是一个字符类型的变量
whos a                          %显示 a 的类型信息
a=6;                            %a 是一个双精度数
whos a
for i=1:4                       %循环语句：从 i=1 开始，到 i=4 结束，步长为 1
    a(i)=i+2;                   %随着 i 的增加，a 的维数也在增加
    whos a
    if i>3                      %设置开关，先让程序执行 3 次循环，然后进入判断
        if a(6)==100            %访问 a(6)，此时 a 的维数为 4，会发生越界
            disp('a(6)=100');   %显示 'a(6)=100'
        end                     %结束 if 语句
    end                         %结束 if 语句
end                             %结束 for 语句
```

把上述代码保存为 ch2_5.m，运行，程序执行结果为

```
>>ch2_5
  Name      Size            Bytes  Class     Attributes
  a         1×5                10  char
  Name      Size            Bytes  Class     Attributes
  a         1×1                 8  double
  Name      Size            Bytes  Class     Attributes
  a         1×1                 8  double
  Name      Size            Bytes  Class     Attributes
  a         1×2                16  double
  Name      Size            Bytes  Class     Attributes
  a         1×3                24  double
  Name      Size            Bytes  Class     Attributes
  a         1×4                32  double
```

索引超出数组元素的数目(4)。

```
出错 ch2_5(第 9 行)
        if a(6)==100            %访问 a(6)，此时 a 的维数为 4，会发生越界
```

从运行结果来看，MATLAB 的确是编译一句执行一句的，并且 a 的类型和维数可以随时发生改变。当出现错误时(本例是越界访问)，程序会停止运行，并提供错误原因和发生错误的位置，以便用户进行检查和修改。

在编写程序时，MATLAB 会自动对当前正在编写的部分代码进行分析，如在编写例 2-5时，当系统发现数组维数可能会动态发生变化时，就会提示编程人员(如图 2-1 所示)。

需要指出的是，MATLAB 允许用户随时改变数组的维数，但这是以耗费时间和内存为代价的。以例 2-5 为例，当执行完 a=6 后，a 的维数是 1×1，占 8 字节的内存。随后在循环

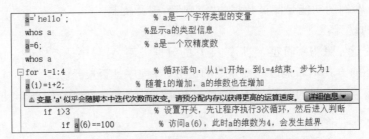

图 2-1   系统提示可能会出现数组维数动态变化的示例

赋值过程中,当 i 为 1 时,a(1)=3,不改变内存大小。但当 i 为 2 时,a(2)=4,而此时 a 的维数只有 1×1,所以必须扩维。方法是在内存中重新找到可供分配的 16 字节,把原数组中的数据转移过去再释放原先占用的内存。注意,两段被占用的内存有一段时间是共存的。原数组占用的内存越多,就需要占用更多的内存来转移数据。第 4 章将专门对这个情况进行演示,此处不再赘述。

    提示:本书提供了两种形式的代码,一种是代码的前面有"＞＞",表示这些代码是在命令行窗口中输入和运行的,即输入一行代码,执行一行代码;另一种是代码的前面没有"＞＞",表示这些代码是在编辑器中进行输入的,需要保存为.m 文件后再统一运行所有代码。这两种形式的代码运行结果其实是一样的。一般来说,直接在命令行窗口中输入和运行代码的方式适合编写简单短小的程序;对于较为复杂的程序,最好还是在编辑器中进行编写,以便保存和修改。

2.2.2   数值型

1. 整数

MATLAB 有四种无符号整数和四种有符号整数(参见表 2-1)。无符号整数只能存储非负数,有符号的整数能存储负数,但存储的数的范围要小于无符号整数。

表 2-1   整数的类型及转换函数

数 据 类 型	取 值 范 围	转 换 函 数
8 位整数	$-2^7 \sim 2^7-1$	int8
16 位整数	$-2^{15} \sim 2^{15}-1$	int16
32 位整数	$-2^{31} \sim 2^{31}-1$	int32
64 位整数	$-2^{63} \sim 2^{63}-1$	int64
无符号 8 位整数	$0 \sim 2^8-1$	uint8
无符号 16 位整数	$0 \sim 2^{16}-1$	uint16
无符号 32 位整数	$0 \sim 2^{32}-1$	uint32
无符号 64 位整数	$0 \sim 2^{64}-1$	uint64

【例 2-6】   本例的功能是创建、转换和查看不同类型的整数,以及判断一个数是否为整数。

```
>>x=387;                    %创建数值型变量时,MATLAB 默认其为双精度浮点数
>>whos x                    %查看变量 x 的相关信息
  Name        Size            Bytes  Class      Attributes
  x           1×1                8   double
>>x=int16(x);               %将 x 转换为 int16 型整数,2 个字节
>>whos x
  Name        Size            Bytes  Class      Attributes
  x           1×1                2   int16
>>a=class(x)                %查看 x 的数据类型
a =
  int16
>>b=isinteger(x)           %判断 x 是否为整数,返回值为 1 表示是整数,0 表示不是整数
b =
  1
```

提示：如果想查看整数的取值范围,可以使用 intmax() 和 intmin() 函数。例如,intmax('int16')表示 int16 型整数的最大值,intmin('uint32')表示 uint32 型整数的最小值。

2. 浮点数

MATLAB 的浮点数分为双精度浮点数和单精度浮点数,默认格式是双精度浮点数(参见表 2-2)。

表 2-2　浮点数的类型及转换函数

数 据 类 型	格　　式	转 换 函 数
32 位单精度浮点数	第 0～22 位：小数部分 f 第 23～30 位：指数部分 第 31 位：符号位	single
64 位双精度浮点数	第 0～51 位：小数部分 f 第 52～62 位：指数部分 第 63 位：符号位	double

需要说明的是,在保存实数时,系统会确保实数的小数点前面是 0,小数点后面的第一位不为 0,如 317.32 被表示为 0.31732E+03,然后在内存中分别保存小数部分和指数部分。

【例 2-7】　本例的功能是创建、转换和查看不同类型的浮点数,以及判断一个数是否为浮点数。

```
>>x=317.32;        %变量 x 默认为双精度浮点数
>>whos x
  Name        Size            Bytes  Class      Attributes
  x           1×1                8   double
>>x=single(x);     %转换为单精度浮点数
>>whos x
  Name        Size            Bytes  Class      Attributes
  x           1×1                4   single
>>a=class(x)       %查看 x 的数据类型
a =
    single
>>b=isfloat(x)     %判断 x 是否为浮点数,返回值为 1 表示是浮点数,0 表示不是浮点数
```

```
b =
    1
```

提示：如果想查看浮点数的取值范围，可以使用 realmax() 和 realmin() 函数。例如，-realmax 表示双精度浮点数的最大负数值，realmin('single') 表示单精度浮点数中的最小正数值。

3. 复数

在 MATLAB 中，复数表示为

> 实数+虚数 i 或 实数+虚数 j

如果没有特别指明，实数和虚数的默认数据类型都是双精度浮点数。

有两种建立复数的方法：一种是直接输入法；另一种是使用 complex() 函数。

【例 2-8】 本例的功能是使用直接输入法创建复数。

```
>>a=5-2i;
>>b=7+8i;
>>c=a+b
c =
  12.0000 +6.0000i
>>whos c
  Name      Size            Bytes  Class     Attributes
  c         1×1                16  double    complex
```

【例 2-9】 本例的功能是使用 complex() 函数创建复数。

```
>>x=6;
>>y=-3;
>>z=complex(x,y)       %将 x 和 y 组合成复数
z =
   6.0000 -3.0000i
>>whos z
  Name      Size            Bytes  Class     Attributes
  z         1×1                16  double    complex
```

【例 2-10】 本例的功能是使用 real() 和 imag() 函数把复数分解为实数和虚数两个部分。

```
>>x=4+9i;              %生成一个复数 x
>>a=real(x)           %得到复数的实数部分
a =
    4
>>b=imag(x)          %得到复数的虚数部分
b =
    9
```

提示：可以通过 imag() 函数来判断一个数是否是复数。假设有个变量 x，如果 imag(x) 为 0，表明 x 不是复数，否则 x 是复数。另外，还可以用 isnumeric() 函数来判断一个数是否为数值型。

4. 设置数值型数据的显示格式

在输出数值型数据时,默认的显示格式为 short 型,即保留小数点后 4 位(参看例 2-8 和例 2-9)。如有必要,用户可以用 format() 函数设置不同的显示格式。表 2-3 对 format() 函数的参数设置方法进行了说明。

表 2-3　用 format() 函数设置输出数据的显示格式

参　　　数	说　　　明
short(默认格式)	保留小数点后 4 位
long	对于双精度浮点数,保留小数点后 15 位;对于单精度浮点数,保留小数点后 7 位
shortE	用科学计数法显示数据,精度与 short 格式相同
longE	用科学计数法显示数据,精度与 long 格式相同
shortG	自动选择一个可读性更强的格式。例 2-12 显示了它与 short 格式的区别
longG	自动选择一个可读性更强的格式。对于双精度数,显示至小数点后 14～15 位;对于单精度数,显示至小数点后 6～7 位
shortEng	用科学计数法,保留小数点后 4 位,幂是 3 的倍数
longEng	用科学计数法,有效数为 16 位(含小数点),幂是 3 的倍数

【例 2-11】　本例的功能是测试数据的显示格式。

```
>>format long
>>pi                        %在 MATLAB 中,pi 表示 π
ans =
   3.141592653589793        %long 格式保留小数点后 15 位
>>single(pi)                %将 π 变为单精度浮点数
ans =
   3.1415927                %对于单精度浮点数,long 格式保留小数点后 7 位
>>format short
>>pi
ans =
   3.1416                   %short 格式保留小数点后 4 位
>>format shortE
>>pi
ans =
   3.1416e+000             %用科学计数法显示,保留小数点后 4 位
>>format longE
>>pi * 1000
ans =
   3.141592653589793e+002  %用科学计数法显示,保留小数点后 15 位
>>format longEng
>>pi
ans =
   3.14159265358979e+000   %用科学计数法显示,保留小数点后 15 位
>>pi * 100000
ans =
   314.159265358979e+003   %longEng 格式中,幂一定是 3 的倍数
```

【例2-12】 本例的功能是查看 shortG 与 short 格式的区别。

```
>>x = [25 56 255 9876899999];        %x 是个数组,数据间的数量级相差较大
>>format short                        %将显示格式设置为 short
>>x
x =
  1.0e+009    *
  0.0000    0.0000    0.0000    9.8769
>>pi
ans =
  3.1416
>>format shortG                       %将显示格式设置为 shortG
>>x
x =
  25      56      255      9.8769e+009
>>pi
ans =
  3.1416
```

可以发现,当输出数据是 1×1 维时,short 和 shortG 的显示结果是一样的。但当输出多维数据并且数据间的数量级相差较大时,short 格式以最大值为基准进行数据的显示,而 shortG 则会为每一个数值选择一个更可读的显示格式。

2.2.3 字符型

1. 建立一维字符数组(字符串)

有两种建立一维字符数组的方法,一种是将字符用单引号括起来;另一种是利用 char 函数。

【例2-13】 本例的功能是建立字符数组、查看数据类型及判断一个变量是否为字符型数据。

```
>>a='good';              %用第一种方法建立一维字符数组
>>b=char('tooth');       %用第二种方法建立一维字符数组
>>whos                   %查看所有变量,一个字符用 2 字节表示
  Name    Size            Bytes  Class     Attributes
  a       1×4                 8  char
  b       1×5                10  char
>>c=class(a)             %查看 a 的数据类型
c =
    char
>>d=ischar(b)            %判断 b 是否为字符型,返回值为 1 表示是字符型,0 表示不是字符型
d =
    1
>>whos c d
  Name    Size            Bytes  Class     Attributes
  c       1×4                 8  char
  d       1×1                 1  logical
```

2. 建立二维字符数组

如果想把多个字符串放到同一个字符型变量中,就需要建立二维字符数组。在二维字

符数组中,每一行都是一个字符串,并且这些字符串的长度必须相同,否则系统会报错。有两种方法建立二维字符数组,一种是利用向量生成;另一种是利用 char()函数。

【**例 2-14**】 本例的功能是测试如何建立二维字符数组。

```
>>a=['good';'three';'bike']          %尝试用第一种方法建立二维字符数组
                                     %但由于字符的长度不一样,系统会报错
错误使用 vertcat
要串联的数组的维度不一致。
>>a=['good ';'three';'bike ']        %人为添加空格,让每个字符串的长度相同
a =                                  %用人工添加空格的方式可以成功建立二维字符数组,
                                     %但很麻烦

3×5 char 数组
    'good '
    'three'
    'bike '
>>b=char('one','three','sixteen')    %用 char()函数建立二维字符数组
b =                                  %根据最长字符串的长度,自动在其他字符串后面添
                                     %加空格,使各字符串等长

3×7 char 数组
    'one    '
    'three  '
    'sixteen'
```

3. 字符串函数

(1) 字符串横向连接函数 strcat。

strcat()函数可以将多个字符串横向连接起来。函数的调用格式为

```
a=strcat(s1,s2…)
```

其中的 s1,s2…既可以是字符数组,也可以是后文将要学习到的元胞数组。当所有的输入都是字符数组时,输出 a 也是字符数组;只要其中有一个输入是元胞数组,输出 a 就是元胞数组。

s1,s2…的行数必须相同(允许有的是一维数组),否则系统会报错。在连接时,字符数组的尾部空格会被忽略,但元胞数组的尾部空格不会被忽略。

【**例 2-15**】 本例的功能是测试 strcat()函数的使用方法。

```
>>s1='good';                         %s1是一维字符数组,即字符串
>>s2=char('bye','finger','apple');   %s2是二维字符数组,3行
>>s3={'TE  '};                       %s3是一维的元胞数组,可参见 2.2.6节中有关元胞数组的概念
>>s4={'bye     ';'tooth';'book'};    %s4是二维元胞数组,3行
>>s5=char('one','two');              %s5是二维字符数组,2行
>>a=strcat(s1,s2)
a =
    3×10 char 数组
    'goodbye   '
    'goodfinger'
    'goodapple '
```

可以发现,连接时虽然 s1 和 s2 的行数不同,但由于 s1 是一维的,所以二者可以连接。

相当于 s1 和 s2 中每个字符串分别进行连接。s1 和 s2 都是字符数组,其字符串的尾部空格会被忽略后再进行连接。连接后的 a 也是字符数组,并会依据最长字符串的长度,在其他字符串后面补空格,使 a 中的各字符串等长。

```
>>whos a
  Name      Size                  Bytes  Class    Attributes
   a        3×10                    60    char
>>b=strcat(s4,s2)
b =
  3×1 cell 数组
    {'bye     bye'}
    {'toothfinger'}
    {'bookapple'  }
```

可以发现,s4 和 s2 都是 3 行,但 s2 是字符数组,s4 是元胞数组,所以在连接前,s2 中字符串的尾部空格会被忽略,而 s4 中字符串的尾部空格不会被忽略。连接后的 b 也是元胞数组。

```
>>whos b
  Name      Size                  Bytes  Class    Attributes
   b        3×1                     374   cell
>>c=strcat(s2,s5)       %将 s2 和 s5 连接起来。s2 是 3 行,s5 是 2 行,二者不能连接
错误使用 strcat (第 81 行)
所有输入必须具有相同的行数或包含单行。
>>c=strcat(s3,s4)       %将 s3 和 s4 连接起来。s3 是一维元胞数组,s4 是元胞数组,所以
                        %在连接前,s3 和 s4 中字符串的尾部空格都不会被忽略,连接后的 c
                        %是元胞数组
c =
  3×1 cell 数组
    {'TE bye    '}
    {'TE tooth'  }
    {'TE book'   }
>>whos c
  Name      Size                  Bytes  Class    Attributes
   c        3×1                     370   cell
```

提示:还可以用[ ]来横向连接字符串,调用格式为"a=[s1 s2]"。此时,s1 的尾部空格不会被忽略,而 s2 的尾部空格会被忽略,这也是它与 strcat()函数的区别。

(2) 字符串纵向连接函数 strvcat。

strvcat()函数可以将多个字符串纵向连接起来。函数的调用格式为

```
① a=strvcat(s1,s2…)
② a=strvcat(c)
```

其中,①中的 s1,s2…都是字符数组,strvcat()函数会将它们依次纵向连接起来(忽略空字符串),形成新的字符数组 a,并根据 a 中最长字符串的长度,在其他字符串后面添加空格,使所有字符串等长。②中的 c 是元胞数组,strvcat()函数会把其中的字符串依次纵向连接起来(忽略空字符串),形成新的字符数组 a,并通过添加空格的方式使 a 中的所有字符串等长。

【例 2-16】 本例的功能是测试 strvcat() 函数的使用方法。

```
>>a='first';
>>b='second';
>>c='third';
>>d='fourth';
>>f='';                              %空字符串
>>g={'good';'string';'';'six'};     %元胞数组,其中含有空字符串
>>s1=strvcat(a,b,c)                  %将 s1,s2 和 s3 纵向连接
s1 =
    'first '
    'second'
    'third '
>>whos s1
   Name      Size            Bytes  Class      Attributes
   s1        3×6               36   char
>>s2=strvcat(d,f)                    %忽略空字符串,因此连接后 s2 仍然是一维的
s2 =
    'fourth'
>>whos s2
   Name      Size            Bytes  Class      Attributes
   s2        1×6               12   char
>>s3=strvcat(s1,s2)                  %纵向连接 s1 和 s2
s3 =
  4×6 char 数组
    'first '
    'second'
    'third '
    'fourth'
>>s4=strvcat(g)                      %g 中原有的空字符串被忽略
s4 =
  3×6 char 数组
    'good  '
    'string'
    'six   '
```

提示：strvcat() 函数已不再为 MATLAB 所推荐使用,建议用 char() 函数代替,因为 char() 函数不会忽略空字符串。

（3）字符串比较函数。

有 4 个函数可以用来比较两个字符串是否相等：strcmp()、strncmp()、strcmpi() 和 strncmpi() 函数。

strcmp(s1,s2) 函数以区分字符大小写的方式来判断 s1 和 s2 是否相等。如果相等,返回值为 1,否则返回值为 0。由于 MATLAB 是基于数组进行运算的,因此可以对两个维数相同的元胞数组进行比较,函数会将两个数组中对应的字符串一一进行比较,返回结果是一个与元胞数组具有相同维数的逻辑数组,1 表示两个元胞数组对应位置上的字符串相等,0 表示不相等。

【例 2-17】 本例的功能是测试 strcmp() 函数的使用方法。

```
>>strcmp('hello','Hello')   %比较两个字符串,区分大小写
```

```
ans =.
    0
>>A={'temp','mouth','go'};    %A 是元胞数组
>>B={'temp','moke','go'};     %B 是元胞数组
>>s='temp';
>>C=strcmp(A,s)              %将字符串 s 与 A 中的每个字符串一一进行比较,返回逻辑数组
C =
    1   0   0               %逻辑数组只包含 1 和 0,1 表示结果为真,0 表示结果为假
>>whos C
    Name      Size            Bytes  Class      Attributes
    C         1×3                 3  logical
>>D=strcmp(A,B)              %A 和 B 中的字符串分别进行比较,返回逻辑数组
D =
    1   0   1
```

strncmp(s1,s2,n)函数以区分字符大小写的方式来判断 s1 和 s2 的前 n 个字符是否相等。如果相等,返回值为 1,否则返回值为 0。

【例 2-18】 本例的功能是测试 strncmp()函数的使用方法。

```
>>strncmp('heLLo','hello',2)    %比较两个字符串中前 2 个字符是否相等
ans =
    1                           %相等
>>C=strncmp(A,B,2)              %A 和 B 采用例 2-17 中的数据
C =
    1   1   1                   %A 和 B 中对应位置上的字符串的前 2 个字符都是相同的
```

strcmpi()函数与 strcmp()函数的功能相同,只是不区分大小写。
strncmpi()函数与 strncmp()函数的功能相同,只是不区分大小写。

(4) 寻找字符串函数 strfind()和 findstr()。

strfind()函数的调用格式为

```
k = strfind(str, pattern)
```

其功能是在 str 中寻找 pattern 的出现位置,并记录下来,将结果返回给 k。如果没有找到,返回空数组,即“k=[];”,如果找到了,k 中的数值表示 pattern 出现的位置。查找时,要区分字符的大小写。

【例 2-19】 本例的功能是测试 strfind()函数的使用方法。

```
>>S = 'Find the starting indices of the pattern string';
>>k=strfind(S, 'in')                    %查找 in 在 S 中出现的位置
k =
    2   15   19   45                    %in 在 S 中出现了 4 次
>>strfind(S, 'In')
ans =
    []                                  %没有在 S 中找到 In
>>k=strfind(S, ' ')                     %查找空格的位置
k =
    5   9   18   26   29   33   41
>>cstr ={'How much wood would a woodchuck chuck';
        'if a woodchuck could chuck wood? '};    %cstr 是个元胞数组,有两个字符串
>>idx = strfind(cstr, 'wood');
```

```
>>idx{:,:}                      %显示 idx 中的所有数据,可参见 3.1.5 节
ans =
    10    23                    %在第一个字符串中,wood 出现过两次
ans =
     6    28                    %在第二个字符串中,wood 出现过两次
```

提示：可以用 isempty()函数来判断 S 中是否含有 pattern。例如，"a＝strfind(S, 'In')；"，如果 isempty(a)的返回值为 0,表示在 S 中没有找到'In'。

【**例 2-20**】　本例的功能是测试 isempty()函数的使用方法。

```
>>a=[];
>>isempty(a)
ans =
     1                          %a 是空数组
>>b=[2];
>>isempty(b)
ans =
     0                          %b 不是空数组
```

findstr()函数的调用格式为

```
 k = findstr(str1, str2)
```

其功能是从长的字符串中查找短的字符串的出现位置,如果没有出现,则返回空数组。

提示：findstr 已不再为 MATLAB 所推荐使用,建议用 strfind()和 contains()代替。

（5）空格裁剪函数 strtrim()和 deblank()。

strtrim()函数的功能是同时去除字符串头部和尾部的空格,deblank()函数的功能则是去除字符串的尾部空格。两者的调用格式均为

```
① k = strtrim(str)
② k = deblank(str)
```

【**例 2-21**】　本例的功能是测试 strtrim()函数和 deblank()函数的使用方法。

```
>>S = '    Find the starting indices of the pattern string        '
S =
    '    Find the starting indices of the pattern string        '
>>a=strtrim(S)
a =
    'Find the starting indices of the pattern string'
>>b=deblank(S)
b =
    '    Find the starting indices of the pattern string'
>>whos
  Name      Size           Bytes  Class      Attributes
  S         1×55            110   char
  a         1×47             94   char
  b         1×50            100   char
```

字符串函数还有很多,如 isletter()、isspace()和 isstrprop()等,可查阅相关函数的帮助文献,此处不再一一赘述。

2.2.4 逻辑型

逻辑型数据用来表示真和假两种状态。在给逻辑型变量赋值时,用 1 表示真,用 0 表示假。在进行逻辑判断时,则用非 0 表示真(如-5,3,2,…),用 0 表示假;或者用满足条件为真,不满足条件为假。

1. 建立逻辑数组

有两种建立逻辑数组的方法:一种是利用 true 和 false 直接建立逻辑数组;另一种是通过逻辑运算建立逻辑数组。

(1) 利用 true 和 false 直接建立逻辑数组。

【例 2-22】 本例的功能是利用 true 和 false 直接建立逻辑数组。

```
>>x=[true false false true true]        %true 表示真,false 表示假
x =
    1    0    0    1    1
>>whos x
  Name      Size              Bytes  Class     Attributes
  x         1×5                   5  logical
```

(2) 通过逻辑运算建立逻辑数组。

进行逻辑运算后,其结果为逻辑数组。

【例 2-23】 本例的功能是通过逻辑运算建立逻辑数组。

```
>>x=rand(3,4)      %利用 rand()函数产生取值范围在(0,1)的随机数组
x =
    0.8147    0.9134    0.2785    0.9649
    0.9058    0.6324    0.5469    0.1576
    0.1270    0.0975    0.9575    0.9706
>>k=(x>0.5)        %判断 x 中有无满足大于 0.5 的元素
k =                %k 是逻辑数组,维数与 x 相同,1 表示 x 中符合条件的元素,0 表示不符合
    1    1    0    1
    1    1    1    0
    0    0    1    1
>>whos k
  Name      Size              Bytes  Class     Attributes
  k         3×4                  12  logical
```

提示:有些名字由 is 开头的函数也返回逻辑数组,如 ischar、isinteger、isnumeric、isempty、isnan(是非数值)和 isprime(是素数)等。

【例 2-24】 本例的功能是查看用 ischar()函数返回的数据类型。

```
>>b=123.5;
>>c=ischar(b)
c =
    0
>>whos c
  Name      Size              Bytes  Class     Attributes
  c         1×1                   1  logical
```

2. 使用逻辑数组

通常会在两个地方使用逻辑数组：一种是在条件语句中使用；另一种是在数组索引中使用。

（1）在条件语句中使用逻辑数组。

条件语句很有用，可以根据是否符合某些条件来选择执行不同的代码或是进行信息提示等。例如，在人机交互系统中，经常需要用户在编辑文本框中输入数据，由系统读取后进行计算。为确保用户输入的内容或格式符合要求，在进行计算前往往会先进行判断。例 2-25 将模拟这个过程，由用户从键盘上输入一个数，判断输入的是否是数值型数据。

【例 2-25】　本例的功能是判断用户从键盘输入的是否是数值型数据。

```
x=input('请输入一个数: ','s');        %以字符型格式获取用户从键盘上输入的内容
x=str2num(x);        %将 x 从字符型变为数值型,若 x 含有非数字字符,转换就会失败,返回[]
if isempty(x)        %判断转换是否成功,即 x 中是否含有非数字字符,'0'~'9'是数字字符
    disp('Wrong input.');
else
    disp('It is a number.');
end
```

将上述代码保存为 ch2_25.m，程序执行结果如下。

```
>>ch2_25            %运行程序
请输入一个数: 235.567
It is a number.
>>ch2_25
请输入一个数: 56
It is a number.
>>ch2_25
请输入一个数: 12_45
Wrong input.
```

（2）在数组索引中使用逻辑数组。

MATLAB 是基于数组进行运算的，并且支持数组索引这种方式，即把一个数组作为另一个数组的索引。例如，在数字图像处理系统中，经常需要将图像数据二值化（0 表示黑，1 表示白），然后统计图像中白色点的个数（通常目标由白色表示，背景由黑色表示）。例 2-26 将模拟这一过程，先生成一个 0～255 的随机数组，如果数组中的值大于 150，就设置为 255（白色），否则设置为 0（黑色）。

【例 2-26】　本例的功能是使用数组索引对数组进行处理。

```
A=round(rand(4,6) * 255)      %用 rand()函数生成随机数组,乘以 255 后用 round()函数
                              %四舍五入取整
k=(A>150)                     %得到 A 中大于 150 的像素点位置
A(k)=255;                     %k 与 A 的维数相同,用逻辑数组 k 当 A 的索引,即 k 中
                             %每个真值元素位置,就是 A 中要进行存取的元素的位置
A(~k)=0;                      %~表示取反,真取反后为假,假取反后为真
A
```

将上述代码保存为 ch2_26.m，程序运行结果如下。

```
A =
   208   161   244   244   108   167
   231    25   246   124   234     9
    32    71    40   204   202   217
   233   139   248    36   245   238
k =
  4×6 logical 数组
   1   1   1   1   0   1
   1   0   1   0   1   0
   0   0   0   1   1   1
   1   0   1   0   1   1
A=
   255   255   255   255     0   255
   255     0   255     0   255     0
     0     0     0   255   255   255
   255     0   255     0   255   255
```

2.2.5　结构体型

利用结构体数组可以实现在一个数组里存放不同类型的数据。结构体数组的基本单位是结构体,而结构体的基本单位是域(又称为"成员")。在 C 或 Java 等语言中,结构体一旦被定义,在程序运行过程中就不能再增/减域。而在 MATLAB 中,可随时增/减域。

1. 建立结构体数组与增加域

有两种建立结构体数组的方法:一种是直接建立法;另一种是利用 struct()函数建立。

(1) 直接建立结构体数组。

【例 2-27】 本例的功能是通过学生数据(包括姓名、年龄、性别等)演示直接创建结构体数组的过程。

```
>>stu(1).name='韦小宝';      %创建一个结构体 stu,增加一个域 name
>>stu(1).age=18;            %增加一个域 age
>>stu(2).name='方芳';        %数组维数扩展为 1×2
>>stu(3).sex='男';          %数组维数扩展为 1×3,并增加一个域 sex
>>stu                       %查看 stu 结构体
stu =
  包含以下字段的 1×3 struct 数组:
    name
    age
    sex
>>stu(1)                    %查看结构体数组中的第一个元素
ans =
  包含以下字段的 struct:
    name: '韦小宝'
     age: 18
     sex: []                %由于尚未被赋值,因此设置为空值
```

(2) 利用 struct()函数建立结构体数组。

【例 2-28】 本例的功能是通过教师数据(包括姓名、编号、年龄、性别等)演示利用 struct()函数创建结构体数组的过程。

```
>>teacher=struct('name',[],'Number',[],'age',[],'sex',[])
teacher =
    包含以下字段的 struct:
        name: []
      Number: []
         age: []
         sex: []
```

2. 删除域

rmfield()函数可用于删除域。

【例 2-29】　本例的功能是删除域(本例以例 2-28 为前提)。

```
>>teacher=rmfield(teacher,'sex')        %删除 teacher 中的 sex 域
teacher =
    包含以下字段的 struct:
        name: []
      Number: []
         age: []
```

3. isfield()函数和 isstruct()函数

isfield()函数可以判断结构体中是否含有某个域,isstruct()函数用于判断某个变量是否为结构体数组。

【例 2-30】　本例的功能是测试 isfield()和 isstruct()函数的使用方法(本例以例 2-29 为前提)。

```
>>a=isstruct(teacher)              %判断是否是结构体,是返回 1,否则返回 0
a =
      1
>>a=isfield(teacher,'sex')         %判断是否为结构体的域,是返回 1,否则返回 0
a =
      0
```

2.2.6　元胞型

元胞数组是 MATLAB 所特有的一种数据类型,具有处理复杂数据的能力。假设要往一个抽屉里放很多物品,而这些物品的类别五花八门。于是,把抽屉分成 n 行 m 列的小格子并进行编号,然后在(1,1)格子里放书,在(1,2)格子里放橡皮,在(2,1)格子里放笔……使用元胞数组可以很好地管理抽屉里的物品。

对于传统的数组来说,由于要求数组中各元素的数据类型都是相同的,因此,可直接用元素在数组中的位置来代表该元素的值,然后参与各种运算。例如,对于二维数值数组 A 来说,可以用 A(m,n)表示 A 中第 m 行第 n 列的元素的值,然后计算它的绝对值 abs(A(m,n))。

但元胞数组的情况就复杂得多。在元胞数组中,元胞和元胞里存放的内容是不相关的,因此无法直接使用元素位置来代表元素的值。为此,MATLAB 提供了两种不同的操作:位置索引(cell Indexing)和内容索引(Content Addressing)。

以二维元胞数组 A 为例,A(2,3)代表"位置索引",表示数组 A 中第 2 行第 3 列的元

素;A{2,3}代表"内容索引",表示数组 A 中第 2 行第 3 列的元素中存放的内容。注意,两种操作仅仅是符号不同,前者用的是"()",后者用的是"{}"。为了能够直接参与计算,通常使用"内容索引"来读取元胞元素的内容,如 abs(A{1,2})。

有一个技巧可以来帮助记忆什么时候对元胞数组使用圆括号,什么时候使用花括号。如果需要知道元胞数组第 i 行第 j 列放的是什么,用 A(i,j);如果需要知道具体的内容或数值,用 A{i,j},即 A{i,j}可以直接参与运算。

有两种建立元胞数组的方法:一种是直接建立法;另一种是利用 cell()函数建立。

1. 直接建立元胞数组

【例 2-31】 本例的功能是直接建立元胞数组。

```
>>A(1,1)={16};              %通过"位置索引"进行赋值,即第 1 行第 1 列的元胞
>>A(2,1)={1-2i};
>>A(2,3)={'good'};
>>A{1,2}=[3 4;2 5];         %通过"内容索引"进行赋值,即第 1 行第 2 列中放的元胞内容
>>A
A =
  2×3 cell 数组
    {[            16]}    {2×2 double}    {0×0 double}
    {[1.0000 -2.0000i]}    {0×0 double}    {'good'    }
```

元胞数组的内容均用"[]"括起来(字符串除外)。如果一行显示不下(如 A{1,2}),就显示该元胞内容的维数和数据类型。

本例中,元胞数组 A 的第 1 行第 2 列放的是个二维数组,分别使用 A(1,2)和 A{1,2}会得到不同的结果,A(1,2)表示里面放的是一个元胞数组,A{1,2}则可以看到具体的数值。

```
>>A(1,2)
ans =
  1×1 cell 数组
    {2×2 double}
>>A{1,2}
ans =
     3     4
     2     5
```

2. 利用 cell()函数建立元胞数组

【例 2-32】 本例的功能是利用 cell()函数建立元胞数组。

```
>>A=cell(2,3)              %用 cell()函数建立空元胞数组
A =
    []    []    []
    []    []    []
>>A{1,2}=16               %通过"内容索引"进行赋值
A =
    {0×0 double}    {[            16]}    {0×0 double}
    {0×0 double}    {0×0 double}    {0×0 double}
```

2.3　数据类型的转换

MATLAB 提供了很多数据转换函数，使用起来很方便。

2.3.1　数值型数据之间的类型转换

数值型数据之间进行类型转换，可直接使用数据类型函数。如 float(A)、double(A)、int16(A) 和 uint32(A) 等（参见表 2-1 与表 2-2）。

2.3.2　非负整数的进制转换

可以将非负整数（小于 2^{52}）在十进制、十六进制和二进制之间进行进制转换，只不过 MATLAB 是用字符串来存储十六进制和二进制的数据的。

【例 2-33】　本例的功能是进行整数的进制转换。

```
>>A-[24 155 9366];
>>B=dec2hex(A)          %十进制转换为十六进制
B =
    '0018'
    '009B'
    '2496'
>>C=dec2bin(A)          %十进制转换为二进制
C =
    '00000000011000'
    '00000010011011'
    '10010010010110'
>>D=hex2dec(B)          %十六进制转换为十进制
D =
        24
       155
      9366
>>whos
  Name      Size          Bytes  Class      Attributes
  A         1×3              24   double
  B         3×4              24   char
  C         3×14             84   char
  D         3×1              24   double
```

提示：MATLAB 中还有 num2hex() 和 hex2num() 函数，请勿将它们与 dec2hex() 和 hex2dec() 函数相混淆。我们知道，双精度浮点数占用 64 位的内存空间，其中的第 63 位是符号位，第 0~51 位为小数部分，第 52~62 位为指数部分。因此，num2hex() 函数表示用十六进制来显示双精度数据在内存中的存储情况。在例 2-33 中，如果使用 hex2num() 函数，结果将如下所示。

```
>>F=hex2num(B)
F =
  1.0e-131 *
    0.0000
```

```
       0.0000
       0.1937
```

2.3.3 数值型与字符型数据的转换

常用的函数有 num2str( )、str2num( )和 str2double( )等。

【例 2-34】 本例的功能是进行数值型与字符型数据的转换。

```
>>a=num2str(456)
a =
    '456'
>>b=str2num('123.46')
b =
  123.4600
>>c=str2num('12abc')        %因为含有非数字字符,所以 str2num( )转换不成功,返回空数组
c =
    [ ]
>>d=str2double('123.45e7')
d =
  1.2345e+009
>>f=str2double('1,200.34')        %能识别具有特殊意义的字符
f =
  1.2003e+003
>>whos
  Name      Size              Bytes  Class     Attributes
  a         1×3                   6  char
  b         1×1                   8  double
  c         0×0                   0  double
  d         1×1                   8  double
  f         1×1                   8  double
```

2.3.4 元胞型与其他数据类型的转换

MATLAB 提供了 num2cell( )、mat2cell( )、cell2mat( )、struct2cell( )和 cell2struct( )等函数,以实现元胞型与其他数据类型之间的转换。

【例 2-35】 本例的功能是进行数值型与元胞型的转换。

```
>>A=[1 2 3;4 5 6]
A =
    1    2    3
    4    5    6
>>B=num2cell(A)        %默认是一一转换,即 A 与 B 同维,每一个元素单独转换成元胞元素
B =
    {[1]}    {[2]}    {[3]}
    {[4]}    {[5]}    {[6]}
>>C=num2cell(A,1)    %表示按维的方向转换,1 表示按列,2 表示按行,3 表示按页
C =
    {2×1 double}    {2×1 double}    {2×1 double}
>>C{1}              %A 中的第 1 列转换成了 C 中的第一个元胞,以此类推
```

```
ans =
     1
     4
```

【例 2-36】　本例的功能是进行矩阵与元胞型的转换。

```
>>A=rand(3,5)                    %生成随机矩阵
A =                              %拟根据虚线把 A 分成 4 部分,生成 2×2 的元胞数组
     0.6787   0.3922   0.7060 ┊ 0.0462   0.6948
     ●●●●●●●●●●●●●●●●●●●●●●●●●●●●●●●●●●●●●●●●●●●●●●●●
     0.7577   0.6555   0.0318 ┊ 0.0971   0.3171
     0.7431   0.1712   0.2769 ┊ 0.8235   0.9502
>>B=mat2cell(A,[1 2],[3 2])      %第一个[]表示把行拆为第 1 行为一组,后 2 行为一组
                                 %第二个[]表示把列拆为前 3 列为一组,后 2 列为一组
B =
    {[0.6787 0.3922 0.7060]}    {[0.0462 0.6948]}
    {2×3 double             }    {2×2 double      }
>>B{1}                           %查看 B{1}
ans =
     0.6787   0.3922   0.7060
>>C=cell2mat(B(2,1))             %把 B(2,1)转换成矩阵,注意这里用的是"()",即 B(2,1)是元胞
C =
     0.7577   0.6555   0.0318
     0.7431   0.1712   0.2769
```

提示：C＝B{2,1}与 C＝cell2mat(B(2,1))等价。前者表示把 B 中第 2 行第 1 列的元胞内容赋值给 C,此处的元胞内容是个矩阵;后者相当于做了两件事,先是找到位于 B 中第 2 行第 1 列的元胞,然后把它转换成矩阵。

第3章

数组、矩阵及其运算

虽然数组与矩阵在外观和数据结构上并没有区别,但它们是两个完全不同的概念,运算方法也不一样。由于矩阵运算包含了数组运算,为方便阅读,对于可同时用于数组与矩阵的运算,本章将使用"数组"代替"数组与矩阵";对于矩阵的独有运算,仍使用"矩阵"来表示。

另外,由于图像是典型的数组(灰度图像是二维的,彩色图像是三维的),并且对图像进行运算和处理的结果很直观,所以本章最后会通过对图像进行操作来展现数组和矩阵运算的效果。

3.1　数组的创建

3.1.1　数组的创建方法

有四种方法可以创建数组:直接输入法、步长生成法、定数线性采样法和定数对数采样法。

1. 直接输入法

把要输入的数据用"[]"括起来,按行的顺序依次输入数据。同一行的数据之间用空格或逗号分隔,不同行的数据之间用分号分隔。

【例 3-1】　本例的功能是利用直接输入法生成数组。

```
>>A=[1 8 5;2 2 8;3 5 1]          %用空格分隔同一行的数据
A =
    1    8    5
    2    2    8
    3    5    1
>>B=[12,6;7,8]                   %用逗号分隔同一行的数据
B =
   12    6
    7    8
```

2. 步长生成法

步长生成法只能生成一维数组,其格式为

```
x=a:step:b
```

其中,数组 x 的第一个元素是 a,步长为 step,最后一个元素小于或等于 b。step 的默认值为 1,如果 step 是正数,则必须满足 a<b;如果 step 是负数,则必须满足 a>b。

【例 3-2】　本例的功能是利用步长生成法创建一维数组。

```
>>A=1:0.3:2          %从 1 开始,以 0.3 为步长生成数据,且最后一个数不超过 2
A =
    1.0000    1.3000    1.6000    1.9000
>>B=1:10             %以默认步长 1 生成数据
B =
    1    2    3    4    5    6    7    8    9    10
```

3. 定数线性采样法

定数线性采样法是指在确定了数组总个数的前提下,通过均匀采样生成一维数组,其格式为

```
x=linspace(a,b,n)
```

其中,a 和 b 分别表示数组 x 的第一个和最后一个元素,n 表示数组 x 中的元素个数。生成的数据确保第一个数是 a,最后一个数是 b,步长由 n 决定。

【例 3-3】　本例的功能是利用定数线性采样法创建一维数组。

```
>>A=linspace(1,2,5)
A =
    1.0000    1.2500    1.5000    1.7500    2.0000
>>B=linspace(1,2,4)
B =
    1.0000    1.3333    1.6667    2.0000
```

4. 定数对数采样法

定数对数采样法是指在确定了数组总个数的前提下,通过常用对数采样生成一维数组,其格式为

```
x=logspace(a,b,n)
```

其中,数组 x 的第一个元素是 10^a,最后一个元素是 10^b,n 表示数组 x 的元素个数。

【例 3-4】　本例的功能是利用定数对数采样法创建一维数组。

```
>>C=logspace(1,2,5)
C =
   10.0000   17.7828   31.6228   56.2341  100.0000
```

上述方法各具特色。当需要定步长时,推荐采用步长生成法;而在数组维数确定的情况下,采用定数采样法更方便。

当需要输入的数据较多时,可以通过读取文件的方式进行,第 6 章将会对此进行详细介绍。

3.1.2　特殊数组的创建

表 3-1 列举了一些可以创建特殊数组的函数。

表 3-1　创建特殊数组的函数

函　数　名	功　　能
ones	元素全为 1 的数组
zeros	元素全为 0 的数组
magic	魔方数组
rand	服从(0,1)范围内均匀分布的随机数组
randi	均匀分布的伪随机整数
randn	服从均值为 0,方差为 1 的标准正态分布的随机数组
randperm	随机排列组合数组

【例 3-5】　本例的功能是利用函数生成特殊数组。

```
>>A=zeros(2,3)                     %全 0 数组
A =
    0    0    0
    0    0    0
>>B=ones(3,2)                      %全 1 数组
B =
    1    1
    1    1
    1    1
>>C=magic(3)                       %魔方数组：每一行、每一列、对角线上的元素之和相等
C =
    8    1    6
    3    5    7
    4    9    2
>>D=randperm(8)                    %1~8 这 8 个数字的随机排列组合
D =
    1    2    7    5    3    6    4    8
>>y=10+(30-10)*rand(2,4)           %在区间[10,30]内均匀分布的随机数组
y =
  16.9997  15.0217  19.4658  26.6166
  13.9319  22.3209  17.0332  21.7053
```

要得到在任意[a,b]区间上均匀分布的随机数 y,只需用 y=a+(b−a)×x 计算即可。

```
>>y=0.5+sqrt(0.1)*randn(2,4)       %均值为 0.5,方差为 0.1 的标准正态分布随机数组
y =
   0.5626   0.2456   0.7641   0.5682
   1.0021   0.7203   0.4229   0.1313
```

要得到均值为 μ,方差为 $\sigma2$ 的随机数 y,只需用 y=μ+σx 计算即可。

```
>>y=randi(10,3,5)                  %生成 1~10 随机取值的 3 行 5 列数据
y =
    3    6   10    2    3
    8    7    6    3    9
    3    9    2    9    3
```

3.1.3 数组的大小

可以用表 3-2 中的函数获得数组的大小和元素个数等信息。

表 3-2 可获取数组大小的函数

函 数 名	功 能	函 数 名	功 能
size	返回数组每一维的长度	ndims	返回数组的维数
length	返回数组中的最大维数	height	返回数组的行数
numel	返回数组中的元素个数		

【例 3-6】 本例的功能是获取数组的大小。

```
>>A=rand(3,4);
>>[m,n]=size(A)      %若已知 A 是二维的,可以用[m,n]的方式分别得到行和列
m =
    3
n =
    4
>>d=size(A)          %当不知 A 是多少维时,可用这种方式。d(1)是行,d(2)是列,d(3)是页
d =
    3    4
>>f=length(A)        %返回 A 中最大的维数
f =
    4
>>t=numel(A)         %返回 A 中的元素个数
t =
    12
>>ndims(A)           %返回 A 的维数
ans =
    2
>>height(A)          %返回数组 A 的行数
ans =
    3
```

若经常需要对数组进行操作,可以用[row,col]＝size(A)得到数组 A 的行数和列数。如果是三维数组,可以用[row,col,page]＝size(A)来得到相应的行、列、页(也有的用"层"来表示第三维)。当然,也可以简单地用 d＝size(A),然后用 d(1)、d(2)和 d(3)来分别表示行、列和页。

3.1.4 数组的访问

可以用两种方法访问数组中的元素:下标法和索引法。以二维数组 A 为例,下标法就是用 A(x,y)表示 A 中的第 x 行第 y 列的元素;索引法就是把 A 中的元素从 1 开始顺序编号,然后用 A(I)表示 A 中的第 I 个元素。采用索引法时,按照先第 1 列、再第 2 列……的顺序对 A 中的元素进行编号。事实上,数组元素在内存中也是按这种顺序进行存储的。显然,下标法和索引法是一一对应的,图 3-1 显示了这种对应关系。

1,1	1,2	1,3	1,4
2,1	2,2	2,3	2,4
3,1	3,2	3,3	3,4

1	4	7	10
2	5	8	11
3	6	9	12

图 3-1　下标法与索引法的一一对应关系

以 m×n 的数组 A 为例,A(i,j)的索引号是(j−1)×m+i。这种转换关系也可以使用转换函数 sub2ind(下标转索引)和 ind2sub(索引转下标)求得。

【例 3-7】　本例的功能是测试 sub2ind()和 ind2sub()函数。

```
>>d=sub2ind([3 4],2,3)        %数组的维数是 3×4,计算第 2 行第 3 列对应的索引号
d =
    8
>>[i,j]=ind2sub([3 4],11)     %数组的维数是 3×4,计算索引号为 11 的元素下标
i =
    2
j =
    4
```

3.1.5　数组的组合、扩充与收缩、拆分、重组和缩放

1. 数组的组合

有时需要将已有的数组组合成新的或更大的数组。此时,只要把原有的数组看成新数组的元素,就可以采用直接输入法生成新数组了。

【例 3-8】　本例的功能是进行数组的组合。

```
>>x=[1 2 5];
>>A=[x,2*x+1;3*x-2,x]
A =
    1   2   5   3   5   11
    1   4   13  1   2   5
>>x=[1 2;3 4]
x =
    1   2
    3   4
>>A=[x,2*x+1;3*x-2,x]
A =
    1   2   3   5
    3   4   7   9
    1   4   1   2
    7   10  3   4
```

2. 数组的扩充与收缩

(1) 数组的扩充。

在 MATLAB 中,数组的维数是动态变化的,只要给出的下标大于原来的数组维数,数

组将自动进行扩充,并将扩充后未赋值的数组元素置为 0。

【例 3-9】 本例的功能是进行数组的扩充。

```
>>A=[1 2;3 4]              %A 的维数是 2×2
A =
     1     2
     3     4
>>A(2,5)=8                 %列下标超过原有维数,自动进行扩充,变成 2×5 维
A =
     1     2     0     0     0
     3     4     0     0     8
>>A(3,2)=100               %行下标超过原有维数,自动进行扩充,变成 3×5 维
A =
     1     2     0     0     0
     3     4     0     0     8
     0   100     0     0     0
```

(2)数组的收缩。

在 MATLAB 中,"[ ]"表示空数组,即元素个数为 0 的数组。如果希望从数组中去除若干行(列),只要把这些行(列)赋值成空数组即可。

【例 3-10】 本例的功能是进行数组的收缩。

```
>>A=rand(3,6)
A =
    0.8147    0.9134    0.2785    0.9649    0.9572    0.1419
    0.9058    0.6324    0.5469    0.1576    0.4854    0.4218
    0.1270    0.0975    0.9575    0.9706    0.8003    0.9157
>>A(2,:)=[ ]               %去除 A 中的第 2 行,":"表示所有,此处为第 2 行的所有列
A =
    0.8147    0.9134    0.2785    0.9649    0.9572    0.1419
    0.1270    0.0975    0.9575    0.9706    0.8003    0.9157
```

3. 数组的拆分

有时需要从数组中取出子数组,然后进行运算或赋值。子数组既可以是 1×1 的,也可以是多维的。

读取 1×1 的子数组最简单,直接利用下标法或索引法就可以实现。例如,要将数组 A 中第 3 行第 4 列的元素重新赋值为 5,只需使用 A(3,4)=5 即可。

读取多维的子数组也可以采用类似的方法,其格式为

> B=A([若干行],[若干列]) 或 B=A([索引号 1,索引号 2…])

其含义是从 A 中取出若干行、若干列,把它们组成数组 B。当要取连续行(列)时,可以用"i:i+m"表示从第 i 行(列)到第 i+m 行(列);当要取全部行(列)时,用":"即可。如果要拆分出来的行数不是连续的,就直接书写对应的行号即可。

如果数组是三维的,则 B=A([若干行],[若干列],[若干页]),其余操作同二维数组。

【例 3-11】 本例的功能是获取子数组。

```
>>A=[1 2 4 3 1 6;8 6 3 6 2 6;9 10 3 5 7 2;3 6 2 8 5 9]
```

```
A =
    1    2    4    3    1    6
    8    6    3    6    2    6
    9   10    3    5    7    2
    3    6    2    8    5    9
>>B1=A([1 3],:)            %取 A 中的第 1,3 行的所有数据,由于取全部列,所以用":"
```

B1 =
```
    1    2    4    3    1    6
    9   10    3    5    7    2
```

1	2	4	3	1	6
8	6	3	6	2	6
9	10	3	5	7	2
3	6	2	8	5	9

```
>>B2=A(2:4,3)             %取 A 中的第 2～4 行的第 3 列
```

B2 =
```
    3
    3
    2
```

1	2	4	3	1	6
8	6	3	6	2	6
9	10	3	5	7	2
3	6	2	8	5	9

```
>>B3=A([1 4],1:2:5)        %取 A 中第 1,4 行上的第 1～5,且步长为 2 的列
```

B3 =
```
    1    4    1
    3    2    5
```

1	2	4	3	1	6
8	6	3	6	2	6
9	10	3	5	7	2
3	6	2	8	5	9

```
>>B4=A(3:-1:1)            %按索引号取 A 中的第 3～1,且步长为-1 的元素
```

B4 =
```
    9    8    1
```

1	2	4	3	1	6
8	6	3	6	2	6
9	10	3	5	7	2
3	6	2	8	5	9

```
>>B5=A(1:3,4:end)         %取 A 中 1～3 行,第 4 到最后列 (end) 的元素
```

B5 =
```
    3    1    6
    6    2    6
    5    7    2
```

1	2	4	3	1	6
8	6	3	6	2	6
9	10	3	5	7	2
3	6	2	8	5	9

```
>>B6=A([1 4 3 5 2 9 17 11 2])   %按索引号取 A 中若干个元素,元素可重复取
```

B5 =
```
    1    3    9    2    8    4    1
    3    8
```

1	2	4	3	1	6
8	6	3	6	2	6
9	10	3	5	7	2
3	6	2	8	5	9

```
>>B7=find(A>8)            %按索引号返回 A 中大于 8 的元素所在的位置
```

B7 =
```
    3
    7
   24
```

1	2	4	3	1	6
8	6	3	6	2	6
9	10	3	5	7	2
3	6	2	8	5	9

```
>>A(B7)=0                    %把 A 中大于 8 的元素赋值为 0
A =
    1    2    4    3    1    6
    8    6    3    6    2    6
    0    0    3    5    7    2
    3    6    2    8    5    0
```

【例 3-12】　本例的功能是对子数组进行赋值。

```
>>A=rand(3,4)
A =
    0.9572    0.1419    0.7922    0.0357
    0.4854    0.4218    0.9595    0.8491
    0.8003    0.9157    0.6557    0.9340
>>A(2,:)=0
A =
    0.9572    0.1419    0.7922    0.0357
         0         0         0         0
    0.8003    0.9157    0.6557    0.9340
```

4. 数组的重组

数组的重组是指在保持数组维数不变的情况下,重新排列数组,即数组从原来的 m1×n1 维变成 m2×n2 维,且 m1×n1＝m2×n2。

【例 3-13】　本例的功能是进行数组的重组。

```
>>A=rand(3,4)
A =
    0.6787    0.3922    0.7060    0.0462
    0.7577    0.6555    0.0318    0.0971
    0.7431    0.1712    0.2769    0.8235
>>A=reshape(A,2,6)   %A 从 3×4 维变成 2×6 维,按第 1 列、第 2 列…的顺序进行
A =
    0.6787    0.7431    0.6555    0.7060    0.2769    0.0971
    0.7577    0.3922    0.1712    0.0318    0.0462    0.8235
```

5. 数组的缩放

可以利用 imresize(A)来缩放数组,它的两种主要调用格式为

> ① B = imresize(A,scale)
> ② B = imresize(A,[numrows numcols])

①是按比例进行缩放,②是指定缩放后的行和列。缩放时,默认采用双三次插值法,也可以指定插值方法,具体可参考帮助中的相关内容。

【例 3-14】　本例的功能是进行数组的缩放。

```
>>A=[1 2;3 4]
A =
    1    2
    3    4
>>B=imresize(A,2)            %A 的行和列都扩大 2 倍,并赋值给数组 B,默认双三次插值
```

```
B =
    0.7188    1.0156    1.6094    1.9062
    1.3125    1.6094    2.2031    2.5000
    2.5000    2.7969    3.3906    3.6875
    3.0938    3.3906    3.9844    4.2812
>>B=imresize(A,2,'nearest')        %采用最近邻法进行插值
B =
    1    1    2    2
    1    1    2    2
    3    3    4    4
    3    3    4    4
>>B=imresize(A,[3 6])              %把 A 扩展成 3 行 6 列,并赋值给数组 B
B =
    0.7500    0.8611    1.1574    1.5648    1.8611    1.9722
    1.8889    2.0000    2.2963    2.7037    3.0000    3.1111
    3.0278    3.1389    3.4352    3.8426    4.1389    4.2500
```

3.2　数组的运算

数组的运算主要有关系运算、逻辑运算、四则运算和集合运算等。

3.2.1　关系运算

MATLAB 主要有 6 个关系运算符,如表 3-3 所示。

表 3-3　关系运算符

关系运算符	说　　明	函　　数
==	等于	eq(A,B)
~=	不等于	ne(A,B)
<	小于	lt(A,B)
>	大于	gt(A,B)
<=	小于或等于	le(A,B)
>=	大于或等于	ge(A,B)

【例 3-15】　本例的功能是比较两个数组的大小。

```
>>A=rand(2,3)
A =
    0.0344    0.3816    0.7952
    0.4387    0.7655    0.1869
>>B=rand(2,3)
B =
    0.4898    0.6463    0.7547
    0.4456    0.7094    0.2760
>>C=(A>B)          %数组 A 和 B 中的对应元素一一比较,也可用 C=gt(A,B)
C =
```

```
        0    0    1
        0    1    0
```

3.2.2　逻辑运算

常用的逻辑运算符如表 3-4 所示。

表 3-4　逻辑运算符

逻辑运算符	说　　明	函　　数
&	逻辑与	and
|	逻辑或	or
~	逻辑非	nor
无	异或	xor
&&	先决与	无
||	先决或	无
无	按位与	bitand
无	按位或	bitor
无	按位异或	bitxor

在 MATLAB 中,"&"和"&&"是不一样的运算符。对于"A && B",首先要判断 A 是否为真。如果 A 不为真,直接返回假,并且不再对 B 进行判断。只有当 A 为真时,才会继续判断 B 是否为真。对于"A & B",需要先分别判断 A 和 B 的真假,然后再进行与运算。

此外,常用的逻辑运算函数还有 all(全非 0)、any(有非 0)等。

【例 3-16】　本例的功能是测试逻辑运算符。

```
>>A=uint8(5);          %A 是非负整数(不考虑符号位),其二进制为 101
>>B=uint8(2);          %B 是非负整数,其二进制为 010
>>C=bitand(A,B)        %按位与,结果为 0
C =
    0
>>A=[5 0 -1;0 2 1];
>>B=[1 2 1;2 1 1];
>>C=A & B              %逻辑与
C =
    1    0    1
    0    1    1
>>D=all(C,1)           %按列方向判断 C 的每列中是否都非 0
D =
    0    0    1
>>E=any(C,2)           %按行方向判断 C 的每行中是否有非 0 元素
E =
    1
    1
```

3.2.3 四则运算

数组的加、减、乘和除运算符分别为＋、－、.﹡和./。进行运算时,采用对应位置上的元素相运算。因此,要求参与运算的两个数组 A 和 B 的维数必须相同。若 A 和 B 中有一个是标量,则该标量将和数组中的所有元素分别进行运算。

除法运算符除了"./"外,还有".\"。A./B 表示 A 是被除数,A.\B 表示 A 是除数。可以这么记忆,"/"的上角对着哪个数,哪个数就是除数。

数组的乘方运算用".^"表示。

【例 3-17】 本例的功能是进行数组的四则运算。

```
>>A=[1 2 1;3 2 5];
>>B=[-1 3 2;5 8 6];
>>C1=A+B
C1 =
     0     5     3
     8    10    11
>>C2=A-B
C2 =
     2    -1    -1
    -2    -6    -1
>>C3=A.﹡B
C3 =
    -1     6     2
    15    16    30
>>C4=A./B
C4 =
   -1.0000    0.6667    0.5000
    0.6000    0.2500    0.8333
>>C5=A.\B
C5 =
   -1.0000    1.5000    2.0000
    1.6667    4.0000    1.2000
>>C6=A.^2
C6 =
     1     4     1
     9     4    25
>>C7=C6+2
C7=
     3     6     3
    11     6    27
```

3.2.4 集合运算

数组的集合运算符如表 3-5 所示。

表 3-5 集合运算符

集合运算符	调 用 格 式	说 明
intersect	C=intersect(A,B)	计算两个集合的交集 C=A∩B
union	C=union(A,B)	计算两个集合的并集 C=A∪B
ismember	TF=ismember(A,S)	检测集合中的元素 A 是否属于 S,是返回 1,否则返回 0
issorted	TF=issorted(A)	检测 A 中的元素是否按升序排列,是返回 1,否则返回 0
setdiff	C=setdiff(A,B)	返回属于 A 但不属于 B 的元素集合
setxor	C=setxor(A,B)	计算两个集合交集的非,即异或
unique	B=unique(A)	返回去除了多余的重复数值后的元素集合

【例 3-18】 本例的功能是进行集合运算。

```
>>A=[1 2 3 4 5 5 6 7 8];
>>B=[2 9 2 7 8 10 10 3 6];
>>C1=intersect(A,B)              %交集运算
C1 =
     2    3    6    7    8
>>C2=union(A,B)                  %并集运算
C2 =
     1    2    3    4    5    6    7    8    9    10
>>C3=ismember(3,A)              %检测元素是否属于集合
C3 =
     1
>>C4=ismember(9,A)
C4 =
     0
>>C5=issorted(A)                %检测集合中的数据是否按升序排列
C5 =
     1
>>C6=issorted(B)
C6 =
     0
>>C7=setdiff(A,B)              %返回属于 A 但不属于 B 的元素集合
C7 =
     1    4    5
>>C8=setxor(A,B)              %返回集合交集的非 $\overline{A\cap B}$
C8 =
     1    4    5    9    10
>>C9=unique(B)                %返回去除了多余的重复数值后的元素集合
C9 =
     2    3    6    7    8    9    10    %本例去除了多余的 2 和 10
```

3.3 矩阵的运算

矩阵作为一种数学变换,有着严格的运算规则。

3.3.1   加减运算

矩阵的加减运算与数组的加减运算一样,都是对应位置上的元素之间进行加减,这里不再赘述。

3.3.2   乘法运算

矩阵的乘法运算符是"＊"。在 MATLAB 中,可以进行矩阵相乘、数乘、点乘、点积、叉乘、卷积与多项式乘法和张量积等运算。

1. 相乘

命令格式为

```
C=A＊B
```

在数学上,只有当矩阵 A 的列数与矩阵 B 的行数相等时,A＊B 才有意义。矩阵相乘采用线性代数中矩阵乘法的运算规则,即矩阵 A 的各行元素,分别与矩阵 B 的各列元素对应相乘并相加。

【例 3-19】   本例的功能是进行两个矩阵相乘。

```
>>A=[1 2 3;2 1 2];          %A 是 2×3 维
>>B=[1 1;2 1;1 2];          %B 是 3×2 维
>>C=A＊B
C =
     8     9
     6     7
>>D=A＊C                    %A,C 不符合矩阵乘法运算规则,提示出错
错误使用  ＊
用于矩阵乘法的维度不正确。请检查并确保第一个矩阵中的列数与第二个矩阵中的行数匹配。要
执行按元素相乘,请使用 '.＊'。
```

2. 数乘

命令格式为

```
C=A＊b
```

其中的 b 是标量。

数乘运算是将 b 与 A 中的所有元素进行相乘。显然,A＊b=b＊A。

【例 3-20】   本例的功能是进行矩阵数乘。

```
>>A=[1 2 3;2 1 2];
>>B=A＊2
B =
     2     4     6
     4     2     4
>>C=2＊A
C =
     2     4     6
     4     2     4
```

3. 点乘

命令格式为

```
C=A.*B
```

在 MATLAB 中,矩阵点乘其实就是数组乘法,此处不再赘述。

4. 点积

命令格式为

```
C=dot(A,B)  或  C=dot(A,B,dim)
```

相当于

```
sum(A.*B)
```

A、B 为向量,并且维数相同。若 A 和 B 为矩阵时,表示要按 dim 所指定的方向同时计算多组向量的点积,因此 A 和 B 必须具有相同的维数。若不给出 dim,默认是按照列的方向计算点积。

【例 3-21】　本例的功能是进行点积运算。

```
>>A=[1 2 3];              %A 和 B 是向量
>>B=[2 1 1];
>>C=dot(A,B)
C =
        7
>>A=[1 2;2 1];            %A 和 B 是矩阵,且维数相同
>>B=[2 2;1 3];
>>C=dot(A,B)              %默认是按列的方向计算点积
C =
    4     7
```

5. 叉乘

命令格式为

```
C=cross(A,B)
```

或

```
C=cross(A,B,dim)
```

在数学上,两向量的叉乘是一个过两相交向量的交点且垂直于两向量所在平面的向量。A、B 为向量,并且维数均为 3(即 x,y,z 坐标)。

若 A 和 B 为矩阵时,表示要按 dim 所指定的方向同时计算多组向量的叉乘,因此 A 和 B 在 dim 方向上的维数必须是 3。

【例 3-22】　本例的功能是进行叉乘运算。

```
>>A=[1 2 1];
>>B=[2 1 3];
```

```
>>C=cross(A,B)
C =
     5    -1    -3
>>A=[1 2 1;2 1 1];
>>B=[2 1 3;1 2 3];
>>C=cross(A,B,2)         %行方向上是二维,因此按照行方向进行叉乘,即 dim=2
C =
     5    -1    -3
     1    -5     3
```

6. 卷积与多项式乘法

命令格式为

```
w=conv(u,v)
```

u 和 v 是向量,长度可不相同。

长度为 m 的向量 u 和长度为 n 的向量 v 的卷积 w 定义为

$$w(k)=\sum_{j=1}^{k} u(j)v(k+1-j)$$

其中,向量 w 的长度为 $(m+n-1)$。

可通过卷积计算进行多项式乘法。

【例 3-23】 本例的功能是计算多项式乘法 $(s^2+3s-2)(s+3)(s-4)$。

```
>>A=[1 3 -2];
>>B=[1 3];
>>C=[1 -4];
>>D=conv(A,conv(B,C))
D =
     1     2   -17   -34    24
>>F=poly2str(D,'s')          %将 D 表示成多项式
F =
s^4 +2 s^3 -17 s^2 -34 s +24
```

多项式乘法中,所有多项式必须按照降幂排列的方式组成向量。

多项式除法可以用反卷积运算 deconv() 函数。其格式为

```
[q,r]=deconv(u,v)
```

其中,多项式 u 除以多项式 v 后,返回商式 q 和余式 r。

【例 3-24】 本例的功能是计算多项式除法 $(s^4+2s^3-17s^2-34s+24)/(s+3)$。

```
>>A=[1 2 -17 -34 24];
>>B=[1 3];
>>[C,D]=deconv(A,B)
C =
     1    -1   -14     8
D =
     0     0     0     0     0
```

7. 张量积

命令格式为

```
C=kron(A,B)
```

A 为 $m \times n$ 矩阵，B 为 $p \times q$ 矩阵，C 为 $mp \times nq$ 矩阵。

A 与 B 的张量积定义为

$$C = A \otimes B = \begin{bmatrix} a_{11}B & a_{12}B & \cdots & a_{1n}B \\ a_{21}B & a_{22}B & \cdots & a_{2n}B \\ \vdots & \vdots & \ddots & \vdots \\ a_{m1}B & a_{m2}B & \cdots & a_{mn}B \end{bmatrix}$$

$A \otimes B$ 与 $B \otimes A$ 都是 $mp \times nq$ 矩阵，但一般地，$A \otimes B \neq B \otimes A$。

【例 3-25】　本例的功能是计算张量积。

```
>>A=[1 2;3 4];            %A 是 2×2 维
>>B=[1 2 1;3 5 6];        %B 是 2×3 维
>>C=kron(A,B)             %C 是 4×6 维
C =
     1    2    1    2    4    2
     3    5    6    6   10   12
     3    6    3    4    8    4
     9   15   18   12   20   24
>>D=kron(B,A)             %kron(A,B)不等于 kron(B,A)
D =
     1    2    2    4    1    2
     3    4    6    8    3    4
     3    6    5   10    6   12
     9   12   15   20   18   24
```

3.3.3　除法运算

矩阵除法是矩阵乘法的逆运算，运算符有两种"/"和"\"，命令格式是 C＝A/B 或 C＝A\B。作为除数的矩阵必须是非奇异的方阵，即该矩阵有逆，A^{-1} 是矩阵 A 的逆。

MATLAB 提供了求逆的 inv() 函数，可以用 inv(A) 求 A 的逆 A^{-1}。

矩阵除法可用于求解线性方程组。如果 A＊X＝B，则 X＝A^{-1}＊B＝A\B。

【例 3-26】　本例的功能是求解线性方程组 $\begin{cases} x_1 + 2x_2 + x_3 = 3 \\ x_1 + x_2 + x_3 = 2 \\ x_1 + 2x_2 + 2x_3 = 5 \end{cases}$。

解题思路：根据 A＊X＝B，则 X＝A\B＝inv(A)＊B。其中，$A = \begin{bmatrix} 1 & 2 & 1 \\ 1 & 1 & 1 \\ 1 & 2 & 2 \end{bmatrix}, B = \begin{bmatrix} 3 \\ 2 \\ 5 \end{bmatrix}$。

```
>>A=[1 2 1;1 1 1;1 2 2];   %输入矩阵 A 和 B
>>B=[3;2;5];
>>X1=A\B                    %用除法求解方程组
```

```
X1 =
    -1
     1
     2
>>X2=inv(A) * B              %也可以使用逆函数
X2 =
    -1
     1
     2
```

3.3.4　乘方运算

矩阵乘方运算符为"^",其运算规则为

(1) 当 A 为方阵,且 p 为大于 0 的整数时,A^p 表示 A 的 p 次方,即 A 自乘 p 次。

(2) 当 A 为方阵,且 p 为小于 0 的整数时,A^p 表示 A^{-1} 的 p 次方。

(3) 当 A 为方阵,且 p 为非整数时,则 A^$p=V\begin{bmatrix} d_{11}^p & \cdots & 0 \\ \vdots & \ddots & \vdots \\ 0 & \cdots & d_{nn}^p \end{bmatrix}V^{-1}$,其中,$V$ 为 A 的特

征向量,$\begin{bmatrix} d_{11} & \cdots & 0 \\ \vdots & \ddots & \vdots \\ 0 & \cdots & d_{nn} \end{bmatrix}$ 为特征值对角矩阵。当有重根时,以上公式不成立。

(4) 标量的矩阵乘方 p^A,标量的矩阵乘方定义为 p^$A=V\begin{bmatrix} p^{d_{11}} & \cdots & 0 \\ \vdots & \ddots & \vdots \\ 0 & \cdots & p^{d_{nn}} \end{bmatrix}V^{-1}$,其

中,V 为 A 的特征向量,$\begin{bmatrix} d_{11} & \cdots & 0 \\ \vdots & \ddots & \vdots \\ 0 & \cdots & d_{nn} \end{bmatrix}$ 为特征值对角矩阵。

(5) 标量的数组乘方 p.^A,标量的数组乘方定义为 p.^$A=\begin{bmatrix} p^{a_{11}} & \cdots & p^{a_{1n}} \\ \vdots & \ddots & \vdots \\ p^{a_{n1}} & \cdots & p^{a_{nn}} \end{bmatrix}$。

【例 3-27】　本例的功能是进行乘方运算。

```
>>A=[1 2 1;1 1 1;2 1 3];
>>B1=A^2
B1 =
     5     5     6
     4     4     5
     9     8    12
>>B2=A^(-2)
B2 =
    8.0000   -12.0000    1.0000
   -3.0000     6.0000   -1.0000
   -4.0000     5.0000    0.0000
>>B3=A^1.5
B3 =
```

```
    2.3823 - 0.0963i    2.7455 + 0.1665i    2.6409 - 0.0214i
    1.9163 + 0.0384i    2.0199 - 0.0664i    2.2786 + 0.0085i
    4.1949 + 0.0469i    3.3656 - 0.0811i    5.8525 + 0.0104i
>>B4=2^A
B4 =
    6.1908      5.7000      6.3534
    4.3514      5.1898      5.3524
    9.7039      8.3553     13.8927
>>B5=2.^A
B5 =
    2      4      2
    2      2      2
    4      2      8
```

3.4　矩阵的求值运算

矩阵的求值运算包括行列式值、逆与伪逆、秩、迹、范数、条件数、最大无关组、特征值与特征向量正交基。

3.4.1　计算矩阵的行列式值

把一个方阵看成一个行列式,并对其按行列式的规则求值,这个值就称为矩阵所对应的行列式的值。

命令格式为

```
d=det(A)
```

【例 3-28】　本例的功能是计算行列式的值。

```
>>A=[121;211;111]
A =
    1    2    1
    2    1    1
    1    1    1
>>B=det(A)
B =
    -1
```

3.4.2　计算矩阵的逆与伪逆

1. 逆

对于 n 阶方阵 A,如果存在一个 n 阶方阵 B,使得 $A*B=B*A=I$(I 是单位矩阵),则把 B 称为矩阵 A 的逆阵,记作 A^{-1}。

命令格式为

```
B=inv(A)
```

【例 3-29】　本例的功能是计算方阵的逆。

```
>>A=[1 2 1;1 1 1;2 3 1];
>>B=inv(A)
B =
    -2     1     1
     1    -1     0
     1     1    -1
```

2. 伪逆

对于长方阵 A，$A*B=I$ 和 $B*A=I$ 至少有一个无解，这时 B 称为 A 的伪逆，它能在某种程度上代表矩阵的逆。当 A 为非奇异方阵（即 A 有逆）时，伪逆与逆相等。

命令格式为

```
B=pinv(A)
```

3.4.3　计算矩阵的秩

矩阵中线性无关的行数或列数称为矩阵的秩。当秩等于矩阵的行（列）数时，称为满秩矩阵。

命令格式为

```
r=rank(A)
```

【例 3-30】　本例的功能是计算方阵的秩。

```
>>A=[1 2 2;1 1 1;2 2 2];
>>r=rank(A)
r =
     2
```

3.4.4　计算矩阵的迹

矩阵的迹等于矩阵的主对角线元素之和，也等于矩阵的特征值之和。

命令格式为

```
t=trace(A)
```

【例 3-31】　本例的功能是计算方阵的迹。

```
>>A=[1 2 2;1 1 1;2 2 2];
>>t=trace(A)
t =
     4
```

3.4.5　计算向量和矩阵的范数

向量 v 或矩阵 X 的范数用来度量向量或矩阵在某种意义下的长度。范数有多种定义方法，定义方法不同，范数值也就不同。

以向量为例，通常有以下几种范数定义。

1. 1-范数

假设有一 n 维向量为 $\boldsymbol{X}$，其 1-范数的计算公式为

$$\|\boldsymbol{X}\| = \sum_{i=1}^{n} |x_i|$$

2. 2-范数

假设有一 n 维向量为 $\boldsymbol{X}$，其 2-范数的计算公式为

$$\|\boldsymbol{X}\|_2 = \sqrt{\sum_{i=1}^{n}(x_i^2)}$$

3. p-范数

假设有一 n 维向量为 $\boldsymbol{X}$，其 p-范数的计算公式为

$$\|\boldsymbol{X}\|_p = \sqrt[p]{\sum_{i=1}^{n}(x_i^p)}$$

4. ∞-范数

假设有一 n 维向量为 $\boldsymbol{X}$，其 ∞-范数的计算公式为

$$\|\boldsymbol{X}\|_\infty = \max_{1\leqslant i\leqslant n}\{|x_i|\}$$

5. -∞-范数

假设有一 n 维向量为 $\boldsymbol{X}$，其 -∞-范数的计算公式为

$$\|\boldsymbol{X}\|_{-\infty} = \min_{1\leqslant i\leqslant n}\{|x_i|\}$$

矩阵的范数类似于向量的范数，此处不再详细介绍。

计算范数的命令：用于向量，$n = \text{norm}(v,\text{参数})$；或用于矩阵，$n = \text{norm}(X,\text{参数})$。

表 3-6 是 MATLAB 所提供的计算向量或矩阵的范数函数 norm 的调用格式。

表 3-6　计算向量或矩阵的范数函数 norm 的调用格式

调 用 格 式	说　　明
n＝norm(X,2)	返回 2-范数，X 可以是矩阵或向量
n＝norm(X)	默认返回 2-范数，X 可以是矩阵或向量
n＝norm(X,1)	返回 1-范数，X 可以是矩阵或向量
n＝norm(X,Inf)	返回 ∞-范数，X 可以是矩阵或向量
n＝norm(X,'fro')	返回 Frobenius 范数，X 可以是矩阵或向量
n＝norm(v,p)	返回向量 v 的 p-范数
n＝norm(v,Inf)	返回向量 v 的 ∞-范数
n＝norm(v,-Inf)	返回向量 v 的 -∞-范数

【例 3-32】　本例的功能是计算向量或矩阵的范数。

```
>>A=[1 3 6];
>>B=[1 3 6;2 1 2;4 7 8];
>>C1=norm(A)
```

```
C1 =
    6.7823
>>C2=norm(B)
C2 =
    13.3726
>>C3=norm(A,inf)
C3 =
    6
>>C4=norm(B,inf)
C4 =
    19
```

3.4.6 计算矩阵的条件数

在求解线性方程组 $AX=b$ 时,一般认为,系数矩阵 A 中个别元素的微小变化不会引起解向量的很大变化。这种假设在工程应用中非常重要,因为系数矩阵的数据通常是由实验数据获得的,它并非精确值,但与精确值误差不大。在计算数学中,称解不因系数矩阵的微小扰动而发生大的变化的矩阵为良性矩阵,反之为病态矩阵。良性与病态是相对的,需要一个参数来描述,而条件数就是用来描述矩阵的这种性能的一个参数。

矩阵 A 的条件数等于 A 的范数与 A 的逆矩阵的范数乘积,即 $\text{cond}(A)=\|A\| \cdot \|A^{-1}\|$。由公式可知,条件数总是大于 1 的。条件数越接近于 1,说明矩阵的性能越好;反之,矩阵的性能越差。由于范数的定义有多种形式,因此条件数也有多种计算方式。

MATLAB 中计算条件数的函数为 cond(),调用格式为

```
c=cond(X,p)
```

其中,p 可以是 1,2,Inf 和'fro',分别对应着 1-范数、2-范数、∞-范数和 Frobenius 范数。

【例 3-33】 本例的功能是计算矩阵的条件数。

```
>>A=[1 3 4;-2 5 -1;2 3 7];
>>B=[1 3 2;-1 6 0;2 3 7];
>>C1=cond(A,2)
C1 =
   48.1373
>>C2=cond(B,2)
C2 =
   13.6826
```

矩阵 B 的条件数比矩阵 A 的条件数更接近 1,因此矩阵 B 的性能要好于矩阵 A。

3.4.7 计算矩阵的最大无关组

利用矩阵的初等变换,可以将矩阵化成行最简形,从而找出列向量组的一个最大无关组。MATLAB 中将矩阵化成行最简形的命令是 rref 或 rrefmovie。

rref()函数有以下三种调用格式。

```
(1) R=rref(A):表示用高斯-约当法和行主元法求 A 的最简形矩阵 R;
(2) [R,jb]=rref(A):不仅能返回最简形矩阵 R,还能返回基向量所在的列数 jb;
(3) [R,jb]=rref(A,tol):tol 为指定的精度。
```

rrefmovie(A)表示给出每一步简化的过程。

【例 3-34】　本例的功能是计算矩阵的最大无关组。

```
>>A=round(rand(4,5)*10)          %随机生成一个矩阵
A =
     8     6    10    10     4
     9     1    10     5     9
     1     3     2     8     8
     9     5    10     1    10
>>[R,jb]=rref(A)                 %求矩阵的最大无关组
R =
    1.0000         0         0         0   64.5833
         0    1.0000         0         0    6.0833
         0         0    1.0000         0  -60.7500
         0         0         0    1.0000    5.8333
jb =                             %向量基所在的列
     1     2     3     4
>>B=A(:,jb)                      %取该组向量基,因为要取所有行,所以行数上用的是": "
B =
     8     6    10    10
     9     1    10     5
     1     3     2     8
     9     5    10     1
```

3.4.8　计算矩阵的特征值与特征向量

设 A 为 n 阶方阵,如果数 λ 和 n 维列向量 x 的关系式 $Ax = \lambda x$ 成立,则称 λ 为方阵 A 的特征值,非零向量 x 称为 A 对应于特征值 λ 的特征向量。

命令格式为

```
[V,D]=eig(A)
```

其中,D 为特征值,V 为对应于 D 的特征向量。

【例 3-35】　本例的功能是计算矩阵的特征值和特征向量。

```
>>A=[2 -1 -1;0 4 0;4 -1 -3]
A =
     2    -1    -1
     0     4     0
     4    -1    -3
>>[V,D]=eig(A)                   %求特征值 D 和特征向量 V
V =
    0.7071    0.2425   -0.3015
         0         0    0.9045
    0.7071    0.9701   -0.3015
D =
     1     0     0
     0    -2     0
     0     0     4
```

3.4.9　计算矩阵的正交基

命令格式为

```
B=orth(A)
```

将矩阵 A 正交规范化后得到的矩阵 B 的列向量是正交向量,且满足 B′ * B=I。

【例 3-36】　本例的功能是计算矩阵的正交基。

```
>>A=[1 2 3;4 0 0;0 1 1];
>>B=orth(A)
B =
    -0.6684    0.6513   -0.3592
    -0.7194   -0.6887    0.0902
    -0.1886    0.3187    0.9289
>>B' * B          %B' * B=I,部分数据有负号是因为精度关系造成的
ans =
    1.0000   -0.0000    0.0000
   -0.0000    1.0000    0.0000
    0.0000    0.0000    1.0000
```

3.5　矩阵的特殊运算

矩阵的特殊运算包括矩阵的转置、旋转、抽取对角线元素、抽取上、下三角阵等。

3.5.1　矩阵的转置

转置运算符为“'”,格式为 A'。运算规则如下。

(1) 若矩阵 A 的元素为实数,则与线性代数中矩阵的转置相同。

(2) 若 A 为复数矩阵,则转置后的元素由 A 对应元素的共轭复数组成。

如果不论矩阵 A 为何种类型,均希望进行线性代数中的矩阵转置,则要使用命令 $A.'$。

【例 3-37】　本例的功能是比较两种转置 A' 和 $A.'$。

```
>>A=[1+2i 1-i;3-3i 4+2i]
A =
    1.0000 +2.0000i   1.0000 -1.0000i
    3.0000 -3.0000i   4.0000 +2.0000i
>>B=A'            %转置后的矩阵由原矩阵中对应元素的共轭复数组成
B =
    1.0000 -2.0000i   3.0000 +3.0000i
    1.0000 +1.0000i   4.0000 -2.0000i
>>C=A.'           %线性代数的转置
C =
    1.0000 +2.0000i   3.0000 -3.0000i
    1.0000 -1.0000i   4.0000 +2.0000i
```

3.5.2　矩阵的旋转

矩阵的旋转是指以 90°为单位对矩阵按逆时针方向进行旋转。相关函数有 rot90( )、

fliplr()和 flipud()函数。

（1）rot90(A,k)是指将矩阵旋转 90°的 k 倍。

（2）fliplr(A)是指将矩阵左右翻转，即将第 1 列与最后 1 列对调，第 2 列与倒数第 2 列对调……。

（3）flipud(A)是指将矩阵上下翻转，即将第 1 行与最后 1 行对调，第 2 行与倒数第 2 行对调……。

【例 3-38】 本例的功能是旋转矩阵。

```
>>A=[1 2 3;4 5 6;7 8 9]
A =
    1    2    3
    4    5    6
    7    8    9
>>B=rot90(A)              %默认是逆时针方向旋转 90°
B =
    3    6    9
    2    5    8
    1    4    7
>>C=fliplr(A)            %左右翻转
C =
    3    2    1
    6    5    4
    9    8    7
>>D=flipud(A)            %上下翻转
D =
    7    8    9
    4    5    6
    1    2    3
```

3.5.3 抽取对角线元素

表 3-7 列举了抽取矩阵的对角线元素的函数及其使用方法，图 3-2 为示例。

表 3-7 抽取对角线元素的函数及其使用方法

函 数 格 式	说 明
X＝diag(v,k)	以向量 v 的元素作为矩阵 X 的第 k 条对角线元素。当 $k=0$ 时，v 为 X 的主对角线；当 $k<0$ 时，v 为下方第 k 条对角线；当 $k>0$ 时，v 为上方第 k 条对角线
X＝diag(v)	以向量 v 为主对角线元素，其余元素为 0 构成 X
v＝diag(X,k)	抽取 X 的第 k 条对角线元素构成向量 v。当 $k=0$ 时，抽取主对角线；当 $k<0$ 时，抽取下方第 k 条对角线；当 $k>0$ 时，抽取上方第 k 条对角线
v＝diag(X)	抽取主对角线元素构成向量 v

【例 3-39】 本例的功能是抽取对角线。

```
>>A1=[1 2 3;4 5 6;7 8 9];
>>v1=diag(A1,1)          %抽取 A 上方的第 1 条对角线
```

```
v1 =
    2
    6
>>v2=[1 2 3];
>>A2=diag(v2,-1)      %以 v2 为 A2 下方的第 1 条对角线
                      %组成 A2,其余元素为 0
A2 =
    0    0    0    0
    1    0    0    0
    0    2    0    0
    0    0    3    0
```

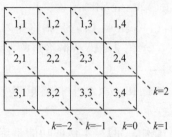

图 3-2　抽取对角线示例图

3.5.4　抽取上、下三角阵

表 3-8 列举了抽取矩阵的上、下三角阵的函数及其使用方法。

表 3-8　抽取上、下三角阵的函数及其使用方法

函 数 格 式	说　　明
L＝tril(X)	抽取 X 的主对角线的下三角部分构成矩阵 L
L＝tril(X,k)	抽取 X 的第 k 条对角线的下三角部分。当 $k=0$ 时,为主对角线;当 $k<0$ 时,为主对角线以下;当 $k>0$ 时,为主对角线以上
U＝triu(X)	抽取 X 的主对角线的上三角部分构成矩阵 U
U＝triu(X,k)	抽取 X 的第 k 条对角线的上三角部分。当 $k=0$ 时,为主对角线;当 $k<0$ 时,为主对角线以下;当 $k>0$ 时,为主对角线以上

【例 3-40】　本例的功能是抽取上、下三角阵。

```
>>A=[1 2 3;4 5 6;7 8 9];
>>L=tril(A,1)
L =
    1    2    0
    4    5    6
    7    8    9
>>U=triu(A)
U =
    1    2    3
    0    5    6
    0    0    9
```

3.6　特殊矩阵

特殊矩阵包括希尔伯特(Hilbert)矩阵、范德蒙德(Vandermonde)矩阵、特普利茨(Toeplitz)矩阵、伴随矩阵、帕斯卡(Pascal)矩阵和稀疏(Sparse)矩阵等。

3.6.1　希尔伯特矩阵

命令格式为

```
H=hilb(n)
```

希尔伯特矩阵的每个元素为 $h_{ij} = \dfrac{1}{i+j-1}$，其中，$n$ 表示 n 阶矩阵。

希尔伯特矩阵的条件数很差，使用一般方法求逆矩阵会因为原始数据的微小扰动而产生不可靠的计算结果，所以 MATLAB 专门提供了一个求希尔伯特逆矩阵的函数 invhilb(n)。

【例 3-41】 本例的功能是生成希尔伯特矩阵及逆矩阵。

```
>>format rat;         %以有理数的形式显示数据
>>H=hilb(4)
H =
       1            1/2          1/3          1/4
       1/2          1/3          1/4          1/5
       1/3          1/4          1/5          1/6
       1/4          1/5          1/6          1/7
>>H2=invhilb(4)
H2 =
      16          -120           240          -140
    -120          1200         -2700          1680
     240         -2700          6480         -4200
    -140          1680         -4200          2800
```

3.6.2 范德蒙德矩阵

可以用一个指定向量 v 生成范德蒙德矩阵。下面是一个范德蒙德矩阵的示例：

```
   1    1   1   1
   8    4   2   1
  64   16   4   1
 125   25   5   1
```

范德蒙德矩阵的最后一列全为 1，倒数第 2 列为指定向量，其他各列是其后列与倒数第 2 列每个元素的点乘（即数组乘法）。

命令格式为

```
A=vander(v)
```

其中，v 是指定向量。

【例 3-42】 本例的功能是生成范德蒙德矩阵。

```
>>v=[1;2;4;5];
>>A=vander(v)
A =
       1            1            1            1
       8            4            2            1
      64           16            4            1
     125           25            5            1
```

3.6.3 特普利茨矩阵

特普利茨矩阵除第一行和第一列外，其他每个元素都与左上角的元素相同。

命令格式为

```
T=toeplitz(r)
```

或

```
T=toeplitz(c,r)
```

其中,r 表示矩阵的第一行,c 表示矩阵的第一列,c 和 r 的长度可以不相等。

【例 3-43】 本例的功能是生成特普利茨矩阵。

```
>>r=[1 2 3 4];
>>T1=toeplitz(r)
T1 =
        1        2        3        4
        2        1        2        3
        3        2        1        2
        4        3        2        1
>>c=[1 5 6]
c =
        1        5        6
>>T2=toeplitz(c,r)
T2 =
        1        2        3        4
        5        1        2        3
        6        5        1        2
```

提示: c 的第一个元素应与 r 的第一个元素相同,否则会产生冲突。

3.6.4　伴随矩阵

设多项式 $p(x)$ 为 $p(x)=a_nx^n+a_{n-1}x^{n-1}+\cdots+a_1x+a_0$,则称矩阵 $\boldsymbol{A}=$

$$\begin{bmatrix} -\dfrac{a_{n-1}}{a_n} & -\dfrac{a_{n-2}}{a_n} & -\dfrac{a_{n-3}}{a_n} & \cdots & -\dfrac{a_1}{a_n} & -\dfrac{a_0}{a_n} \\ 1 & 0 & 0 & \cdots & 0 & 0 \\ 0 & 1 & 0 & \cdots & 0 & 0 \\ \vdots & \vdots & \vdots & \ddots & \vdots & \vdots \\ 0 & 0 & 0 & \cdots & 0 & 0 \\ 0 & 0 & 0 & \cdots & 1 & 0 \end{bmatrix}$$ 为多项式 $p(x)$ 的伴随矩阵,$p(x)$ 为 $\boldsymbol{A}$ 的

特征多项式,方程 $p(x)=0$ 的根称为 $\boldsymbol{A}$ 的特征值。

命令格式为

```
A=compan(u)
```

其中,u 是一个多项式的系数向量,按降幂排列。

【例 3-44】 本例的功能是生成伴随矩阵。

```
>>r=[1 0 -7 6];        %计算 x³-7x+6 的伴随矩阵
>>A=compan(r)
```

```
A =
     0            7           -6
     1            0            0
     0            1            0
>>D=eig(A)              %求 A 的特征值
D =
    -3
     2
     1
```

3.6.5　帕斯卡矩阵

二次项$(x+y)^n$展开后的系数随 n 的增大将组成一个三角形,称为杨辉三角形。由杨辉三角形组成的矩阵称为帕斯卡矩阵。

命令格式为

```
A = pascal(n)
```

【例 3-45】　本例的功能是生成帕斯卡矩阵。

```
>>A=pascal(5)
A =
     1            1            1            1            1
     1            2            3            4            5
     1            3            6           10           15
     1            4           10           20           35
     1            5           15           35           70
```

3.6.6　稀疏矩阵

稀疏矩阵是一种特殊的矩阵形式,除了少数非零元素外,其余的元素均为 0。由于在计算机系统中,内存空间只分配给非零元素,因此,为了有效地提高计算机的存储效率、节省计算时间和存储空间,MATLAB 提供了多个有关稀疏矩阵的函数,可以很方便地存储稀疏矩阵和进行计算。

表 3-9 列举了部分有关稀疏矩阵的函数。

表 3-9　稀疏矩阵的部分函数使用方法

函 数 名 称	说　　明
find	查找非零元素在稀疏矩阵中的位置
full	把稀疏矩阵转换为满矩阵
issparse	判断是否是稀疏矩阵
nnz	返回矩阵中非零元素的个数
nonzeros	返回一个包含所有非零元素的列向量
spalloc	给稀疏矩阵分配内存空间

续表

函 数 名 称	说　　明
sparse	生成一个稀疏矩阵
spconvert	导入外部数据并生成稀疏矩阵
spdiags	以对角带生成稀疏矩阵
speye	生成稀疏的单位矩阵
spones	生成非零元素全为 1 的稀疏矩阵
sprandsym	生成稀疏的对称的随机矩阵
sprandn	生成稀疏的正态分布的随机矩阵
sprand	生成稀疏的均匀分布的随机矩阵
spy	查看稀疏矩阵中非零元素的分布情况

【例 3-46】 本例的功能是使用稀疏矩阵的相关函数。

```
>>A1=sparse(10,20);          %生成一个全为 0 的 10×20 稀疏矩阵
>>issparse(A1)               %判断 A1 是否是稀疏矩阵,是返回 1,否则返回 0
ans =
    1
>>A1(2,8)=3;                 %设置非零元素
>>A1(2,15)=6;
>>A1(5,11)=8;
>>A1                         %稀疏矩阵只显示非零元素的位置和值
A1 =
   (2,8)        3
   (5,11)       8
   (2,15)       6
>>nnz(A1)                    %查看 A1 中有几个非零元素
ans =
    3
>>nonzeros(A1)              %将非零元素组成一个列向量
ans =
    3
    8
    6
>>[B,C]=find(A1)            %查找 A1 中非零元素的位置,B 代表行,C 代表列
B =
    2
    5
    2
C =
    8
   11
   15
>>A2=sprand(10,20,0.05)     %生成稀疏的均匀分布的随机矩阵,密度为 0.05
                            %即有 10 个非零元素
```

```
A2 =
    (1,1)       0.5523
    (7,3)       0.6147
    (10,5)      0.2055
    (8,10)      0.4896
    (6,12)      0.0320
    (7,12)      0.3624
    (8,16)      0.1925
    (9,17)      0.1231
    (7,18)      0.0495
    (3,19)      0.6299
>>A3=sprandn(10,20,0.05)        %生成稀疏的正态分布的随机矩阵,密度为 0.05
A3 =
    (2,3)      -2.3595
    (5,5)      -0.6361
    (6,5)       0.1380
    (3,6)      -1.3216
    (6,9)      -0.7107
    (2,10)     -0.5100
    (7,12)      0.7770
    (5,13)      0.3179
    (1,18)      2.0243
    (7,18)      0.6224
>>spy(A3);                      %以图的形式查看 A3 中非零元素的分布 (如图 3-3 所示)
```

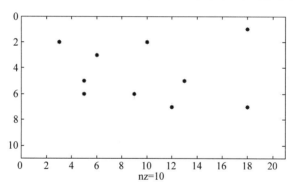

图 3-3 利用 **spy**()函数查看稀疏矩阵中非零元素的分布

3.7 矩阵的分解

矩阵的分解是指将给定的矩阵分解成特殊矩阵的乘积的过程。矩阵的分解运算主要有三角(LU)分解、奇异值(SVD)分解、正交(OR)分解、Cholesky 分解、Schur 分解和特征值(EIG)分解等。

3.7.1 三角分解

三角分解是指将一个方阵 A 表示成两个基本三角阵 L 和 U 的乘积,即 $A=L*U$,其中 L 为下三角矩阵或其变换形式,U 为上三角矩阵。MATLAB 使用高斯变量消去法进行三角分解。

命令格式为

```
[L,U]=lu(A)
```

或

```
[L,U,P]=lu(A)
```

【例 3-47】 本例的功能是将矩阵进行三角分解。

```
>>A=[1 2 3;4 5 6;7 8 9];
>>[L1,U1]=lu(A)                %矩阵被分解为一个上三角阵和一个下三角阵的乘积
L1 =                           %L1 是转换了的对角线为 1 的下三角阵
    0.1429    1.0000         0
    0.5714    0.5000    1.0000
    1.0000         0         0
U1 =
    7.0000    8.0000    9.0000
         0    0.8571    1.7143
         0         0    0.0000
>>[L2,U2,P]=lu(A)              %L2 为下三角阵,U2 为上三角阵,P 为单位矩阵的行变换矩阵
                               %满足 L*U=P*A
L2 =
    1.0000         0         0
    0.1429    1.0000         0
    0.5714    0.5000    1.0000
U2 =
    7.0000    8.0000    9.0000
         0    0.8571    1.7143
         0         0    0.0000
P =
    0    0    1
    1    0    0
    0    1    0
```

3.7.2 奇异值分解

命令格式为

```
① S = svd(X)
```

S 为分解矩阵 X 所得到的全部奇异值变量。

```
② [U,S,V] = svd(X)
```

返回一个与 X 同大小的对角矩阵 S 和两个酉矩阵 U 和 V,满足 $X=U*S*V'$。

```
③ [U,S,V] = svd(X,0)
```

利用"有效大小"进行分解,如果 X 是 $m \times n$ 维,并且 $m>n$,则只计算 U 的前 n 列,且 S

是 $n \times n$ 维。

④[U,S,V] = svd(X, 'econ')

利用"有效大小"进行分解,如果 X 是 $m \times n$ 维,并且 $m < n$,则只计算 V 的前 m 列,且 S 是 $m \times m$ 维;若 $m \geqslant n$,与③一样。

【例 3-48】 本例的功能是将矩阵进行奇异值分解。

```
>>A=[1 2;3 4;5 6;7 8];        %A 是 2×4 维的矩阵
>>S1=svd(A)                   %返回 A 的全部奇异值
S1 =
    14.2691
     0.6268
>>[U2,S2,V2]=svd(A)          %没有使用"有效大小",U2 和 S2 的维数较多
U2 =
   -0.1525   -0.8226   -0.3945   -0.3800
   -0.3499   -0.4214    0.2428    0.8007
   -0.5474   -0.0201    0.6979    0.4614
   -0.7448    0.3812   -0.5462    0.0407
S2 =
    14.2691         0
          0    0.6268
          0         0
          0         0
V2 =
   -0.6414    0.7672
   -0.7672   -0.6414
>>[U3,S3,V3]=svd(A, 'econ')   %使用"有效大小",U3,S3 的维数减少
U3 =
   -0.1525   -0.8226
   -0.3499   -0.4214
   -0.5474   -0.0201
   -0.7448    0.3812
S3 =
    14.2691         0
          0    0.6268
V3 =
   -0.6414    0.7672
   -0.7672   -0.6414
```

另外,MATLAB 还提供了广义奇异值分解函数 gsvd(),此处不再详细介绍。

3.7.3 正交分解

假设有实矩阵 Q,且满足 $Q' * Q = I$,则 Q 称为正交矩阵。正交分解可以把任意长方阵分解为正交矩阵和上三角矩阵的初等变换形式的乘积。

命令格式为

[Q,R] = qr(A)

【例 3-49】 本例的功能是将矩阵进行正交分解。

```
>>A=[1 2 3;4 5 6;7 8 9;10 11 12];        %A 是 4×3 维
>>[Q,R]=qr(A)                            %A=Q*R
Q =
  -0.0776   -0.8331    0.5405   -0.0885
  -0.3105   -0.4512   -0.6547    0.5209
  -0.5433   -0.0694   -0.3121   -0.7763
  -0.7762    0.3124    0.4263    0.3439
R =                                      %R 是上三角矩阵
 -12.8841  -14.5916  -16.2992
        0   -1.0413   -2.0826
        0         0   -0.0000
        0         0         0
>>Q'*Q                                   %Q 是正交矩阵
ans =
   1.0000    0.0000   -0.0000    0.0000
   0.0000    1.0000   -0.0000    0.0000
  -0.0000   -0.0000    1.0000    0.0000
   0.0000    0.0000    0.0000    1.0000
```

3.7.4 Cholesky 分解

n 阶方阵 A 为对称正定时，存在唯一的对角元素为正的上三角矩阵 R，使得 $R'*R = A$。这种分解被称为 Cholesky 分解。

命令格式为

① R=chol(A)

当 A 为非正定时，系统会出错。

② [R,p]=chol(A)

不产生出错信息，当 A 为正定时，$p=0$，R 同上；当 A 为非正定时，p 为正整数，R 是有序的上三角阵。

【例 3-50】 本例的功能是将矩阵进行 Cholesky 分解。

```
>>A=[3 1 1;1 5 -2;1 2 3];
>>R=chol(A)
R =
   1.7321    0.5774    0.5774
        0    2.1602   -1.0801
        0         0    1.2247
>>R'*R                                   %测试一下结果
ans =
   3.0000    1.0000    1.0000
   1.0000    5.0000   -2.0000
   1.0000   -2.0000    3.0000
```

3.7.5　Schur 分解

命令格式为

① T=schur(A)

返回主对角线元素为特征值的三角阵 T；

② T=schur(A,flag)

若 A 有复特征根，flag＝'complex'，否则 flag＝'real'；

③ [U,T]=schur(A,…)

返回正交矩阵 U，三角阵 T，使得 $A＝U*T*U'$。

【例 3-51】　本例的功能是将矩阵进行 Schur 分解。

```
>>A=[1 2 3;4 5 6;7 8 9];
>>T1=schur(A)
T1 =
   16.1168    4.8990    0.0000
        0   -1.1168   -0.0000
        0         0   -0.0000
>>eig(A)                              %查看 A 的特征值,发现 T1 的对角线元素就是特征值
ans =
   16.1168
   -1.1168
   -0.0000
>>[U,T2]=schur(A)
U =
   -0.2320   -0.8829    0.4082
   -0.5253   -0.2395   -0.8165
   -0.8187    0.4039    0.4082
T2 =
   16.1168    4.8990    0.0000
        0   -1.1168   -0.0000
        0         0   -0.0000
>>U*T2*U'                             %验证 U*T2*U'是否为 A
ans =
    1.0000    2.0000    3.0000
    4.0000    5.0000    6.0000
    7.0000    8.0000    9.0000
```

3.7.6　特征值分解

命令格式为

① [V,D]=eig(A)

V 是 A 的特征向量作为列向量组成的矩阵，D 是以特征值作为主对角线元素构成的矩

阵,满足 $A*V=V*D$。

② [V,D]=eig(A,B)

V、D 分别是 A、B 的广义特征向量矩阵和特征值矩阵,满足 $A*V=B*V*D$。

【例 3-52】 本例的功能是将矩阵进行特征值分解。

```
>>A=[1 2 3;4 5 6;7 8 9];
>>[V,D]=eig(A)
V =
  -0.2320   -0.7858    0.4082
  -0.5253   -0.0868   -0.8165
  -0.8187    0.6123    0.4082
D =
  16.1168         0         0
        0   -1.1168         0
        0         0   -0.0000
>>a=A*V                          %验证在误差范围内 A*V 是否等于 V*D
a =
   -3.7386    0.8776   -0.0000
   -8.4665    0.0969   -0.0000
  -13.1944   -0.6839         0
>>b=V*D
b =
   -3.7386    0.8776   -0.0000
   -8.4665    0.0969    0.0000
  -13.1944   -0.6839   -0.0000
```

3.8 数组和矩阵运算示例

本节中,将利用对图像数据的操作和处理对前文所介绍的一些关于数组和矩阵的运算做两个实例应用。

实例 1:读取图像数据 A 后,任务如下。

(1) 查看图像的尺寸,并取出其中的一部分,赋值给数组 B;

(2) 将 B 生成类似证件照的效果,以实现数组的组合;

(3) 将 A 按比例缩小,行和列都变成原来的 25%;

(4) A 是彩色图,将它的 r 分量即第一页拆分出来,赋值给数组 r;

(5) 将 A 进行水平和垂直镜像。

【例 3-53】 本例的功能是通过对图像数据进行处理展示数组和矩阵的运算效果。

```
A=imread('peppers.png');       %读取图像,该图像由 MATLAB 自带
d=size(A)                      %图像 A 的尺寸,显示该结果
B=A(1:d(1)/2,1:d(2)/2,:);      %取 A 的左上角数据,赋值给 B
B=[B B];                       %两个 B 生成一个大数组,相当于 1*2 的证件照
B=[B;B];                       %生成了 2*2 的证件照效果
A=imresize(A,0.25);            %将 A 缩小为原来的 0.25 倍
d=size(A)                      %缩小后的图像 A 的尺寸,显示该结果
```

```
r=A(:,:,1);                        %r 是 A 的红色分量,即第 1 页的所有数据
d=size(r);                         %r 的尺寸,是二维的
subplot(1,2,1);                    %将窗口分成 1×2,在第 1 个子图上绘制图像
imshow(A);                         %显示 A 图
subplot(1,2,2);                    %将窗口分成 1×2,在第 2 个子图上绘制图像
imshow(r);                         %显示红色分量图
A1=fliplr(A);                      %将 A 左右镜像
A2=flipud(A);                      %将 A 垂直镜像
figure;                            %新开一个窗口
subplot(2,2,1);                    %将窗口分成 2×2,在第 1 个子图上绘制图像
imshow(A);
title('缩小后的图像');
subplot(2,2,2);                    %将窗口分成 2×2,在第 2 个子图上绘制图像
imshow(B);
title('2 * 2 的证件照效果');
subplot(2,2,3);                    %将窗口分成 2×2,在第 3 个子图上绘制图像
imshow(A1);
title('水平镜像图像');
subplot(2,2,4);                    %将窗口分成 2×2,在第 4 个子图上绘制图像
imshow(A2);
title('垂直镜像图像');
```

将文件保存为 ch3_53.m 后运行,效果如图 3-4 和图 3-5 所示。

```
d =
   384    512      3              %缩放前图像的尺寸
d =
    96    128      3              %缩放后图像的尺寸,行和列分别变为原图的 0.25 倍
```

图 3-4　图像处理后的效果图(彩图和红色分量图)

实例 2:读取图像数据 A 后,将其中的肤色作为目标进行二值化,具体任务如下。

(1) 将图像数据由 RGB 模型转换为 ycbcr 模型(该模型对光线变化有较好的鲁棒性,通常用于肤色检测);

(2) 将转换后的图像数据拆分成三个二维数组,分别是 y、cb 和 cr;

(3) 针对肤色,通常的取值范围是 cr[134,173],cb[93,123],也可以根据经验进行调整,这里只是一个示例。

【例 3-54】　本例的功能是通过对图像数据进行处理展示数组和矩阵的运算效果。

```
A=imread('8.jpg');                 %读取带有肤色的图像,本图非 MATLAB 自带
```

缩小后的图像

2×2的证件照效果

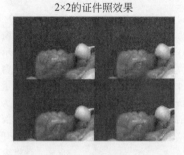

水平镜像图像

垂直镜像图像

图 3-5　图像处理后的效果图（证件照和镜像）

```
B=rgb2ycbcr(A);                              %将 RGB 模型转换为 ycbcr 模型
y=B(:,:,1);                                  %取第一页的所有数据
cb=B(:,:,2);
cr=B(:,:,3);
k=cr>=134 & cr<=173 & cb>=93 & cb<=123;      %利用关系和逻辑运算得到肤色位置
subplot(1,2,1);
imshow(A);
title('人脸图');
subplot(1,2,2);
imshow(k);
title('肤色检测效果图');
```

将文件保存为 ch3_54.m 后运行,效果如图 3-6 所示。

人脸图　　　　　　　　　　肤色检测效果图

图 3-6　肤色检测的效果图

第 4 章

MATLAB 的程序设计

通常情况下,编写程序是为了解决某个或某些具体问题,只要确定了解题思路和设计方案,就可以用熟悉的或指定的编程语言来实现。虽然不同的编程语言在数据类型、语法结构或函数使用等方面多多少少会有所区别,但它们的总体架构是相似的。本章将主要以 C 语言为参照,介绍 MATLAB 的程序设计特点及优化 MATLAB 程序的一些方法。

需要注意的是:C 语言是基于数值进行计算的,而 MATLAB 是基于矩阵(数组)(在不引起歧义的情况下,以下将简称为数组)进行计算的;C 语言提供的库函数相对较少,而MATLAB 拥有丰富的工具箱函数;C 语言先编译后执行,具有良好的实时性,而 MATLAB边解释边执行,实时性较差,尤其当含有循环语句时,执行时间可能会数倍于用 C 语言编写的程序。因此,在编写 MATLAB 程序时,首先要尽可能避免循环(多数循环可以转换为数组运算),其次要尽可能使用 MATLAB 提供的工具箱函数,最后要使用一些技巧优化程序。

以下是本章将要编写的几道程序题,读者可以先设计一下方案,再学习后面的内容,这样可能更有助于了解和掌握 MATLAB 的编程特点,从而编写出简洁、快速、高效的MATLAB 程序。

(1) 找出 10 000 以内所有的素数(参见例 4-28)。

(2) 有一张数据表 score.xls,记录着某个班级里 50 位同学的数学、语文和英语课成绩,分别统计三门课的最高分、最低分、平均分和方差,并按照三门课的总成绩进行排序(分数高的排在前面)(参见例 4-30)。

(3) 编写程序,利用最大值灰度法把彩色图转换为灰度图(参见例 4-31)。

(4) 编写一个函数,判断给定的矩阵是否有逆。如果有逆,返回逆矩阵,否则返回 0(参见例 4-32)。

(5) 用户输入自己的生日,计算其到今天出生了多少天(参见例 4-33)。

(6) 编写一个 36 选 7 的彩票自动投注程序,由用户输入彩票注数,系统输出对应的彩票号码。要求彩票中不能出现重复的数字(参见例 4-34)。

(7) x 在 $[0, 2\pi]$ 之间均匀采样 1000 个点,曲线 $y_1 = 2e^{-0.5x}\cos(\pi x)$,$y_2 = 0.5e^{-0.5x}\cos(2\pi x)$,找出这两条曲线的交叉点。数据精确定到 0.01(参见例 4-35)。

(8) 用户提供一张图片,生成倒影效果(参见例 4-36)。

4.1 程序控制结构

作为一种编程语言,MATLAB 提供了顺序结构、选择结构和循环结构三种程序控制结构。

4.1.1 顺序结构

顺序结构是指按照语句的顺序依次执行程序,是一种最简单的程序结构,一般涉及数据的输入、数据的输出和程序的暂停等内容。

1. 数据的输入

从键盘输入数据时可以使用 input 命令,其调用格式为

```
(1) x=input(prompt)                    %输入数值型数据
(2) str = input(prompt, 's')           %输入字符型数据
```

其中,prompt 为提示信息,用于提示用户输入什么样的数据,提示信息不可缺少。

【例 4-1】 本例的功能是利用键盘输入数据。

```
>>A=input('请输入一个整数: ')
请输入一个整数: 6                         %输入单个的数据
A =
     6
>>B=input('请输入一个矩阵: ')
请输入一个矩阵: [1 2 3;4 5 6]              %输入矩阵时需要使用[],与矩阵的赋值方法相同
B =
     1     2     3
     4     5     6
>>C=input('是否再执行一次? Y/N: ', 's')    %表示要输入字符型数据
是否再执行一次? Y/N: N
C =
    'N'
>>D=input('是否再执行一次? Y/N: ', 's')
是否再执行一次? Y/N: 1                      %此时即使输入的是数字,也被认为是字符
D =
    '1'
>>whos D                                  %查看 D 的数据类型,是字符型
  Name       Size         Bytes   Class    Attributes
  D          1x1              2   char
```

2. 数据的输出

在命令窗口中输出数据可以使用 disp 命令,其调用格式为

```
disp(X)
```

其中,X 既可以是数值型数据,也可以是字符型数据。

与直接在命令窗口中输入变量名进行输出不同,disp 不会显示变量名,而且当输出的是矩阵时,结构也会更紧凑,不会显示没有意义的空行。

【例 4-2】 本例的功能是在命令窗口输出数据。

```
>>A=[1 2 3;4 5 6];
>>A                                       %直接输入要显示的变量名
A =                                        %显示变量名
     1     2     3
     4     5     6
```

```
>>disp(A)                        %用 disp 输出时不会显示变量名
    1    2    3
    4    5    6
>>B=['hello';'tooth'];           %用 disp 输出字符型数据
>>B
B =
    'hello'
    'tooth'
>>disp(B)
hello
tooth
```

3. 程序的暂停

pause 命令用于暂停程序的运行,其调用格式为

```
(1) pause          %暂停程序,直到用户按下任意键后继续执行程序
(2) pause(n)       %程序暂停 n 秒
```

其中,n 是非负的实数。

4.1.2　选择结构

选择结构是指根据给定的条件成立与否,分别执行不同的语句。通常可以表述为如果条件成立,就……,否则,就……。在 MATLAB 中,可以用 if 语句和 switch 语句实现选择结构。

1. if 语句

在 MATLAB 中,if 语句有以下三种格式。

(1) 单分支 if 语句。

MATLAB 格式:
```
if   条件
     语句组
end
```

C 语言格式:
```
if   (条件)
        {语句组}
```

if 表示 if 语句的开始,end 表示 if 语句的结束。当条件成立时,执行语句组,否则执行 end 后面的语句。

【例 4-3】　本例的功能是当 A 是偶数时,输出 A 的值。

MATLAB 编程:
```
A=input('请输入一个整数: ');
%用 mod() 函数求余
if mod(A,2)==0
     %可以用 sprintf 将输出变成一个字符串
     B=sprintf('%d 是偶数',A);
     disp(B);    %输出结果
end
```

C 语言编程:
```
#include <stdio.h>
int main(){
     int a;
     scanf("%d",&a);
     if (a%2==0)
        printf("%d 是偶数",a);
     return 0;
}
```

(2) 双分支 if 语句。

MATLAB 格式:

```
if 条件
    语句组 1
else
    语句组 2
end
```

C 语言格式:

```
if  (条件)
    {语句组 1}
else
    {语句组 2}
```

当条件成立时,执行语句组 1,否则执行语句组 2。语句组 1 或语句组 2 执行完毕后,继续执行 end 后面的语句。

【例 4-4】 本例的功能是判断 A 的奇偶性。

MATLAB 编程:

```
A=input('请输入一个整数:');
if mod(A,2)==0
    B=sprintf('%d 是偶数',A);
    disp(B);    %输出结果
else
    B=sprintf('%d 是奇数',A);
    disp(B);
end
```

C 语言编程:

```
int main(){
    int a;
    scanf("%d",&a);
    if (a%2==0)
        printf("%d 是偶数",a);
    else
        printf("%d 是奇数",a);
    return 0;
}
```

(3) 多分支 if 语句。

MATLAB 格式:

①
```
if 条件 1
    语句组 1
else if 条件 2
    语句组 2
else if 条件 3
    语句组 3
......
else if 条件 m
    语句组 m
else
    语句组 m+1
end
......
end
```

②
```
if 条件 1
    语句组 1
elseif 条件 2
    语句组 2
elseif 条件 3
    语句组 2
......
elseif 条件 m
    语句组 m
else
    语句组 m+1
end
```

C 语言格式:

```
if(条件 1)
    {语句组 1}
else if (条件 2)
    {语句组 2}
else if (条件 3)
    {语句组 3}
......
else if (条件 m)
    {语句组 m}
else
    {语句组 m+1}
```

MATLAB 有 2 种多分支 if 语句,分别用①和②表示。①和②的区别在①中的"else if"里有空格,可以理解为 else 嵌套了一个独立的 if 语句,该 if 语句需要 end 来匹配;而②中的"elseif"里没有空格,可以理解为 else 嵌套了一个非独立的 if 语句,该 if 语句不需要 end 来匹配。因此,在①中,需要 m 个 end 来匹配 if,而在②中,只需要一个 end 就可以了。

【例 4-5】 本例的功能是首先判断输入的数 A 是否为整数,然后再判断 A 的奇偶性。

MATLAB 编程：

```
A=input('请输入一个整数: ');
%先把 A 转换为 64 位整数,看是否会出现
%取整的情况。之所以选择 64 位,是因为
%double 类型是 64 位的
if int64(A)~=A
    B=sprintf('%d 不是整数',A);
elseif mod(A,2)==0
    B=sprintf('%d 是偶数',A);
else
    B=sprintf('%d 是奇数',A);
end
disp(B);
```

C 语言编程：

```
int main(){
    int a;
    scanf("%d",&a);
    if (a%2==0)
        printf("%d 是偶数",a);
    else
        printf("%d 是奇数",a);
    return 0;
}
```

注意：C 语言要求先定义变量类型再使用,scanf 语句也要求指定数据的输入格式。此处的 a 是整数型,因此,如果用户输入的不是整数(带小数点"."),scanf 语句会将"."作为非数字,并以此作为整数输入结束的标点,从而只将"."前面的内容赋值给 a。这会造成新的问题,如用户输入 7.8,系统会显示"7 是奇数"。这个问题不会出现在 MATLAB 程序中,数值型数据在默认情况下均为 double 型。

2. switch 语句

switch 语句可用来实现多分支选择,关键字包括 switch、case、otherwise 和 end。相对于 if 语句的多分支选择结构,switch 语句排列整齐,可读性更强。

MATLAB 格式：

```
switch 条件表达式
    case 情况表达式 1
        语句组 1
    case 情况表达式 2
        语句组 2
    ……
    otherwise
        语句组 m
end
```

C 语言格式：

```
switch    (条件)
{
case 常量 1: 语句 1;
    break;
case 常量 2: 语句 2;
    break;
……
default: {语句 m;}
}
```

switch 后面的条件表达式应为一个标量或字符串,case 后面的情况表达式既可以是一个标量或字符串,也可以是一个元胞数组。当情况表达式是一个元胞数组时,如果条件表达式的值为元胞数组中的某一个元素,则执行相应的语句组。而在 C 语言中,case 后面只能跟常数或字符。

【例 4-6】 本例的功能是用 switch 语句将百分制成绩转换为等级成绩(参见表 4-1)。

表 4-1　百分制成绩与等级成绩的转换关系

百分制成绩	等级成绩	百分制成绩	等级成绩
[90,100]	A	[60,69]	D
[80,89]	B	[0,59]	E
[70,79]	C		

解题思路：虽然与等级对应的分数有多个，但是这些分数有共同之处，即将它们除以 10 后向下取整（参见表 4-2）的结果相同（只有 100 例外）。基于此，找出转换规律并编写程序。

MATLAB 编程：

```
A=input('请输入一个分数: ');
switch floor(A/10)   %此处也可用 fix
    case 10
        B='A';
    case 9
        B='A';
    case 8
        B='B';
    case 7
        B='C';
    case 6
        B='D';
    otherwise
        B='E';
end
disp(B);
```

C 语言编程：

```
int main(){
    int a;
    scanf("%d",&a);
    switch (a/10){
        case 10:
        case 9: printf("A\n");
                break;
        case 8: printf("B\n");
                break;
        case 7: printf("C\n");
                break;
        case 6: printf("D\n");
                break;
        default: printf("E\n");
    }
    return 0;
}
```

MATLAB 在执行完 case 分支后会转而执行 end 后面的语句。

C 语言在进入 case 分支后，会从本分支语句开始顺序执行，直到遇到 break 语句或"}"才退出 switch 语句。

表 4-2 列举了 MATLAB 提供的 4 个取整函数。

表 4-2　取整函数

名　　称	说　　明
round	四舍五入取整，如 round(6.7)＝7，round(5.2)＝5，round(−7.8)＝−8，round(−8.1)＝−8
floor	向下取整，如 floor(6.7)＝6，floor(5.2)＝5，floor(−7.8)＝−8，floor(−8.1)＝−9
ceil	向上取整，如 ceil(6.7)＝7，ceil(5.2)＝6，ceil(−7.8)＝−7，ceil(−8.1)＝−8
fix	向靠近 0 的方向取整，如 fix(6.7)＝6，fix(5.2)＝5，fix(−7.8)＝−7，fix(−8.1)＝−8

【例 4-7】　本例的功能是用 switch 语句将输入的角度转换为方向（参见图 4-1）。

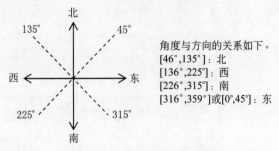

角度与方向的关系如下。
[46°,135°]：北
[136°,225°]：西
[226°,315°]：南
[316°,359°]或[0°,45°]：东

图 4-1　角度与方向的关系图

用户输入任意角度,系统输出对应的方向,360°与720°、－360°与0°等价。

解题思路:对于 C 语言,case 后面只能跟常数或字符,加之本例不似例 4-6 那样可以通过简单的计算找到转换关系,因此本例无法单纯地使用 switch 语句实现功能,但是可以使用 if 语句实现功能。对于 MATLAB,case 后面除常数和字符外,还可以跟元胞数组,因此本例可以单纯使用 switch 语句完成功能。

MATLAB 编程:

```
%元胞 north 中要存放 46 到 135 这 90 个数
%元胞数组从 1 开始编号,元素编号与元素
%内容的值刚好偏移 i+45
%同理,可得到 west 和 south 元胞数组
for i=1:90 %指向每个方向的有 90 个角度
    north(i)={i+45};
    west(i)={i+135};
    south(i)={i+225};
end
A-input('请输入一个角度: ');
%求余,使 A 只在 0~359 取值
switch mod(A,360)
    case north
        disp('北');
    case west
        disp('西');
    case south
        disp('南');
    otherwise
        disp('东');
end
```

C 语言编程:

```c
int main(){
    int a;
    scanf("%d",&a);
    a=a%360;
    if (a>=46 && a<=135)
        printf("北\n");
    else if (a>=136 && a<=225)
        printf("西\n");
    else if (a>=226 && a<=315)
        printf("南\n");
    else
        printf("东\n");
    return 0;
}
```

例 4-6 也能利用元胞数组完成,读者可以自行尝试。

4.1.3 循环结构

循环结构是指按照给定的条件重复执行指定的语句。在 MATLAB 中,可以用 for 语句和 while 语句实现循环。

1. for 语句

MATLAB 格式:

```
for 循环变量=数组表达式
    循环体语句组
end
```

C 语言格式:

```
for (表达式 1; 表达式 2; 表达式 3)
    {循环体语句组}
```

for 表示 for 语句的开始,end 表示 for 语句的结束,数组表达式中数组的个数决定了循环的次数。例如,for i=[1 5 7 3],表示循环 4 次,第 1 次循环时,i 值为 1,第 2 次循环时,i 值为 5,以此类推。

因此,在 MATLAB 的 for 语句中,不存在像 C 语言那样的先改变循环变量的值,再判断是否还满足循环条件的情况。

MATLAB 不擅长循环,相比而言,C 语言的 for 语句更加灵活,表达式 1 是循环开始时

为变量赋初值,表达式2是循环结束的条件,表达式3是循环变量改变语句,甚至这三个表达式都可以不要。

【例 4-8(a)】 本例的功能是计算 1~100 的自然数之和。

MATLAB 编程：

```
s=0;          %对 s 赋初值
for i=1:100   %默认步长为 1
    s=s+i;    %不能使用 s+=i
end
disp(s);
```

C 语言编程：

```c
int main(){
    int i,sum;
    for (sum=0,i=1;i< =100;i++)
        sum+=i;
    printf("%d",sum);
    return 0;
}
```

提示：在 MATLAB 中,for 循环的次数就是数组的列数,循环变量 i 只是从第 1 列取值到最后一列。而在 C 程序中,for 循环是要进行条件判断的,只有不满足条件时才会退出循环。如例 4-8(a)中,循环结束后,MATLAB 程序中的 i 值为 100,C 程序中的 i 值为 101。

使用 for 循环时要注意以下几个事项。

(1) 不能通过在循环体内对循环变量重新赋值的方式终止循环。

【例 4-8(b)】 本例的功能是测试能否以在循环体内对循环变量重新赋值的方式终止循环。

```
s=0;
for i=1:100
    s=s+i;
    if i==50          %希望计算到 i=50 时结束循环
        i=101;
    end
end
disp(s);
```

程序运行的结果仍然是 5050。因为虽然本轮循环中,i 值从 50 变成 101,但进入下一轮循环时,i 值会自动取数组中对应的数据。即在 MATLAB 中,不能通过改变循环变量的值达到退出循环的目的。

(2) for 循环接受任何有效的数组。

【例 4-9】 本例的功能是测试 for 循环中循环变量的取值方式。

任务：将数组 n 的第 1 行与第 2 行的元素对应相乘。

```
n=[1 3 5;2 4 6];
for i=n                %n 已是个有效的数组,将其赋值给循环变量 i,n 的列数是 3,故循环 3 次
    x=i(1)*i(2)        %没有";",显示执行结果
end
```

运行结果：

```
x =            %第一次循环时,i 取 n 的第一列,即[1 2]',i(1)为第一个元素,i(2)为第二个元素
    2
x =            %第二次循环时,i 取 n 的第二列,即[3 4]'
    12
x =
    30
```

（3）for 循环可以嵌套使用。

【例 4-10】 本例的功能是输出九九乘法表。

MATLAB 编程：

```
A=zeros(9,9);   %A 用于存放数据
for i=1:9
   for j=1:9
      A(i,j)=i*j;
   end
end
disp(A);
```

C 语言编程：

```
int main(){
   int i,j;
   for (i=1;i<=9;i++){
      for (j=1;j<=9;j++)
         printf("%d ",i*j);
      printf("\n");
   }
   return 0;
}
```

2. while 语句

在 MATLAB 中，for 循环的循环次数是固定的，而 while 语句的循环次数是不固定的。

MATLAB 格式：

```
while 条件
    循环体语句组
end
```

C 语言格式：

```
while(条件)
    {循环体语句组}
```

while 表示 while 语句的开始，end 表示 while 语句的结束。每轮循环结束后，将判断是否满足条件。如果满足，则继续循环，否则执行 end 后面的语句。

【例 4-11】 本例的功能是计算级数的和。

任务：有级数 $5k^3$，$k=1,2,\cdots$，问该级数前多少项的和刚好超过 2000？

MATLAB 编程：

```
s=0;              %和赋初值
k=0;              %循环次数赋初值
while(s<2000)
    k=k+1;        %不能使用 k++
    s=s+5*k.^3;   %不能使用+=复合赋值符
end
disp(['前',num2str(k),'项']);   %组合字符串
```

C 语言编程：

```
int main(){
   int i,s;
   k=0, s=0;
   while(s<2000){
      k++;
      s+=5*k*k*k;
   }
   printf("前%d项\n",k);
   return 0;
}
```

使用 while 循环时要注意以下几个事项。

（1）一定要在循环体中有修改条件表达式的语句，避免进入死循环。

（2）一旦出现死循环，可使用 Ctrl＋C 组合键终止程序。

4.2　程序的流程控制

可以使用 continue、break 和 return 命令改变程序的流程。

4.2.1 continue 命令

continue 命令通常用于 for 循环或 while 循环,其作用是跳过本次循环中还未执行的语句,转而执行下一次的循环。

【例 4-12】 本例的功能是求和。

任务:计算 100 以内非 10 的整数倍的自然数之和。

方法一:使用 continue 语句。

```
s=0;
for i=1:100
    if mod(i,10)==0     %i 是 10 的整数倍
        continue;       %跳过本次循环
    else
        s=s+i;
    end
end
disp(s);
```

方法二:不使用 continue 语句。

```
s=0;
for i=1:100
    if mod(i,10)~=0     %i 不是 10 的整数倍
        s=s+i;
    end
end
disp(s);
```

4.2.2 break 命令

break 命令通常用于 for 循环或 while 循环,其作用是强行退出循环,通常会和 if 语句配合使用。如果有多层嵌套的循环,break 命令只能退出包含它的本层循环。

【例 4-13】 本例的功能是判断输入的整数是否为素数。

MATLAB 编程:

```
A=input('请输入一个整数:');
flag=1;             %用于标志是否为素数
k=sqrt(A);
for i=2:k
    if mod(A,i)==0
        flag=0;     %flag=0 表示不是素数
        break;      %退出循环
    end
end
if (flag==0 || A<2)     %若经由 break 退出
    disp('不是素数');
else
    disp('是素数');
end
```

C 语言编程:

```
#include <math.h>
int main(){
    int i,a,k;
    scanf("%d",&a);
    k=sqrt(a);
    for (i=2;i<=k;i++)
        if (a%i==0)
            break;
    if (i>k)    //循环结束后正常退出
        printf("是素数\n");
    else
        printf("不是素数\n");
    return 0;
}
```

提示:只要在循环体中设置了 break 语句,就需要判断系统是以何种方式退出循环的,或者通过 break 退出,或者循环结束后正常退出。在 C 程序中,可以通过检测是否仍然满足循环条件来判断退出方式;而在 MATLAB 程序中,往往需要结合标志符来判断退出方式,因此,一定要在 break 命令前修改标志符的值。

4.2.3　return 命令

return 命令通常用于函数内部,其作用是使它所在的函数结束运行,并返回到调用该函数的函数。

4.3　try-catch 结构

try-catch 结构主要用于对异常情况进行处理,其语法结构为

```
try
    语句组 1
catch
    语句组 2
end
```

程序将首先执行 try 后面的语句组 1,如果这些语句出现错误,会将错误信息赋给保留的 lasterr 变量,并执行 catch 后面的语句组 2。如果在执行语句组 2 时又出现错误,该程序会终止。

【例 4-14】 本例的功能是测试 try-catch 结构。

MATLAB 是边解释边执行程序的,一旦出现错误,会立刻终止程序,并进行错误提示。但有时,我们并不希望程序终止,而是想捕捉到错误并提示用户(如在访问数组时可能遇到的越界错误),以便让用户重新操作。

任务:针对一维数组 A,用户输入序号,查看对应位置上的元素值。如果序号超过 A 的维数,进行错误提示。

```
A=[5 7 2 6 8];            %初始化数组 A
try
    a=input('请输入序号: ');
    disp(A(a));
catch
    disp(['错误类型:' lasterr]);
    try
        a=input('请输入序号: ');
        disp(A(a));
    catch
        disp(['错误类型:' lasterr]);
    end
end
```

运行结果为

请输入序号: 9
错误类型:索引超出数组元素的数目(5)。
请输入序号: 4
　6

可运行下面的程序,比较它与本例的区别。

```
A=[5 7 2 6 8];              %初始化数组 A
a=input('请输入序号: ');
disp(A(a));
```

在 catch 语句中可以嵌套 try-catch 结构,为用户提供再次尝试的机会。

4.4　M　文　件

MATLAB 的.m 文件(以下简称 M 文件)有脚本文件和函数文件两种形式。二者的区别在于:

(1) 脚本文件没有函数定义行,而函数文件有函数定义行,说明此文件是函数文件。

(2) 脚本文件对文件名没有特殊要求,只要符合命名规则即可;对于函数文件来说,如果里面只包含一个函数,则文件名必须跟函数名相同;如果包含多个函数,则文件名必须与第一个函数名相同。

(3) 脚本文件可以直接运行,而函数文件只有被调用时才运行。

(4) 脚本文件可以无输入和返回参数,而函数文件可以接收和返回参数。

(5) 脚本文件所利用的数据和中间执行结果都保存在 MATLAB 工作空间中,而函数文件所利用的数据和中间执行结果都保存在函数本身独立的工作空间中,不会与 MATLAB 工作空间中的数据产生冲突,便于封装。

此外,在脚本文件中,在语句后面可以不使用";",以便查看中间结果,但在函数文件中,除非必要,最好不要显示中间结果。

M 文件是文本文件,可以用各种文本编辑工具(如 Windows 的记事本)进行创建和编辑,只要保存时后缀为.m 即可。MATLAB 也提供了专门的 M 文件编辑器,在菜单或工具栏中可以方便地打开编辑器。

4.4.1　M文件的命名规则

(1) 文件名可以由字母、数字和下画线组成,但第一个字符必须是英文字母;

(2) 文件名的长度不能超过 63 个字符;

(3) 文件名区分大小写;

(4) for、while、switch、if、function、try 和 catch 等 20 个关键字不能作为文件名。可使用 iskeyword()函数来查看 20 个关键字。

4.4.2　脚本文件

有两种运行脚本文件的方法,一种是在命令行窗口中输入文件名;另一种是在编辑器中单击绿色三角形的运行图标"▶"。

将例 4-13 保存为 ch4_13.m,然后运行该文件,执行结果为

```
>>ch4_13
请输入一个整数: 17
是素数
>>ch4_13
请输入一个整数: 56
```

不是素数

4.4.3　函数文件

函数文件有函数定义行,其结构为

```
function  [返回变量列表]=functionname(输入变量列表)
```

其中,function 是关键字,表示定义一个函数,函数名为 functionname。MATLAB 的函数可以有多个返回值,而 C 语言只能有一个返回值(可以利用指针返回多个值)。

如果在新建文件时选择函数文件,MATLAB 会自动生成函数定义行。

【例 4-15】　本例的功能是编写加法和乘法函数。

```
function [y,z]=add_multi(a,b)
y=a+b;
z=a.*b;
```

函数名为 add_multi,在保存时文件名也必须为 add_multi。该函数有两个返回值,第一个是 y,第二个是 z,用[]括起来。它们的顺序在定义函数时已经确定,在调用时会根据接收返回值的变量个数返回对应的值。输入参数为 a 和 b,y 返回的是加法结果,z 返回的是乘法结果。

注意:MATLAB 是基于矩阵(数组)的,因此在编写函数时也应注意这个问题。如果是数组乘法,需使用".*",如果是矩阵乘法,需使用"*"。本例中的乘法是数组乘法,因此用".*"。

在命令窗口中输入如下指令。

```
>>a=2;
>>b=4;
>>[c,d]=add_multi(a,b)        %用两个变量 c 和 d 分别接收返回值 y 和 z
c =
    6
d =
    8
>>f=add_multi(a,b)           %只有一个变量接收返回值时,将返回函数的第一个返回值,即 y
f =
    6
```

如果直接运行 add_multi,会提示出错。

```
>>add_multi
输入参数的数目不足。
```

4.5　函　数　类　型

MATLAB 不仅提供丰富的工具箱函数[被称为 builtin(内置)函数],还允许用户通过编写函数扩展函数库。MATLAB 有 6 种函数类型:主函数、子函数、嵌套函数、私有函数、重载函数和匿名函数。

4.5.1　主函数

在 C 语言中,main()函数是唯一的主函数,可以放在文件中的任何位置。但程序总是从 main()函数开始执行,到 main()函数结束时停止,期间可以调用其他函数。

在 MATLAB 中,每个函数文件都要有一个主函数,而这个主函数就是该函数文件中第一个出现的函数。其他的函数称为子函数。保存文件时,函数文件名必须与主函数的名字相同。需要注意的是,主函数的“主”是相对于本函数文件中其他的“子”函数而言的,与 C 程序中的 main()函数并不是同一个概念。

例 4-15 中,函数文件 add_multi 中的 add_multi 函数是主函数,该函数文件不包含子函数。

主函数的应用范围比子函数的要广,它可以被本函数文件之外的其他文件或函数调用,而子函数则不可以。

4.5.2　子函数

MATLAB 允许在一个函数文件中包含多个函数,除了主函数之外的其他函数统称为子函数。子函数有以下特点。

(1) 每个子函数的第一行是其本身的函数定义行。

(2) 子函数可以以任意顺序出现在函数文件中。

(3) 子函数只能被同一函数文件内的主函数或其他子函数调用。

(4) 当子函数与内置函数同名时,子函数的优先级低于内置函数。

(5) help、lookfor 等帮助命令无法提供关于子函数的任何帮助信息。

不论是主函数还是子函数,它们的工作空间都是彼此独立的。如果函数之间需要进行信息的传递,可以通过输入输出参数(参见例 4-16)、全局变量(参见例 4-27)、跨空间操作(参见例 4-18 和例 4-19)等进行传递。

提示:C 语言在定义函数时需要声明函数的输入变量和返回变量类型,如果被调用的函数出现在调用函数之后,还需要在调用函数中对被调用函数进行声明。MATLAB 则省略了以上过程,不需要声明就可调用相关函数。

【例 4-16】　本例的功能是通过参数的传递绘制曲线。

```
function mydraw(a,s)       %mydraw 是主函数,其功能是绘制曲线,该函数无返回值
t=(-a:0.1:a)*pi;          %根据输入参数 a 得到横坐标 t,其取值范围是[-aπ,aπ],间隔 0.1
y1=drawstyle(t,s);        %通过子函数 drawstyle 和输入参数 s 确定绘制何种曲线
plot(t,y1);
axis([-a*pi a*pi,-1,1]);   %设置坐标轴的 x 轴和 y 轴的取值范围

function y=drawstyle(tt,ss)  %drawstyle 是子函数,该函数有返回值
switch ss                   %利用 ss 传递了 mydraw 中的 s,tt 传递了 mydraw 中的 t
   case 'sin'
       y=sin(tt);          %利用输出参数 y 向 mydraw 传递经过处理后的数据
   case 'cos'
       y=cos(tt);
   case 'tan'
       y=tan(tt);
```

```
end
```

将上述语句保存为函数文件 mydraw.m，然后在命令窗口中调用该函数：

```
>>mydraw(2,'cos');
```

运行结果如图 4-2 所示。

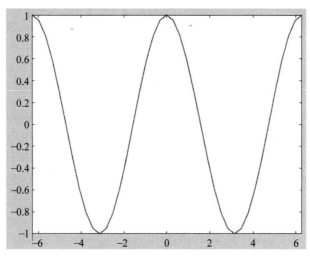

图 4-2　例 4-16 的运行示例

需要注意以下几点。

（1）mydraw、drawstyle 和命令窗口的工作空间彼此独立，程序运行完毕后，在命令窗口中无法查看 drawstyle() 函数中的 y 和 mydraw 中的 t。

```
>>y
函数或变量 'y' 无法识别。
>>t
函数或变量 't' 无法识别。
```

（2）mydraw() 函数的函数体内容是从该函数的函数定义行开始到 drawstyle() 函数之前的所有语句，而 drawstyle() 函数的函数体内容是从该函数的函数定义行开始到文件结尾的所有语句。

4.5.3　嵌套函数

MATLAB 允许在一个函数体内定义一个或多个函数，这些函数称为嵌套函数。当然，也可以在嵌套函数内再定义嵌套函数。嵌套函数的定义方式跟其他函数一样，但必须使用 end 来表示嵌套函数的结束。通常情况下，只要函数文件中有嵌套函数，为了不造成混淆，建议所有函数都使用 function-end 格式表示函数的开始与结束。

注意：C 语言不允许定义嵌套函数。

【例 4-17】　本例的功能是嵌套函数的示例。

```
function x=A(p1,p2)
……
    function y=B(p3,p4)          %B 嵌套在 A 中
```

```
……
    function z=C(p5)              %C 嵌套在 B 中
    ……
    end                          %嵌套函数 C 的结束
……
end                              %嵌套函数 B 的结束
……
function w=D(p6)                 %D 嵌套在 A 中
……
    function z=E(p7,p8)          %E 嵌套在 D 中
    ……
    end                          %嵌套函数 E 的结束
……
end                              %嵌套函数 D 的结束
……
end                              %函数 A 的结束
```

因为存在嵌套函数,为避免混淆,此时所有的函数都使用了 function-end 格式,并且 end 总是与其距离最近的 function 相匹配。

使用嵌套函数时的调用规则如下。

(1) 一个函数可以调用自己的直接嵌套函数。例 4-17 中,函数 A 可以调用函数 B 和函数 D,但不能调用函数 C 和函数 E,因为函数 C 和函数 E 不是 A 的直接嵌套函数。

(2) 嵌套在同一个函数体内的同一级别的嵌套函数可以相互调用,如函数 B 和函数 D 可以相互调用,但函数 C 和函数 E 不能相互调用,因为函数 C 和函数 E 不是同一个函数的嵌套函数。

(3) 嵌套函数可以被比它低层的任意嵌套函数调用。如函数 C 可以调用函数 B 和函数 D,但不能调用函数 E。

使用嵌套函数时的变量适用范围如下。

(1) 每个嵌套函数都有自己独立的工作空间。

(2) 嵌套函数可以访问嵌套它的函数的工作空间。如函数 C 可以访问函数 A 和函数 B 的工作空间,函数 B 可以访问函数 A 的工作空间。

(3) 一个嵌套函数的变量可以被任何嵌套它的外部函数访问。如函数 C 的变量可以被函数 A 和函数 B 读写。

提示:函数的调用与变量的读写是两件不同的事,函数 A 不能调用函数 C 和函数 E,却可以读写函数 C 和函数 E 中的变量。

【例 4-18】 本例的功能是使用嵌套函数访问外部函数的变量。

```
function y=func1(x)
y=x;
func2;          %如果要测试调用规则 1,可以把此处的 func2 改为 func3
    function func2
        y=y+2;
        func3;
        function func3
            y=y+3;
        end
```

```
    end
end
```

在命令窗口输入以下命令：

```
>>x=1;
>>y=func1(x)
y =
    6
```

【例 4-19】　本例的功能是使用外部函数访问嵌套函数的变量。

```
function y=func1(x)
func2;
    function func2
        a = 5;              %a 在 func2 中赋值
    end
a = a +1;                   %访问 func2 中的 a
y=x+a;
end
```

在命令窗口输入以下命令：

```
>>x=1;
>>y=func1(x)
y =
    7
```

【例 4-20（a）】　本例的功能是确定外部函数不能访问不确定的嵌套函数变量。

```
function func1
func2;
func3;
    function func2
        a=3;
    end
    function func3
        a=a+5;
    end
end
```

将例 4-20(a)保存为 func1.m 函数，并在命令窗口中运行，系统会提示出错。

```
>>func1
函数或变量 'a' 无法识别。
出错 func1/func3 (第 8 行)
        a=a+5;
出错 func1 (第 3 行)
func3;
```

这是因为 func2 和 func3 是同一级的嵌套函数，它们的工作空间相互独立，即 func2 中的 a 和 func3 中的 a 不同。当 func3 被调用时，a 还没有初值，无法计算 a+5。要解决这个问题，只要在 func1 中预先定义 a 即可。这时的 a 是 func1 工作空间中的变量，func2 和 func3 只是对 func1 中的 a 进行了读写，分别将 a 赋值为 3 和加上 5。

【例 4-20(b)】　本例的功能是利用跨空间实现同级嵌套函数的变量读写。

```
function func1
a=1;                   %与例 4-20(a)相比,本例仅多了这条语句,功能是定义了变量 a
func2;
func3;
    function func2
        a=3;           %此处的 a 是 func1 中的 a
    end
    function func3
        a=a+5          %此处的 a 是 func1 中的 a,语句没有";",目的是显示计算结果
    end
end
```

将例 4-20(b)保存为 func1.m 函数,并在命令窗口中运行。

```
>>func1
a =
    8
```

4.5.4　私有函数

MATLAB 中的私有函数是指位于 private 目录中的函数文件,它具有以下性质。

(1) 私有函数的构造方法与普通函数完全相同。

(2) 私有函数只能被 private 父目录中的函数所调用,不能被其他目录上的任何文件或命令所调用。

(3) 当函数名相同时,调用函数首先会在自己的函数文件中查找符合要求的子函数,然后再在 private 目录下查找符合要求的私有函数,最后查找合适的内置函数。

(4) help 和 lookfor 命令可以获得私有函数的帮助信息。

提示:私有函数所在的 private 目录不能出现在搜索路径中,也不能将 private 目录设置为当前工作路径,这将使私有函数变成普通函数,不再具有私有性。

【例 4-21】　本例的功能是测试私有函数的调用方法。

假设 MATLAB 的当前工作路径是 ch4,在 ch4 下建立 private 目录,然后在该目录下新建 multi.m 函数文件,其内容如下所示。

```
function y=multi(a)
y=a.^2;
```

此时的 multi()函数已变成私有函数,其功能是计算输入参数的平方。

在命令窗口中输入如下命令:

```
>>a=4;
>>multi(a)
在当前文件夹或 MATLAB 路径中未找到 'multi',但它位于:
D:\ MATLAB 教材\ch4\private
更改 MATLAB 当前文件夹 或 将其文件夹添加到 MATLAB 路径。
```

本例表明:当前工作路径是父目录时,是无法通过命令调用私有函数的。

在当前工作路径下新建 add.m 函数文件,其内容如下所示。

```
function y=add(a,b)
y=multi(a)+b;
```

此时，add()函数的功能是将 a 平方后加上 b。

在命令窗口中输入如下命令。

```
>>a=4;
>>b=3;
>>c=add(a,b)
c =
    19
```

可见，private 父目录 ch4 中的函数可以调用私有函数。读者可自行测试其他目录下的函数是否能调用该 multi()函数。

【例 4-22】　本例的功能是测试私有函数与内置函数的调用级别。

假设当前工作路径是 ch4，在其下的 private 目录中新建 sin.m 函数文件，其内容如下所示。

```
function y=sin(a)
y=a.^3;
```

此时，sin()函数的功能是计算输入参数的立方。

在命令窗口中输入如下命令。

```
>>a=4;
>>sin(a)                %调用的是内置函数 sin
ans =
   -0.7568
```

将 add.m 中的 multi 替换成 sin，然后在命令窗口中调用：

```
>>a=4;
>>b=3;
>>c=add(a,b)
c =
    67
```

这表明：private 父目录中的函数进行函数调用时，私有函数级别高于内置函数。

【例 4-23】　本例的功能是测试私有函数与子函数的调用级别。

假设当前工作路径是 ch4，修改 add.m 函数文件，为其增加子函数，其内容如下所示。

```
function y=add(a,b)          %主函数
y=multi(a)+b;

function y=multi(a)          %子函数,功能是计算 a 的立方
y=a.^3;
```

此时，在 private 目录下也有 multi()函数，其功能是计算 a 的平方。

在命令窗口中输入如下命令：

```
>>a=4;
>>b=3;
```

```
>>c=add(a,b)
c =
    67
```

可见,私有函数的级别低于调用函数中的同名子函数。

4.5.5　重载函数

当同一个函数需要接受不同数据类型或不同个数的参数时,可以使用重载函数。重载函数是已经存在的函数的另外版本,具体要调用函数的哪个版本,取决于数据类型和参数的个数。

MATLAB 的每个重载函数,都有一个对应的 M 文件放在 MATLAB 目录中。

(1)同一种数据类型的不同重载函数的 M 文件可以放在同一个目录下,目录以这种数据类型命名,并用@符号开头。

(2)不同数据类型的重载函数,放在用 MATLAB 数据类型的识别符作为名字,并以@符号开头的子目录中。

4.5.6　匿名函数

匿名函数是 MATLAB 函数的一种简单形式,它不需要 M 文件,可在命令窗口中直接定义和调用。其语法为

```
fhandle=@(输入参数列表)表达式
```

其中,表达式是匿名函数的函数体。等号右边必须以"@"开头,@符号的作用是获得此匿名函数的句柄,并将其赋值给 fhandle。匿名函数被创建后,就可通过 fhandle 调用函数了。

【例 4-24】　本例的功能是建立简单的匿名函数。

```
>>sqr = @(x) x.^3;
>>a=sqr(5)
a =
  125
```

该匿名函数的输入参数是 x,函数体是 x.^3,函数句柄是 sqr。

匿名函数可以有多个输入参数。

【例 4-25】　本例的功能是建立具有多个输入参数的匿名函数。

```
>>add1=@(a,b)a+b;        %建立匿名函数,函数句柄为 add1
>>a=4;
>>b=5;
>>c=add1(a,b)
c =
    9
```

匿名函数也可以没有输入参数,但同样要在@后面使用圆括号()。

【例 4-26】　本例的功能是建立没有输入参数的匿名函数。

```
>>a=@()disp('hello world! ');
>>a()            %在调用时也要使用圆括号()
```

```
hello world!
>>a                        %如果不使用圆括号(),则认为是查看变量 a
a =
    @()disp('hello world! ')
```

4.5.7　利用全局变量传递参数

不论哪种函数,都有其独立的工作空间,工作空间中的变量属于局部变量,只存在于该工作空间中。如果要在函数之间进行参数的传递,可以通过输入输出参数、全局变量和跨空间等方式。前面的实例已介绍了利用输入输出参数和跨空间进行参数传递的方法,本节则专门介绍利用全局变量传递参数。

如果有多个函数都要引用某个变量,可以将该变量声明为全局变量,其命令格式为

```
global 变量名
```

【例 4-27】　本例的功能是利用全局变量传递参数。

在例 4-20(a)中,计划在 func2 中对变量 a 赋初值,然后在 func3 中计算 a＝a＋5,但由于 func2 和 func3 具有不同的工作空间,func2 中的 a 无法将数据传递到 func3 中。例 4-20(b)利用跨空间的方式实现了参数的传递。现在,将利用全局变量来实现参数的传递。

由于 func2 和 func3 都要引用变量 a,因此分别在 func2 和 func3 中将变量 a 声明为全局的,其内容如下。

```
function func1
func2;
func3;
    function func2
        global a;            %a 被声明为全局变量
            a=3;
    end
    function func3
        global a;            %a 被声明为全局变量
            a=a+5            %显示计算结果
    end
end
```

在命令窗口中输入 func1,可得到 a＝8。

例 4-27 与例 4-20(b)的解决思路不同。例 4-20(b)使用的是跨空间方法,func2 和 func3 是 func1 的嵌套函数,它们分别对 func1 中的 a 进行读写,从而实现共同引用 a 的目的。而在例 4-27 中,通过 global a 命令,func2 和 func3 中的 a 表示的是同一个变量。

提示:如果要在 MATLAB 工作空间中使用 a,也需要先使用 global a 命令。

全局变量固然可以带来某些方便,但它会破坏函数对变量的封装,增加调试和维护程序的难度。一般来说,不太提倡使用全局变量,如果一定要用全局变量,应尽量将其与其他变量区分开,如用大写字母作为变量名、增加前缀等。

4.6　程序的优化

以下介绍一些提高 M 文件执行速度、优化内存管理的常用方法。

4.6.1　用数组运算取代循环

MATLAB 基于数组进行计算,如果针对数组中的单个元素作循环时运算速度会很慢。因此,在编程时应尽量针对数组进行。

在实际应用中,当需要对一组数进行相同的操作时,就可以把循环转换为数组运算。

【例 4-28(a)】　本例的功能是利用循环找出 10 000 以内所有的素数。

传统的做法:从整数 2 开始,依次判断每个数是否是素数。由于偶数一定不是素数,在循环时可以跳过偶数,以提高执行速度。

```
clear all          %清除工作空间中的全部变量
clc                %清空命令窗口,这两个命令通常用于程序的初始化
tic                %计时开始
k=1;               %计数器
A(1)=2;            %2 是特殊的素数,数组 A 用来存放素数
for i=3:2:9999     %偶数肯定不是素数,跳过
    if isprime(i)  %如果 i 是素数,将其存入数组 A 中
        k=k+1;     %计数器加 1
        A(k)=i;
    end
end
toc
```

将上述语句保存为 ch4_28_1,并在命令窗口中运行程序:

```
>>ch4_28_1
历时 0.043913 秒。
```

这个时间只是参考值。

【例 4-28(b)】　本例的功能是利用数组运算找出 10 000 以内所有的素数。

```
clear all
clc
tic
A=[2 3:2:9999];    %将待判断的数写入数组 A,与例 4-28(a)中的 A(1)=2,for i=3:2:9999
                   %功能相同
B=(isprime(A));    %直接对数组 A 使用 isprime()函数,返回逻辑数组 B,B 与 A 同维
                   %B 中只有 1 和 0,1 表示 A 中对应位置上的元素是素数,0 表示不是素数
C=A(B);            %将 A 中的素数赋值给 C
toc
```

将上述语句保存为 ch4_28_2,并在命令窗口中运行程序:

```
>>ch4_28_2
历时 0.019211 秒。
```

4.6.2　调用 MATLAB 函数

MATLAB 提供了丰富的工具箱函数,善加利用会事半功倍。例如,MATLAB 提供了 primes()函数,其语法是 primes(n),作用是返回 n 以内的所有素数。此时,只需用一条语句就可以求出 10 000 以内的素数。

【例 4-28(c)】　本例的功能是利用工具箱函数找出 10 000 以内所有的素数。

```
clear all
clc
tic
A=primes(10000);
toc
```

将上述语句保存为 ch4_28_3,并在命令窗口中运行程序:

```
>>ch4_28_3
历时 0.005015 秒。
```

思考: 如何知道准备要编写的算法是否在 MATLAB 中已有现成的函数? 可以分以下几步来判断。

(1) 编写算法的目的是要实现一个基本或常用功能吗? 排序、求素数、计算方差、彩色图转灰度图、获取视频、打开文件……

(2) 编写的是经典算法吗? 卡尔曼滤波、BP 网络、决策树、遗传算法、K 均值聚类、分水岭分割……

如果都是"是",就可以根据要编写的算法所属的专业领域进入 MATLAB 帮助进行查找,或者直接通过英文翻译进行搜索,如"决策树"的英文翻译是"decision tree"。

如果是对经典算法进行改进,可以直接利用 MATLAB 提供的原算法与改进算法进行实验对比,在这一点上,MATLAB 的优势十分突出。

4.6.3　使用循环时的注意事项

1. 预定义数组的维数

预定义数组的维数可以提高程序的执行效率。在 MATLAB 中,使用变量和数组是不需要事先进行定义的,并且当新赋值的数组元素的下标超过原数组的维数时,数组会自动扩维。扩维不仅会降低程序的执行效率,而且多次的扩维还会增加内存的碎片。MATLAB 程序很消耗内存,部分原因也来源于此。

对数值数组预定维数时,一般使用 zeros() 函数,即数组中的元素均赋值为 0。

2. 双重循环时,应将小的数放在外循环,大的数放在内循环

【例 4-29(a)】　本例的功能是对双重循环进行测试 1。

大数在外循环,且不进行数组维数的预定义。

```
clear all
clc
tic
for i=1:10000          %大数在外循环,1:10000
    for j=1:20         %小数在内循环,1:20
        A(i,j)=i*10+j;
    end
end
toc
```

将上述语句保存为 ch4_29_1,并在命令窗口中运行程序:

```
>>ch4_29_1
历时 0.167771 秒。
```

【例 4-29（b）】　本例的功能是对双重循环进行测试 2。

小数在外循环，且不进行数组维数的预定义。

```
clear all
clc
tic
for i=1:20
    for j=1:10000
        A(j,i)=j * 10+i;
    end
end
toc
```

将上述语句保存为 ch4_29_2，并在命令窗口中运行程序：

```
>>ch4_29_2
历时 0.007210 秒。
```

【例 4-29（c）】　本例的功能是对双重循环进行测试 3。

小数在外循环，且进行数组维数的预定义。

```
clear all
clc
tic
A=zeros(10000,20);          %预定义数组的维数
for i=1:20
    for j=1:10000
        A(j,i)=j * 10+i;
    end
end
toc
```

将上述语句保存为 ch4_29_3，并在命令窗口中运行程序：

```
>>ch4_29_3
历时 0.003172 秒。
```

4.7　实　例　分　析

【例 4-30】　本例的功能是进行成绩的统计和分析。

任务：有一张数据表 score.xls，记录着某个班级里 50 位同学的数学、语文和英语课成绩，分别统计三门课的最高分、最低分、平均分和方差 σ，并按照三门课的总成绩进行排序（分数高的排在前面）。

解题思路：成绩统计和分析是 C 语言程序设计课上的经典题，由于没有现成的函数，学生需要自行编写计算最大值、最小值、平均值和排序的函数。但在 MATLAB 中，这些函数都是现成的，可以直接调用。

```
clear all
clc
A=xlsread('score.xls');      %读取 xls 文件,相应地,写入 xls 文件是 xlswrite
                             %A 是 50 行 3 列,每列代表一门课的成绩
                             %可以用[m,n]=size(A)得到 A 的行数 m 和列数 n
m_Highest=max(A)             %每门课的最高分,语句结尾没有";",显示结果
m_Least=min(A)              %每门课的最低分
m_Average=mean(A)          %每门课的平均分,MATLAB 里的平均值是 mean 而不是 average
m_Variance=sqrt(var(A))     %var 是计算 σ²,然后求平方根得到 σ
B=sum(A,2);                 %按行求和,B 是 50 行 1 列,代表每个学生三门课的总成绩
C=sort(B,'descend')         %从高到低排序
```

提示：在进行数组运算时,MATLAB 默认按照列的方向进行,如 max(A)表示按列找最大值,max(A,[],2)表示按行找最大值,sum(A,2)表示按行求和。这些函数在列和行的表达方式上略有不同,可在使用时先查看帮助。如果是对数组的全体元素求和,可以使用 sum(A(:))或者 sum(sum(A))。求数组的最大值、最小值、平均值等可采用类似操作,可参见 5.4 节学习常用的数值计算函数。

【例 4-31】 本例的功能是编写程序,利用最大值灰度法把彩色图转换为灰度图。

任务：对于 RGB 彩色图而言,当它的 R(红)、G(绿)、B(蓝)三个分量值相同时,表现出来的就是灰色。把彩色图转换为灰度图有多种方法,最大灰度值法就是把某个像素点的三个分量中的最大值作为灰度图中该像素点的值。现在读取一个彩色图,然后按照最大灰度值法将彩色图转换为灰度图。

解题思路：求最大值是基本的数学运算,可以查看帮助,看是否有直接的语法。

```
clear all
clc
A=imread('peppers.png');
tic
Gray=max(A,[],3);           %真正用于灰度化的语句只有这一句,按页求最大值
toc
subplot(1,2,1);
imshow(A);
subplot(1,2,2);
imshow(Gray);
历时 0.000410 秒。
```

运行效果如图 4-3 所示。

图 4-3　例 4-31 的运行效果

也可采用三重循环的方式对数组 A 中的元素逐个进行计算,并查看程序的执行时间。

【例 4-32】 本例的功能是编写求逆函数。

任务:编写一个函数,判断给定的矩阵是否有逆。若有逆,返回逆矩阵,否则返回 0。

解题思路:可以从两个条件判断一个矩阵是否有逆:①这个矩阵是方阵;②矩阵的秩是满秩,即秩等于方阵的行数。在满足条件的情况下,可以直接使用 MATLAB 的求逆函数 inv() 计算逆矩阵。

```
function y=my_inv(a)          %函数取名为 my_inv
[m,n]=size(a);               %得到输入矩阵 a 的行和列
if m==n && rank(a)==m        %同时满足两个条件,有逆
   y=inv(a);
else
   y=0;
end
```

提示:在函数文件中一定不能使用 clear all,它会删除 MATLAB 工作空间中的所有变量,导致程序无法运行。

【例 4-33】 本例的功能是计算天数。

任务:由用户输入自己的生日,计算到今天为止,该用户出生了多少天。

解题思路:看到此题时,如果读者首先想到查看 MATLAB 是否有计算日期的函数,而非考虑如何判断用户经历过多少个闰年、每个月有多少天时,说明读者已开始形成根据 MATLAB 的特点编写 MATLAB 程序的习惯了。

日期的英文是 date,进入帮助,在编辑框中输入"date",可看到如图 4-4 所示的结果。

函数		
date	date - 当前日期作为字符向量	MATLAB
datenum	datenum - 将日期和时间转换为日期序列值	MATLAB
datestr	datestr - 将日期和时间转换为字符串格式	MATLAB
datevec	datevec - 将日期和时间转换为分量向量	MATLAB
datetime	datetime - 表示时间点的数组	MATLAB
»76 更多		

图 4-4　有关日期的函数

其中的 datenum 似乎跟计算日期有关。进一步查看 datenum 的帮助后,发现它是以 0000 年 1 月 0 日为基准,计算某年某月某日距离该基准日期的天数的,如 datenum(0000,1,1) 的返回值是 1。现在,只要知道用户出生的年、月、日,以及如何得到今天的日期,二者相减就可得到想要的结果了。

```
clear all
clc
m_year=input('请输入年:');      %变量名最好不要是 year,因 MATLAB 有同名的内置函数
m_month=input('请输入月:');
m_day=input('请输入日:');
num=datenum(date)-datenum(m_year,m_month,m_day);
disp(num);
```

反过来,假如用户在某年某月某日有个纪念日,他想在距离这个纪念日刚好 *N* 天时庆祝,怎么得到那天的日期呢? 可以利用 datenum 得到这个纪念日距离 0000 年 1 月 0 日的天数,再加上 *N*,就是距离纪念日刚好 *N* 天的日期数,可如何把日期数转换为具体的年、月、日呢? 可查看 datenum 帮助中的 See Also。事实上,很多函数都可以通过 See Also 进行了解。

【例 4-34】 本例的功能是仿真彩票投注。

任务：编写一个 36 选 7 的彩票自动投注程序,由用户输入彩票注数,系统输出对应的彩票号码。要求彩票中不能出现重复的数字。

解题思路：此题的关键在于如何随机产生一组 7 个取值范围在 1～36 且不重复的数字。当然可以利用 rand()函数,但它可能会产生重复的数字,因此每次调用 rand()函数产生一个随机数后,需要将其与已经产生的数进行比较,如果相同,就要重新产生一次随机数。已经产生的数越多,随机出来的数与已存在的数相同的可能性就越大。

其实可以把 1～36 进行随机排列,然后取其中的 7 个数就可以实现功能。随机的英语是 random,排列组合的英语是 permutation,进入帮助,在编辑框中输入"randp",可看到如图 4-5 所示的结果。

randp	
函数	
fx randperm - *整数的随机排列*	**MATLAB**
Search Suggestions	
randperm	
randpop	
randprotein	

图 4-5　有关随机数的函数

randperm 是产生随机排列组合(random permutation)的函数,其语法是 randperm(n)或 randperm(n,k),即产生从 1 到 n 的一组随机排列,再从随机排列好的数据中取出 k 个。例如,用 randperm(36)可以产生 1 到 36 的一组随机排列。此时,只需取这组排列的前 7 个数就可以生成一注彩票了。

其实,在搜索文档栏中输入 rand 后,就可以在帮助提供的函数列表中依次查找,也能发现 randperm 函数。

```
clear all
clc
num=input('请输入要买的彩票数: ');
A=zeros(num,7);                    %预定义彩票数组 A 的维数,num 行 7 列
for i=1:num
    A(i,:)=randperm(36,7);
end
disp(A);
```

将上述语句保存为 ch4_34.m,并运行。

请输入要买的彩票数: 5

11	1	30	5	18	16	28
8	20	14	31	32	10	11
19	36	9	35	17	31	7
31	24	8	34	14	9	22
6	25	12	20	18	16	36

【例 4-35】 本例的功能是找出曲线的交叉点并进行图形显示。

任务：x 在 $[0, 2\pi]$ 之间均匀采样 1000 个点，曲线 $y_1 = 2e^{-0.5x}\cos(\pi x)$，$y_2 = 0.5e^{-0.5x}\cos(2\pi x)$，找出这两条曲线的交叉点，数据精确到 0.01。

解题思路：这道题是对一组数进行相同的操作，可以用数组运算代替循环，关键在于如何绘制图形。使用 7.1 节中的 plot 命令可以轻松地进行图形显示。在此提前体验一下 MATLAB 的绘图能力。

```
clear all
clc
x=linspace(0,2*pi,1000);              %用 linspace 可以指定取值个数
y1=2*exp(-0.5*x).*cos(pi*x);          %请注意用的是 .*
y2=0.5*exp(-0.5*x).*cos(2*pi*x);
k=(abs(y1-y2)<0.01);                  %找到 y1 与 y2 相等的下标
x1=x(k);                              %把交叉点的横坐标赋值给 x1
y3=y1(k);                             %把交叉点的纵坐标赋值给 y3
plot(x,y1,'-r',x,y2,'g--',x1,y3,'o'); %绘制图形,y1 是红色实线(r-),y2 是绿色
                                      %虚线(g--)交叉点用"o"表示
```

程序运行效果如图 4-6 所示。由于 x 的步长设置和精确度的因素，找到的交叉点个数比实际的要多。

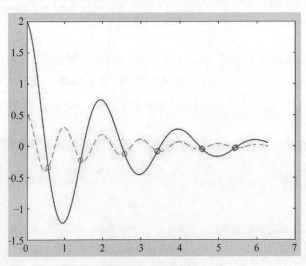

图 4-6 精度为 0.01 时得到的交叉点

【例 4-36】 本例的功能是生成图像的倒影特效。

任务：用户提供一张图片，将其生成倒影效果。

解题思路：倒影的特效，简单地说，就是要模糊原图。常用的方法是在当前点的附近（如以当前点为左上顶点，距离为 r 的方矩形中）任选一个点，用它的值替换当前点的值。用

户可以自行设置这个参数 r(如 r＝5 或 10),然后用 rand()函数生成两个随机数 x 和 y(x 和 y 的值应该为 0~r),分别作为横坐标和纵坐标的偏移。然后,B(i,j,:)＝A(i＋x,j＋y,:)。需要注意的是对于每个正在处理的点,都要产生一次随机的 x 和 y,否则就会变成所有图像数据整齐的偏移。

```
clear all
clc
A=imread('peppers.png');        %本图 MATLAB 自带
B=A;                            %B 用于保存倒影特效,以这种方式预设 B 的尺寸
r=input('请输入倒影模糊度: ');
d=size(A);                      %本例假设用户选择的是彩色图
for i=1:d(1)-r                  %行循环
    for j=1:d(2)-r              %列循环
        pos=round(rand(1,2) * r);%产生一个偏移坐标
        B(i,j,:)=A(i+pos(1),j+pos(2),:);   %用随机偏移到的坐标像素值代替当前点的像素值
    end
end
B=flipud(B);                    %原来的 B 虽模糊,但还是正向的,需要上下颠倒,才成为倒影
C=[A;B];                        %将原图和倒影图合并,生成倒影特效
imshow(C);
```

运行程序时,输入 5,倒影特效如图 4-7 所示。

图 4-7 倒影特效示例

第 5 章

MATLAB 的数值计算

在实际的工程应用中,经常会遇到各种各样的数值计算问题,MATLAB 为解决这些问题提供了丰富的数学函数,极大地减少了编程负担。

5.1 多项式的计算

表 5-1 列举了部分常用的多项式运算函数。

表 5-1 部分常用的多项式运算函数

函 数 名 称	说　明	函 数 名 称	说　明
conv()	多项式乘法	polyfit()	多项式拟合
deconv()	多项式除法	polyint()	多项式的积分
poly()	生成特征多项式	polyval()	多项式求值
polyder()	多项式的求导	roots()	多项式的根

5.1.1 生成多项式

1. 直接输入方式

在 MATLAB 中,多项式是用向量的形式来表示的,并且向量中的元素按照降幂的方式依次排列。例如,$4x^5-2x^3+8x^2-5$ 被表示成 $[4\ 0\ -2\ 8\ 0\ -5]$。

2. 利用函数生成多项式

poly() 函数用于生成多项式,其调用格式为

> (1) p = poly(A):A 是方阵,p 为 A 的特征多项式,即如果 A 为 n 阶方阵,且 λ_1, λ_2, $\cdots$, λ_n 为 A 的特征根,则 $(\lambda-\lambda_1)\ (\lambda-\lambda_2)\cdots(\lambda-\lambda_n)=\lambda_n+a_{n-1}\lambda_{n-1}+a_{n-2}\lambda_{n-2}+\cdots+a_1\lambda+a_0$,p=$[a_{n-1}\ a_{n-2}\cdots a_1\ a_0]$。
> (2) p = poly(r):r 是向量,p 为以 r 中元素为特征根的特征多项式,可参照前式,用 r 代替 λ 即可。

【例 5-1】 本例的功能是利用 poly() 函数生成多项式。

```
>>A=[1 2 3;4 5 6;7 8 0];        %A 是方阵
>>p1=poly(A)                    %生成多项式
p1 =
    1.0000  -6.0000  -72.0000  -27.0000
>>px1=poly2str(p1,'x')          %将多项式转换为字符串,即 px1 是字符型
```

```
px1 =
    '   x^3 - 6 x^2 - 72 x - 27'
>>a=[3 2 0 5];                    %a 是向量
>>p2=poly(a)                      %生成多项式,此时,即使常数项为 0,也必须包含在 p2 中
p2 =
    1   -10    31   -30    0
>>px2=poly2str(p2,'t')
px2 =
    '   t^4 -10 t^3 +31 t^2 -30 t'
```

5.1.2　多项式的加减乘除

在进行多项式的加减运算时,可以直接通过向量的加减运算来实现。要注意的是,参与多项式加减运算的向量维数必须相同。

conv( )函数用于多项式的乘法运算,deconv( )函数用于多项式的除法运算,其调用格式为

> (1) w = conv(u,v):u 和 v 是多项式系数组成的向量,它们的维数可以不相同。
> (2) [q,r] = deconv(v,u):q 是多项式 v 除以 u 的商式,r 是余式,即 v=conv(q,u)+r。

【例 5-2】　本例的功能是计算多项式 $F(x)=3x^3-5x$ 和 $G(x)=x+2$ 的乘积。

```
>>F=[3 0 -5 0];                   %F(x)的多项式表示
>>G=[1 2];                        %G(x)的多项式表示
>>A=conv(F,G)                     %多项式乘法
A =
    3    6    -5    -10    0
>>B=poly2str(A,'x')               %以字符的形式显示多项式
B =
    '   3 x^4 +6 x^3 -5 x^2 -10 x'
```

【例 5-3】　本例的功能是计算多项式 $F(x)=3x^3+2x^2-5x+4$ 和 $G(x)=x+2$ 的除法。

```
>>F=[3 2 -5 4];                   %F(x)的多项式表示
>>G=[1 2];                        %G(x)的多项式表示
>>[A,B]=deconv(F,G)               %多项式除法
A =                               %A 是商式
    3    -4    3
B =                               %B 是余式
    0    0    0    -2
```

5.1.3　多项式的求导

polyder( )函数用于多项式的求导,其调用格式为

> (1) k = polyder(p):计算多项式 p 的导数,返回给 k。
> (2) k = polyder(a,b):计算多项式 a 与 b 的乘积的导数。
> (3) [q,d] = polyder(b,a):计算多项式 b 除以 a 的导数,q 是分子项,d 是分母项。

【例 5-4】　本例的功能是计算多项式 $F(x)=3x^3+2x^2-5x+4$ 和 $G(x)=x+2$ 的一阶、二阶导数。

```
>>F=[3 2 -5 4];              %F(x)的多项式表示
>>G=[1 2];                   %G(x)的多项式表示
>>DF=polyder(F)              %F(x)的一阶导数
DF =                         %F(x)的一阶导数为 9x^2+4x-5
     9    4    -5
>>DDF=polyder(DF)            %F(x)的二阶导数,即对一阶导数再求导
DDF =                        %F(x)的二阶导数为 18x+4
    18    4
>>DG=polyder(G)              %G(x)的一阶导数为 1
DG =
     1
>>DDG=polyder(DG)            %G(x)的二阶导数为 0
DDG =
     0
```

提示：如果要计算多项式 P 的 n 阶导数,可用循环来实现。

```
for i=1:n
        P=polyder(P);
end
```

5.1.4　多项式的求值

polyval()函数用于计算多项式的值,其调用格式为

> y = polyval(p,x)：y=$p_1x^n+p_2x^{n-1}+\cdots+p_nx+p_{n+1}$：x 可以是向量或矩阵,将计算多项式 p 在 x 点的值,并返回给 y。

【例 5-5】　本例的功能是计算多项式 $F(x)=3x^3+2x^2-5x+4$ 的值。

```
>>F=[3 2 -5 4];              %F(x)的多项式表示
>>A=polyval(F,[1 2 3])       %计算 x=1,2,3 时的多项式的值,x 为向量形式
A =
     4    26    88
>>B=polyval(F,[1 2;3 4])     %计算 x=1,2,3,4 时的多项式的值,x 为矩阵形式
B =
     4    26
    88   208
```

5.1.5　多项式的求根

roots()函数用于计算多项式的根,其调用格式为

> r = roots(p)：p 是多项式系数向量,向量 r 是全部的根。

n 次多项式有 n 个根,这些根可能全部是实根,也可能有若干对共轭复根。利用 roots()函数,可以得到多项式的全部根。

【例 5-6】　本例的功能是计算多项式 $F(x)=3x^3+2x^2-5x+4$ 和 $G(x)=x+2$ 的根。

```
>>F=[3 2 -5 4];           %F(x)的多项式表示
>>G=[1 2];                %G(x)的多项式表示
>>rf=roots(F)             %F(x)有共轭复根
rf =
   -1.9072 +0.0000i
    0.6202 +0.5607i
    0.6202 -0.5607i
>>rg=roots(G)             %G(x)有一个实根
rg =
     -2
```

5.2 插 值 计 算

插值可分为一维数据的插值、二维数据的插值和多维数据的插值,表 5-2 列举了部分常用的插值计算函数。

表 5-2 部分常用的插值计算函数

函 数 名 称	说 明
griddata()	对散点数据进行插值
griddatan()	对维数大于或等于 2 的散点数据插值并曲面拟合
griddedInterpolant()	对网格数据插值
interp1()	对一维数据线性插值
interp1q()	快速对一维数据线性插值
interp2()	对二维数据插值
interp3()	对三维数据插值
interpft()	用 FFT 变换对一维数据插值
interpn()	对 n 维数据插值
TriScatteredInterp()	对散点数据插值,效率高于 griddata 但效果不如 griddata

5.2.1 一维数据的插值

假设存在一维函数 $f(x)$,已知其在互异的 n 个自变量 $x_1,x_2,\cdots,x_n$ 处的函数值 y_1, $y_2,\cdots,y_n$,这些 $(x_1,y_1),(x_2,y_2),\cdots,(x_n,y_n)$ 被称为样本点。根据这些已知的样本点信息获取函数 $f(x)$ 在其他点上的函数值的方法称为函数的插值。如果在这些给定点的范围内进行插值,称为内插,反之称为外插。

interp1 用于对一维数据进行插值,主要调用格式为

```
(1) yi = interp1(x,y,xi)。
(2) yi = interp1(y,xi)。
(3) yi = interp1(x,y,xi,method)。
```

说明:

① x 和 y 是已知样本点坐标数组,它们的维数相同,x 可以是不单调的。

② xi 是新的插值点的横坐标，可以是标量、向量或数组，而 yi 就是函数在 xi 处的插值结果。

③ method 是插值方法。

- nearest(最近点插值)：将插值结果的值设置为最近的数据点的值。
- linear(线性插值)：此为默认方法，首先在相邻的两个样本点之间连接直线，然后根据新的插值点，计算出它们在直线上的值，以此作为插值结果。
- pchip 和 cubic(三次 Hermite 插值)：两种方法相同，通过分段立方 Hermite 插值方法计算出插值结果。
- spline(三次样条插值)：通过数据点拟合出三次样条曲线，根据新的插值点，计算出它们在曲线上的值，以此作为插值结果。

选择插值方法时，要考虑运算时间、内存消耗和插值的光滑度等因素，一般来说：

① 最近点插值方法的速度最快，但平滑性最差。

② 线性插值方法占用的内存比最近点插值方法多，运算时间也稍长，但平滑性好于前者，只是会改变顶点处的斜率。

③ 立方插值方法较前面两种方法会占用更多内存和运算时间，但插值数据和导数是连续的。

④ 三次样条插值方法的运算时间最长，但内存消耗比立方插值方法小，其平滑性也是最好的。不过，当输入数据不一致或数据点过近时，可能出现很差的插值结果。

很多情况下，采用三次样条插值方法能取得最好的插值结果，并且 MATLAB 还专门提供了三次样条插值函数 spline，即 spline(x,y,xi)相当于 interp1(x,y,xi,'spline')。

【例 5-7】 本例的功能是使用 interp1 对 $f(x)=\sin(x)$进行一维数据插值。

任务：分别使用四种插值方法对 $f(x)$插值，并查看插值结果。

```
>>x=1:20;                      %x 包含 20 个点
>>y=sin(x);                    %计算 sin(x)
>>plot(x,y,'o');               %标志样本点所在位置
>>x1=1:0.5:20;                 %设置新的插值点
>>figure;                      %新开一个图形窗口
>>subplot(221)                 %将图形窗口分成 2×2 的子图,在第一个子图中绘图
>>y1=interp1(x,y,x1,'nearest');%使用最近点插值
>>plot(x1,y1);                 %绘图
>>title('最近点插值');         %设置子图的标题
>>subplot(222)                 %在第二个子图中绘图
>>y1=interp1(x,y,x1);          %默认为线性插值
>>plot(x1,y1);
>>title('线性插值');
>>subplot(223)                 %在第三个子图中绘图
>>y1=interp1(x,y,x1,'cubic');  %使用三次样条插值
>>plot(x1,y1);
>>title('三次样条插值');
>>subplot(224)
>>y1=interp1(x,y,x1,'spline'); %使用三次样条插值
>>plot(x1,y1);
>>title('三次样条插值');
>>axis tight                   %根据数据范围自动设置坐标轴取值范围
```

上述代码的运行结果如图 5-1 所示,其中,图 5-1(a)是原样本点位置,图 5-1(b)是四种插值方法的插值效果,最近点插值方法的光滑度最差,三次样条插值方法的光滑度最好。

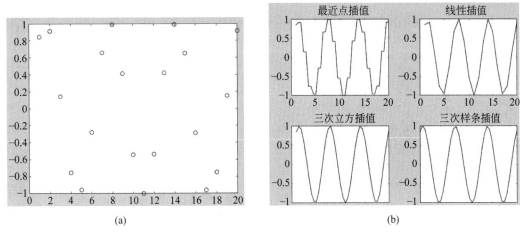

(a)　　　　　　　　　　　　(b)

图 5-1　一维数据的四种插值方法比较

5.2.2　二维数据的插值

二维数据的插值可由函数 interp2()实现,主要应用于图像处理和三维曲线等领域。interp2()与 interp1()很相似,主要调用格式为

```
z₁ = interp2(x₀,y₀,z₀,x₁,y₁,method)
```

(x_0,y_0,z_0)是已知样本点,x_i 和 y_i 是新的插值点,插值方法可选 nearest、linear、cubic 和 spline 四种,其中 spline 插值效果最好。

【例 5-8】　本例的功能是使用 interp2()函数对 peaks()函数进行二维数据插值。

任务:peaks()是 MATLAB 提供的一个三维数据函数,称为多峰函数,经常用于展示 mesh、surf、pcolor 和 contour 等命令的绘图效果(参见 7.4.4 节)。

首先绘制出比较稀疏的 peaks()函数样本点,然后分别使用四种插值方法对 peaks()函数插值,并查看插值结果。

```
>>[x,y,z]=peaks(6);                    %产生稀疏的样本点
>>surf(x,y,z)                          %利用 surf()函数绘制三维曲面图
>>figure;                              %新开一个图形窗口
>>[xi,yi]=meshgrid(-3:0.2:3,-3:0.2:3); %利用 meshgrid()函数建立网格
>>subplot(221);                        %在第一个子图中绘图
>>z1=interp2(x,y,z,xi,yi,'nearest');   %使用最近点法进行二维插值
>>surf(xi,yi,z1);                      %绘制三维曲面图
>>axis tight                           %坐标轴根据数据范围自动调整
>>title('最近点二维插值');              %设置标题
>>subplot(222);                        %在第二个子图中绘图
>>z2=interp2(x,y,z,xi,yi);             %interp2 的默认插值方法是线性插值
>>surf(xi,yi,z2);
>>axis tight
>>title('线性二维插值');
```

```
>>subplot(223);
>>z3=interp2(x,y,z,xi,yi,'cubic');        %使用三次样条插值法进行二维插值
>>surf(xi,yi,z3);
>>axis tight
>>title('三次样条二维插值');
>>subplot(224);
>>z4=interp2(x,y,z,xi,yi,'spline');        %使用三次样条插值法进行二维插值
>>surf(xi,yi,z4);
>>axis tight
>>title('三次样条二维插值');
```

上述代码的运行结果如图 5-2 所示,其中图 5-2(a)是原样本点位置,图 5-2(b)是四种插值方法的插值效果,最近点插值方法的光滑度最差,三次样条插值方法的光滑度最好。

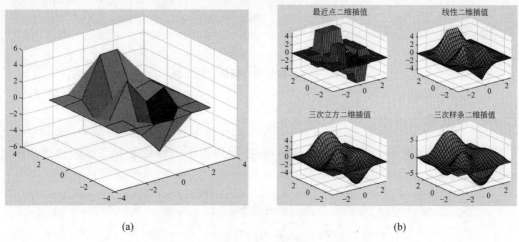

(a)   (b)

图 5-2   二维数据的四种插值方法比较

【**例 5-9**】   本例的功能是使用 interp2( )函数对 $z=f(x,y)=x\mathrm{e}^{-x^2-y^2}$ 进行二维数据插值。

```
>>x=-3:0.5:3;                             %x 在[-3,3]取值,间隔为 0.5
>>y=-3:0.5:3;                             %y 在[-3,3]取值,间隔为 0.5
>>[x,y]=meshgrid(x,y);                    %将 x 和 y 网格化,interp2()函数只能基于网
                                          %格化样本点进行插值
>>z=x.*exp(-x.^2-y.^2);                   %计算 z=f(x,y)
>>surf(x,y,z);                            %显示曲面
>>figure;                                 %新开一个图形窗口
>>xi=-3:0.1:3;                            %xi 取值更密,间隔为 0.1
>>yi=-3:0.1:3;                            %yi 取值更密,间隔为 0.1
>>[xi,yi]=meshgrid(xi,yi);                %将 xi 和 yi 网格化
>>zi=interp2(x,y,z,xi,yi,'spline');       %使用 spline 进行二维数据的插值
>>surf(xi,yi,zi);                         %显示曲面
>>axis tight                              %坐标轴随数据范围自动调整
```

上述代码的运行结果如图 5-3 所示,其中图 5-3(a)是插值前的曲面,图 5-3(b)是插值后的曲面。

interp2( )函数只能处理以网格形式给出的数据,如果已知样本数据不是以网格形式给

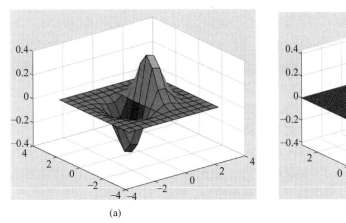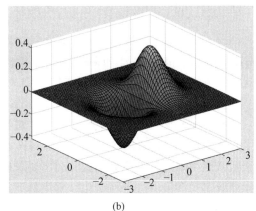

| (a) | (b) |

图 5-3　用 **interp2**()函数对 $f(x,y)$ 函数的网格化样本进行插值

出的,就不能使用 interp2()函数。

【**例 5-10**】　本例的功能是测试 interp2()函数能否对散点进行二维数据插值。

任务：对函数 $z = f(x,y) = x\mathrm{e}^{-x^2-y^2}$ 进行插值,其中的(x,y,z)是分散的样本点,程序中不对这些样本点进行网格化。

```
>>x=-3:0.5:3;                       %x 在[-3,3]取值,间隔为 0.5
>>y=-3:0.5:3;                       %y 在[-3,3]取值,间隔为 0.5
>>z=x.*exp(-x.^2-y.^2);            %计算 z=f(x,y),与例 5-9 相比,此处的 x 和 y
                                    %没有进行网格化
>>xi=-3:0.1:3;                      %xi 取值更密,间隔为 0.1
>>yi=-3:0.1:3;                      %yi 取值更密,间隔为 0.1
>>[xi,yi]=meshgrid(xi,yi);         %将 xi 和 yi 网格化
>>zi=interp2(x,y,z,xi,yi,'spline'); %(x,y,z)不是网格化的样本,因此不能使
                                    %用 interp2()函数
错误使用 griddedInterpolant
插值要求每个网格维度至少有两个采样点。
出错 interp2>makegriddedinterp (第 226 行)
    F = griddedInterpolant(varargin{:});
出错 interp2 (第 126 行)
        F = makegriddedinterp({X, Y}, V, method,extrap);
出错 ch5_10(第 7 行)
zi=interp2(x,y,z,xi,yi,'spline');  %(x,y,z)不是网格化的样本,因此不能使用
                                   %interp2()函数
```

提示：对三维或 n 维的以网格形式给出的样本数据进行插值,可直接使用 interp3 或 interpn,其调用方法与 interp1 和 interp2 相同。如果需要将散点样本进行网格化后使用 interp 系列函数,可使用 meshgrid()(针对二维或三维数据)或 ndgrid()函数(针对 n 维数据,n≥2) 。MATLAB 专门提供了 flow()函数生成流数据,可用来演示 interp3()函数的插值效果。

5.2.3　一般分布的二维数据插值

MATLAB 提供了 griddata()函数,可以对散点数据进行插值。该函数的调用格式：

```
zi = griddata(x₀,y₀,z₀,xᵢ,yᵢ,method)
```

(x_0,y_0,z_0) 是已知样本点(不要求网格形式),x_i 和 y_i 是新的插值点,插值方法可选 nearest、linear、cubic 和 v4 四种,其中,v4 插值方法是 MATLAB 4.0 版本提供的插值方法,公认效果较好。

【例 5-11】 本例的功能是使用 griddata() 函数对散点样本进行二维数据插值。

任务:对函数 $z=f(x,y)=x\mathrm{e}^{-x^2-y^2}$ 进行插值。

解题思路:首先随机产生 200 个散点样本数据,然后新建插值点,对其进行插值后用曲面显示插值结果。由于曲面函数 surf() 要求曲面的 X 坐标和 Y 坐标是网格形式,因此程序将会对新建的插值点进行网格化。程序的运行效果如图 5-4 所示,其中图 5-4(a)是散点图,图 5-4(b)是插值结果。

```
>>x=-3+6*rand(200,1);           %产生 200 个[-3,3]的随机数据
>>y=-3+6*rand(200,1);           %产生 200 个[-3,3]的随机数据
>>z=x.*exp(-x.^2-y.^2);         %计算 z=f(x,y),此处没有对 x 和 y 进行网格化
                                %若希望使用 interp2,需要先对 x 和 y 进行网格化
                                %再计算 z
>>plot3(x,y,z,'o');             %绘制散点样本,可大致看出曲面的形状
>>xi=-3:0.2:3;                  %新建 xi 插值点,间隔为 0.2
>>yi=-3:0.2:3;                  %新建 yi 插值点,间隔为 0.2
>>[xi,yi]=meshgrid(xi,yi);      %将新建插值点网格化
>>zi=griddata(x,y,z,xi,yi,'cubic');  %用 griddata() 函数进行二维数据的插值
>>figure;                       %新建图形窗口
>>surf(xi,yi,zi);               %绘制插值后的曲面图
```

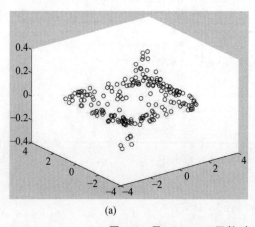
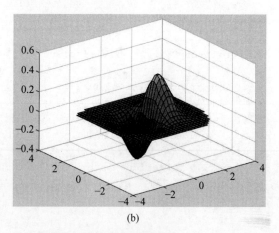

(a)　　　　　　　　　　　　　(b)

图 5-4　用 griddata() 函数对 $f(x,y)$ 函数的散点样本进行插值

提示:如果要对 n 维散点数据进行插值,可使用 griddata3() 或 griddatan() 函数。

5.3　曲　线　拟　合

所谓曲线拟合问题,是指已知平面上有 n 个点 (x_i,y_i),$i=1,2,\cdots,n$,其中 x_i 互异,需要找到一个曲线函数 $y=f(x)$,使 $f(x)$ 在某种准则下与所有数据点最为接近。曲线拟合

和插值计算一样,都属于函数逼近方法,但相对于插值计算要求插值函数必须通过所有样本点来说,曲线拟合不要求所构造的函数全部通过样本点,而是"尽可能地逼近"它们即可。

5.3.1　多项式拟合

多项式拟合的目标是找到一组多项式的系数 $a_i (i=1,2,\cdots,n,n+1)$,使得多项式 $a_1 x^n + a_2 x^{n-1} + \cdots + a_n x + a_{n+1}$ 能够在最小二乘意义下最优地拟合原始数据。在 MATLAB 中,先用 polyfit() 函数来求得多项式的系数,然后再用 polyval() 函数根据所得到的多项式计算出指定点上的函数近似值。

polyfit() 函数的调用格式:

> (1) p = polyfit(x,y,n):对样本点 (x,y) 进行 n 阶多项式拟合,拟合的多项式系数返回给 p。这里的 n 表示多项式的阶数。
> (2) [p,S] = polyfit(x,y,n):S 是结构体,表示有关拟合多项式的误差估计。
> (3) [p,S,mu] = polyfit(x,y,n):mu 是二维向量,由样本数据的均值和标准差组成。

【例 5-12】　本例的功能是使用 polyfit() 函数对样本进行多项式拟合。

```
>>x=0:0.1:10;                    %x 在[0,10]取值,间隔为 0.1
>>y=(3*x-4).*sin(0.5*x);         %y=(3x-4)sin(0.5x),以此得到一组(x,y)数据
>>p=polyfit(x,y,5)               %对(x,y)数据进行五阶多项式拟合,得到多项式系数 p
p=
    0.0015    0.0072   -0.5460    3.4159   -4.0775    0.4780
>>poly2str(p,'x')                %将多项式转换为字符进行显示
ans =
    '  0.0014864 x^5 +0.0071676 x^4 -0.54598 x^3 +3.4159 x^2 -4.0775 x
    +0.47804'
>>y1=polyval(p,x);               %根据得到的多项式,计算 x 处的函数值 y
>>plot(x,y,'o',x,y1,'r');        %绘制两条曲线,样本点用圆圈表示,拟合曲线用红色表示
```

运行结果如图 5-5 所示,本例中,曲线拟合得很好。

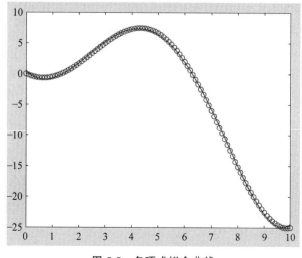

图 5-5　多项式拟合曲线

使用多项式进行曲线拟合时,拟合的效果并不一定很准确,有时可能会很差,甚至可能是错误的。

【例5-13】 本例的功能是使用 polyfit() 函数对 $f(x)=1/(1+36x^2)$ 进行不同阶数的多项式拟合。

```
>>x=-1:0.01:1;
>>y=1./(1+36*x.^2);
>>p3=polyfit(x,y,3);            %进行三阶多项式拟合
>>y3=polyval(p3,x);
>>p5=polyfit(x,y,5);            %进行五阶多项式拟合
>>y5=polyval(p5,x);
>>p7=polyfit(x,y,7);            %进行七阶多项式拟合
>>y7=polyval(p7,x);
>>p8=polyfit(x,y,8);            %进行八阶多项式拟合
>>y8=polyval(p8,x);
>>plot(x,y,'ro',x,y3,'b-',x,y5,'g--',x,y7,'k-.',x,y8,'r:');
>>legend('原始数据','三阶拟合','五阶拟合','七阶拟合','八阶拟合');
```

程序的运行效果如图 5-6 所示。

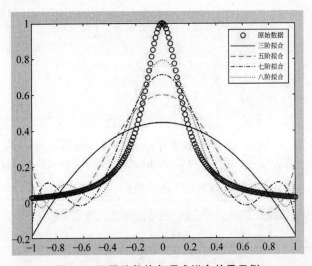

图 5-6　不同阶数的多项式拟合效果示例

5.3.2　最小二乘拟合

线性最小二乘法解决曲线拟合的思路:假设有一组 N 个数据点 (x_i,y_i),$i=1,2,\cdots,N$,已知这组数据满足某一函数 $f(x)=a_1r_1(x)+a_2r_2(x)+\cdots+a_mr_m(x)$,其中 $r_k(x)$ 是事先选定的一组函数,a_k 是待定系数($k=1,2,\cdots,m,m<N$),使用最小二乘的目标就是使 y_i 与 $f(x_i)$ 的距离平方和最小,$i=1,2,\cdots,N$,即目标函数 $J=\min\limits_{a}\sum\limits_{i=1}^{N}\left[y_i-f(x_i)\right]^2$ 为最小。

常用的 $r(x)$ 如下。

● 直线:$r(x)=a_1x+a_2$;

- 多项式：$r(x)=a_1 x^n + a_2 x^{n-1}+\cdots+a_n x + a_{n+1}$；
- 双曲线：$r(x)=a_1/x+a_2$；
- 指数曲线：$r(x)=a_1 e^{a_2 x}$

MATLAB 提供了 lsqcurvefit() 函数，可用于解决最小二乘曲线拟合的问题，调用格式：

```
(1) x = lsqcurvefit(fun, x_0, x_data, y_data)
(2) x = lsqcurvefit(fun, x_0, x_data, y_data, l_b, u_b)
```

其中，fun 指的是函数原型，x_0 是初值，x_{data} 和 y_{data} 是原始数据，x 是计算结果，也就是 fun 的最终系数向量。在(2) 中，要求 $l_b \leqslant x \leqslant u_b$。

【例 5-14(a)】　本例的功能是使用最小二乘对 $0.5 e^{-0.2x} \sin(1.2x)$ 的样本点进行曲线拟合。

```
>>x=0:0.01:10;                          %x 在[0,10]取值,间隔为 0.01
>>y=0.5 * exp(-0.2 * x).* sin(1.2 * x); %得到样本点
>>fx=inline('a(1) * exp(a(2) * x).* sin(a(3) * x)','a','x'); %用 inline 设置原型函数
>>a=lsqcurvefit(fx,[1 1 1],x,y)         %调用最小二乘拟合,三个系数的初始值均设置为 1
Local minimum found.

Optimization completed because the size of the gradient is less than
the default value of the function tolerance.

<stopping criteria details>
a =
0.5000   -0.2000    1.2000
>>y1=fx(a,x);                           %根据计算的系数和原始数据 x 计算出拟合的 y1 值
>>plot(x,y,'g*',x,y1,'r');              %绘制两条曲线,进行拟合效果分析
>>legend('原始曲线','拟合曲线');
```

程序运行结果如图 5-7 所示，拟合结果与实际曲线相同。

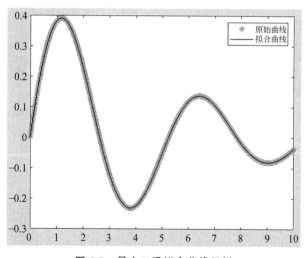

图 5-7　最小二乘拟合曲线示例

原型函数 fun 既可以由 inline() 函数设置，也可先编写成 MATLAB 函数，然后再调用。

【例 5-14(b)】　本例的功能是使用 M 函数表示原型函数,再用最小二乘进行曲线拟合。

步骤:

(1) 首先建立原型函数文件 fun1。

```
function y=fun1(a,x)                    %输入参数有两个,分别是系数 a 和原始数据 x
y=a(1) * exp(a(2) * x) .* sin(a(3) * x);
```

(2) 其余可参照例 5-14(a)。

```
>>x=0:0.01:10;
>>y=0.5 * exp(-0.2 * x) .* sin(1.2 * x);  %得到样本点
>>a=lsqcurvefit(@fun1,[1 1 1],x,y)        %调用函数时需使用@,表示获得 fun1()函数的句柄
Local minimum found.

Optimization completed because the size of the gradient is less than
the value of the optimality tolerance.

<stopping criteria details>
a =
    0.5000   -0.2000   1.2000
```

结果与例 5-14(a)相同,表明原型函数可以由 M 函数或 inline()函数表示。

5.4　数据分析和统计

MATLAB 可以对大量的数据进行分析和统计,以下分别进行介绍。

5.4.1　基本的数据分析和统计

基本的数据分析和统计包括计算平均值、求和、排序等,这些函数都是默认对列元素进行操作,但通过对参数的设置,同样可以实现对行、页等其他元素的操作。表 5-3 列举了部分常用的数据分析函数。

表 5-3　部分常用的数据分析函数

函数名称	说　明	函数调用格式
cumprod()	计算列元素的累积积	B＝cumprod(A); B＝cumprod(A,dim)
cumsum()	计算列元素的累积和	B＝cumsum(A); B＝cumsum(A,dim)
diff()	计算差分	Y＝diff(X); Y＝diff(X,n); Y＝diff(X,n,dim)
max()	计算列元素的最大值	C＝max(A); C＝max(A,B) C＝max(A,[],dim); [C,I]＝max(...)
mean()	计算列元素的平均值	M＝mean(A); M＝mean(A,dim)
median()	计算列元素的中值,即中位值	M＝median(A); M＝median(A,dim)
min()	计算列元素的最小值	C＝min(A); C＝min(A,B) C＝min(A,[],dim); [C,I]＝min(...)
mode()	计算列元素中出现频率最高的值	M＝mode(X); M＝mode(X, dim)

函数名称	说　　明	函数调用格式
prod()	计算列元素的积	B＝prod(A)；B＝prod(A,dim)
sort()	按照升序对列元素进行排序	B＝sort(A)；B＝sort(A,dim)；B＝sort(…,mode)
sortrows()	按照升序对行记录按照关键字排序	B＝sortrows(A)；B＝sortrows(A,column) [B,index]＝sortrows(A,…)
std()	计算列元素的标准差	s＝std(X)；s＝std(X,flag)；s＝std(X,flag,dim)
sum()	计算列元素的和	B＝sum(A)；B＝sum(A,dim)
var()	计算列元素的方差	V＝var(X)；V＝var(X,1) V＝var(X,w)；V＝var(X,w,dim)

表 5-3 中的 dim 表示计算方向,dim＝1 表示按列元素进行计算,dim＝2 表示按行元素进行计算,dim＝3 表示按页元素进行计算……,默认 dim＝1。

1. cumprod()和 prod()

cumprod()用于计算列元素的累积积,prod 用于计算列元素的乘积,prod 其实就是 cumprod 的最后一行。如果希望计算行元素的累积积或乘积,dim 应设置为 2,此时,prod 就是 cumprod 的最后一列。

【例 5-15】　本例的功能是使用 cumprod()和 prod()函数求乘积。

```
>>A=[1 2 3;4 5 6;2 3 1]
A =
    1    2    3
    4    5    6
    2    3    1
>>B1=cumprod(A)          %计算 A 中列元素的累积积
B1 =
    1    2    3
    4   10   18
    8   30   18
>>B2=cumprod(A,2)        %计算 A 中行元素的累积积
B2 =
    1    2    6
    4   20  120
    2    6    6
>>C1=prod(A)            %计算 A 中列元素的乘积
C1 =
    8   30   18
>>C2=prod(A,2)          %计算 A 中行元素的乘积
C2 =
    6
  120
    6
>>C3=prod(A(:))         %计算 A 中所有元素的乘积
C3 =
  4320
```

提示：不论 A 是二维、三维或更多维的数组，只要希望计算数组 A 中所有元素的乘积，就可以使用 prod(A(:)) 的方式。

2. cumsum() 和 sum()

cumsum() 用于计算列元素的累积和，sum 用于计算列元素的和，sum 其实就是 cumsum 的最后一行。如果希望计算行元素的累积和或和，dim 应设置为 2，此时，sum 就是 cumsum 的最后一列。

【例 5-16】 本例的功能是使用 cumsum() 和 sum() 函数求和。

```
>>A=[1 2 3;4 5 6;2 3 1]
A =
     1     2     3
     4     5     6
     2     3     1
>>B1=cumsum(A)          %计算 A 中列元素的累积和
B1 =
     1     2     3
     5     7     9
     7    10    10
>>B2=cumsum(A,2)        %计算 A 中行元素的累积和
B2 =
     1     3     6
     4     9    15
     2     5     6
>>C1=sum(A)            %计算 A 中列元素的和
C1 =
     7    10    10
>>C2=sum(A,2)          %计算 A 中行元素的和
C2 =
     6
    15
     6
>>C3=sum(A(:))         %计算 A 中所有元素的和
C3 =
    27
```

3. diff()

diff() 用于计算列元素的差分。以 diff(x,n,dim) 为例，当 x 是向量时，将会计算相邻两个元素之间的差分，即 $x_{i+1}-x_i$；当 x 是矩阵时，将会计算第 $i+1$ 行与第 i 行的差分。n 表示进行 n 阶差分，当 $n=2$ 时，相当于 diff(diff(x))。dim 表示计算方向，默认 dim=1，当要计算行元素的差分时，dim=2。

【例 5-17】 本例的功能是使用 diff() 函数计算差分。

```
>>A=[1 2 3;4 5 6;2 3 1]
A =
     1     2     3
     4     5     6
     2     3     1
```

```
>>B1=diff(A)              %计算 A 中列元素的一阶差分
B1 =
      3        3        3
     -2       -2       -5
>>B2=diff(A,2)            %计算 A 中列元素的二阶差分,即 diff(diff(A))
B2 =
     -5       -5       -8
>>C1=diff(A,1,2)          %计算 A 中行元素的一阶差分
C1 =
      1        1
      1        1
      1       -2
>>C2=diff(A,2,2)          %计算 A 中行元素的二阶差分
C2 =
      0
      0
     -3
```

提示：当 diff 中的 n≥dim 时,将返回空矩阵。以数组 A 为例,它的行元素的长度为 3 (每行有 3 个元素),diff(A,3,2)=[]。从 C2 也可看出,已无法再进行 A 中行元素的三阶差分。

4. max() 和 min()

max() 和 min() 的用法完全一样,只是一个计算最大值,一个计算最小值。以 max() 为例,有以下计算。

- max(A)：计算 A 中列元素的最大值。
- C=max(A,B)：将 A 和 B 中的对应元素分别进行比较,把大者赋给 C 中对应元素,A、B、C 同维。
- max(A,[],dim)：按 dim 所指定的方向计算最大值。
- [C,I]=max(…)：不仅返回最大值,而且返回最大值所在的位置。

【例 5-18】 本例的功能是使用 max() 函数计算最大值。

```
>>A=rand(2,3)         %随机产生数组 A
A =
    0.6948    0.9502    0.4387
    0.3171    0.0344    0.3816
>>B=rand(2,3)         %随机产生数组 B
B =
    0.7655    0.1869    0.4456
    0.7952    0.4898    0.6463
>>C=max(A,B)          %数组 A 和数组 B 中的元素分别进行比较,大者赋给 C 中对应元素
C =
    0.7655    0.9502    0.4456
    0.7952    0.4898    0.6463
>>D1=max(C)           %计算 C 中列元素的最大值
D1 =
    0.7952    0.9502    0.6463
>>D2=max(C,[],2)      %计算 C 中行元素的最大值
```

```
D2 =
    0.9502
    0.7952
>>D3=max(C(:))          %计算 C 中的最大值
D3 =
    0.9502
```

5. mean()和 median()

mean()是计算列元素的平均值，median()是计算中值，即把列元素排序后处于正中间位置的元素值。

【例 5-19】 本例的功能是使用 mean()和 median()函数计算平均值和中值。

```
>>A=round(rand(4,5) * 100)   %产生随机数,将其乘以 100 后四舍五入取整
A =
    75    89    15    81    20
    26    96    26    24    25
    51    55    84    93    62
    70    14    25    35    47
>>B1=mean(A)                 %计算 A 中列元素的平均值
B1 =
  55.5000   63.5000   37.5000   58.2500   38.5000
>>B2=mean(A,2)              %计算 A 中行元素的平均值
B2 =
  56.0000
  39.4000
  69.0000
  38.2000
>>C1=median(A)              %计算 A 中列元素的中值,以 A 的第一列为例,共有 4 个元素,
                           %因此取排序后的中间两个数 51 和 70 的平均值 60.5 作为中值
C1 =
  60.5000   72.0000   25.5000   58.0000   36.0000
>>C2=median(A,2)           %计算 A 中行元素的中值,以 A 的第一行为例,共有 5 个元素,
                           %因此取排序后第 3 个元素值 75 作为中值
C2 =
    75
    26
    62
    35
```

6. mode()

mode()返回列元素中出现频率最高的元素值，如果存在频率相同的情况，返回最小的元素值。

【例 5-20】 本例的功能是使用 mode()返回出现频率最高的元素值。

```
>>A = [3 3 1 4; 0 0 1 1; 0 1 2 4]
A =
    3    3    1    4
    0    0    1    1
    0    1    2    4
```

```
>>B1=mode(A)                    %计算 A 中列元素里出现频率最高的元素值
                                %第 2 列中,所有元素出现频率一样,因此返回最小值
B1 =
     0     0     1     4
>>B2=mode(A,2)                  %计算 A 中行元素里出现频率最高的元素值
B2 =
     3
     0
     0
```

7. sort( )和 sortrows( )

sort( )函数默认对列元素进行升序排列,并返回排序结果;sortrows( )函数则是把每一行都作为一条记录,默认根据第 1 列对行记录进行升序排列,并返回排序结果。

【例 5-21】　本例的功能是使用 sort( )和 sortrows( )函数分别对数据和行记录进行排序。

```
>>A =[95    45    92    41    13     1    84;
      95     7    73    89    20    74    52;
      95     7    73     5    19    44    20;
      95     7    40    35    60    93    67;
      76    61    93    81    27    46    83;
      76    79    91     0    19    41     1];
>>B1=sort(A)                    %对 A 中的每一列元素都进行升序排列
B1 =
      76     7    40     0    13     1     1
      76     7    73     5    19    41    20
      95     7    73    35    19    44    52
      95    45    91    41    20    46    67
      95    61    92    81    27    74    83
      95    79    93    89    60    93    84
>>B2=sort(A,2,'descend')       %对 A 中的每一行元素进行降序排列
B2 =
      95    92    84    45    41    13     1
      95    89    74    73    52    20     7
      95    73    44    20    19     7     5
      95    93    67    60    40    35     7
      93    83    81    76    61    46    27
      91    79    76    41    19     1     0
>>C1=sortrows(A)               %将 A 中的每一行作为一条记录,按第 1 列进行升序排列
C1 =
      76    61    93    81    27    46    83
      76    79    91     0    19    41     1
      95     7    40    35    60    93    67
      95     7    73     5    19    44    20
      95     7    73    89    20    74    52
      95    45    92    41    13     1    84
>>C2=sortrows(A,[2 7])         %按第 2 列和第 7 列对行记录进行升序排列
C2 =
      95     7    73     5    19    44    20
      95     7    73    89    20    74    52
```

95	7	40	35	60	93	67
95	45	92	41	13	1	84
76	61	93	81	27	46	83
76	79	91	0	19	41	1

```
>>C3=sortrows(A,-3)          %按照第 3 列对行记录进行降序排列,负号表示降序
C3 =
```

76	61	93	81	27	46	83
95	45	92	41	13	1	84
76	79	91	0	19	41	1
95	7	73	89	20	74	52
95	7	73	5	19	44	20
95	7	40	35	60	93	67

8. std()和 var()

std()和 var()函数分别计算列元素的标准差和方差,标准差的平方就是方差。

对于 s=std(X,flag,dim),flag=0 时表示返回 X 的标准差,flag=1 时表示返回 X 的标准偏差。标准差和标准偏差是两个不同的概念,它们的表达式的系数不同,标准差的系数是 $1/(n-1)$,而标准偏差的系数是 $1/n$。

对于 var(X,w,dim),w 是权值,w 要么与 dim 相同,且所有的权值非负;要么为 0 或 1。

【例 5-22】 本例的功能是使用 std()和 var()函数计算标准差和方差。

```
>>X = [4 -2 1; 9 5 7]
X =
     4    -2     1
     9     5     7
>>B1=std(X,0,1)              %计算列元素的标准差
B1 =
    3.5355    4.9497    4.2426
>>B2=std(X,0,2)              %计算行元素的标准差
B2 =
    3
    2
>>C1=var(X,0,1)             %计算列元素的方差,方差是标准差的平方
C1 =
  12.5000   24.5000   18.0000
>>C2=var(X,0,2)             %计算行元素的方差,方差是标准差的平方
C2 =
    9
    4
```

5.4.2 协方差和相关系数

1. 协方差

cov()用于计算协方差,cov(X,Y)=E{[X−E(X)][Y−E(Y)]}。

(1) C=cov(x):若 *x* 是向量,返回 *x* 的方差;若 *x* 是矩阵,则返回协方差矩阵 *C*,*C* 与 *x* 同维。计算协方差时,把 *x* 矩阵的每一行作为一个观察值,以每一列作为一个变化值。事实上,协方差矩阵 *C* 的对角线元素对应的就是 *x* 中每一列的方差。

（2）C＝cov(x,y)：计算向量 *x* 和向量 *y* 的协方差，*x* 和 *y* 同维。如果 *x* 和 *y* 是矩阵，将会首先把 *x* 和 *y* 看成若干对列向量，然后分别计算协方差。

2. 相关系数

corrcoef()用于计算向量 X 和向量 Y 的相关系数，$\rho_{xy}=\dfrac{\text{cov}(X,Y)}{\sqrt{D(X)}\sqrt{D(Y)}}$，$\rho_{xy}\leqslant 1$。$\rho_{xy}$ 是一个无量纲的量，$|\rho_{xy}|$ 越大，表示 X 和 Y 的线性相关程度越好。特别地，$\rho_{xy}=1$ 时，表示 X 和 Y 以概率 1 存在着线性关系；$\rho_{xy}=0$ 时，表示 X 和 Y 线性不相关。

（1）R＝corrcoef(x)：以矩阵 *x* 的每一行作为一个观察值，以每一列作为一个变化值，求各行之间的相关系数。

（2）R＝corrcoef(x,y)：计算向量 *x* 和向量 *y* 的相关系数，*x* 和 *y* 同维。如果 *x* 和 *y* 是矩阵，将会首先把 *x* 和 *y* 看成若干对列向量，然后分别计算相关系数。

（3）[R,p]＝(…)：p 是评价指标，若 $p(i,j)<0.05$，表明 $R(i,j)$ 很重要，对应的线性相关性好。

【例 5-23】　本例的功能是使用 cov()和 corrcoef()函数计算协方差和相关系数。

```
>>B=[1 4 2;-3 1 2;5 2 1];
>>V=var(B)
V =
   16.0000    2.3333    0.3333
>>C=cov(B)
C =
   16.0000    2.0000   -2.0000
    2.0000    2.3333    0.1667
   -2.0000    0.1667    0.3333
>>x = randn(20,5);           %产生随机数
>>x(:,5)=sum(x,2);           %让 x 的第 5 列变成所有行元素的和,以产生线性相关性
>>[r,p]= corrcoef(x)         %计算相关系数
r =
    1.0000   -0.0405   -0.3209    0.0146    0.2222
   -0.0405    1.0000   -0.0915   -0.4085    0.0193
   -0.3209   -0.0915    1.0000    0.2653    0.6504
    0.0146   -0.4085    0.2653    1.0000    0.4705
    0.2222    0.0193    0.6504    0.4705    1.000
p =
    1.0000    0.8654    0.1677    0.9512    0.3464
    0.8654    1.0000    0.7012    0.0737    0.9356
    0.1677    0.7012    1.0000    0.2583    0.0019
    0.9512    0.0737    0.2583    1.0000    0.0363
0.3464    0.9356    0.0019    0.0363    1.0000
>>[i,j]=find(p<0.05)         %x 中的第 3 列和第 5 列,第 4 列和第 5 列的线性相关性较好
i =
    5
    5
    3
    4
```

```
j =
    3
    4
    5
    5
```

5.5 概 率 统 计

概率统计是现代数学的一个重要分支,以下对常用的函数进行介绍。

5.5.1 随机变量的分布与数字特征

随机变量有多种分布方式,包括离散随机变量的分布和连续随机变量的分布,MATLAB 提供了对应于不同分布的概率统计函数,它们的函数结尾有共同的规律,以方便记忆和使用。

随机变量的数字特征主要包括期望、方差、协方差和相关系数等。

- 函数以 cdf 结尾,表示产生分布函数 $F(x)$。
- 函数以 inv 结尾,表示 $x = F^{-1}(p)$。
- 函数以 rnd 结尾,表示产生随机数或矩阵 x。
- 函数以 pdf 结尾,表示产生概率密度函数 $p(x)$。
- 函数以 stat 结尾,表示计算 $p(x)$ 的期望和方差。

现以超几何分布为例,介绍有关的概率统计函数,其他分布下的概率统计函数的使用方法与此完全相同。

对于超几何分布 $H(x, M, K, N)$,其概率密度函数为 $p(x) = \dfrac{\dbinom{K}{x}\dbinom{M-K}{N-x}}{\dbinom{M}{N}}$。表 5-4 列举了超几何分布下的概率统计函数。

表 5-4　超几何分布下的概率统计函数

函　　　数	说　　　明
P＝hygecdf(X,M,K,N)	总共有 M 件产品,其中有 K 件次品,现随机抽取 N 件检查,计算发现次品不多于 X 件的概率 P
X＝hygeinv(P,M,K,N)	总共有 M 件产品,其中有 K 件次品,现随机抽取 N 件检查,并指定 P 值,计算符合 hygecdf(X,M,K,N)≥P 的最小的 X 值
P＝hygepdf(X,M,K,N)	总共有 M 件产品,其中有 K 件次品,现随机抽取 N 件检查,计算刚好发现 X 件次品的概率 P
R＝hygernd(M,K,N,row,col)	在已知 M, K, N 的情况下,产生符合条件的 row×col 维随机矩阵 R
[MN,V]＝hygestat(M,K,N)	已知 M, K, N 的情况下的期望 MN 和方差 V

注:表中的 M、K、N、X 必须同维(或标量),若有的参数是标量,计算时会将标量扩展成同维的向量。

【例 5-24】　本例的功能是进行超几何分布下的概率统计。

任务：已知共有 1000 件产品，其中有 10 件次品，现随机抽取 50 件进行检查。

（1）要求发现次品不多于 3 件的概率；

（2）刚好发现 2 件次品的概率；

（3）如果指定概率为 0.99，计算符合条件的 X 的最小值。

```
>>p1=hygecdf(3,1000,10,50)          %次品不多于 3 件的概率
p1 =
    0.9991
>>p2=hygepdf(2,1000,10,50)          %刚好发现 2 件次品的概率
p2 =
0.0743
>>x=hygeinv(0.99,1000,10,50)        %x 最小为 3，即发现次品不超过 3 件的概率大于 0.99
x =
    3
```

表 5-5 列举了常用分布下的概率统计函数。

表 5-5　常用分布下的概率统计函数

随机变量的分布	概率密度函数	相关概率统计函数
二项分布 $X \sim B(n,p)$	$p(x)=\binom{n}{x}p^{x}(1-p)^{n-x}, x=0,1,2,\cdots,n$	binocdf、binoinv、binopdf、binornd、bionstat、binofit 是参数估计函数（参见 5.5.2 节）
泊松分布 $X \sim P(\lambda)$	$p(x)=\dfrac{\lambda^{x}}{x!}\mathrm{e}^{-\lambda}, x=0,1,2\cdots$	poisscdf、poissinv、poisspdf、poissrnd、poisstat、poissfit 是参数估计函数
正态分布 $X \sim N(\mu,\sigma^{2})$	$p(x)=\dfrac{1}{\sigma\sqrt{2\pi}}\mathrm{e}^{\frac{-(x-\mu)^{2}}{2\sigma^{2}}}$	normcdf、norminv、normpdf、normrnd、normstat 这 5 个函数的输入参数是 (μ,σ)，normfit 是参数估计函数
指数分布 $X \sim \exp(\mu)$	$p(x)=\dfrac{1}{\mu}\mathrm{e}^{\frac{-x}{\mu}}$	expcdf、expinv、exppdf、exprnd、expstat、expfit 是参数估计函数
均匀分布 $X \sim U(a,b)$	$p(x)=\begin{cases}\dfrac{1}{b-a},& a<x<b\\ 0,& \text{其他}\end{cases}$	unifcdf、unifinv、unifpdf、unifrnd、unifstat、uniffit 是参数估计函数
Γ 分布 $X \sim G(a,b)$	$p(x)=\dfrac{1}{b^{a}\Gamma(a)}x^{a-1}\mathrm{e}^{\frac{-x}{b}}$	gamcdf、gaminv、gampdf、gamrnd、gamstat、gamfit 是参数估计函数
χ^{2} 分布 $X \sim C(v)$	$p(x)=\dfrac{x^{(v-2)/2}\mathrm{e}^{-x/2}}{x^{v/2}\Gamma(v/2)}$	chi2cdf、chi2inv、chi2pdf、chi2rnd、chi2stat

【例 5-25】　本例的功能是进行二项分布下的概率统计。

任务：抛硬币时，正面朝上的概率为 0.5。现有人抛 100 次硬币，正面朝上的次数为 x。

（1）$x=40$ 的概率；

（2）正面朝上次数不多于 40 次的概率；

（3）绘制概率密度图和分布函数图。

```
>>p1=binopdf(40,100,0.5)            %正面朝上次数为 40 的概率
p1 =
    0.0108
>>p2=binocdf(40,100,0.5)            %正面朝上次数≤40 的概率
```

```
p2=
    0.0284
>>x=0:100;                    %x的可能取值从 0 到 100,间隔为 1
>>px=binopdf(x,100,0.5);      %概率密度函数 p(X=x)
>>fx=binocdf(x,100,0.5);      %分布函数 F(X≤x)
>>plot(x,px,'r * ',x,fx,'go'); %绘制两条曲线
```

运行结果如图 5-8 所示。抛 100 次,其中正面朝上 50 次的概率最大,并且分布函数是不减的。

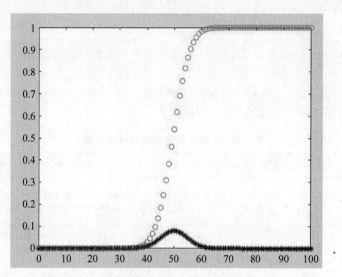

图 5-8　二项分布的概率密度与分布函数示例

【例 5-26】 本例的功能是进行正态分布下的概率统计。

任务:在某一储存液体的容器里放置了一个温度计,液体的温度为 X,且 $X \sim N(d,0.5^2)$。

(1) 若 $d=80$,求 $p(X<79)$。

(2) 绘制概率密度图和分布函数图。

(3) 若要保持液体的温度至少为 70℃的概率不低于 0.99,d 至少为多少?

```
>>p1=normcdf(79,80,0.5)       %使用分布函数
p1 =
   0.0228
>>x=78:0.05:82;               %绘制概率密度图和分布函数图
>>px=normpdf(x,80,0.5);
>>fx=normcdf(x,80,0.5);
>>plot(x,px,'r * ',x,fx,'go');
>>legend('概率密度','分布函数');
>>d=norminv(0.99,70,0.5)      %在指定概率情况下,计算 d 值
d =
   71.1632
>>1-normcdf(70,71.1632,0.5)   %验证:在 d=71.1632 时的 p(X≥70)=1-p(X<70)
ans =
   0.9900
```

运行结果如图 5-9 所示。当 $x=d$ 时,概率最大。

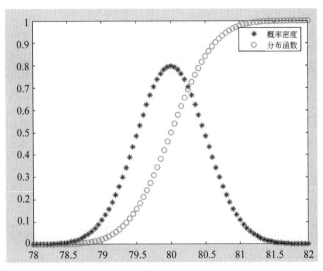

图 5-9　正态分布的概率密度与分布函数示例

5.5.2　参数估计

表 5-5 中列出了常用分布的参数估计函数,它们都以 fit 作为函数的结尾。MATLAB
还提供了通用的参数估计函数 mle(),它返回数据的最大似然估计,其调用格式为

```
[phat pci]= mle(data,'distribution',dist, 'alpha',a, 'ntrials',n)
```

其中:

- phat 是最大似然估计值,pci 是置信区间。
- data 是要进行参数估计的数据。
- dist 是数据的分布类型,如'norm'表示正态分布,'bino'表示二项分布。
- a 是 0~1 的一个数,100(1-a)% 就是置信度,默认 a=0.05,即置信度为 95%。
- n 是进行估计的次数。

【例 5-27】　本例的功能是进行二项分布下的参数估计。

任务:从一大批产品中抽检了 100 个样品,其中一级品有 70 个,计算这批产品的一级
品率,要求置信度为 95%。

解题思路:这是二项分布,既可以使用 binofit()函数,也可以使用 mle()函数进行参数
估计。

```
>>a=0.05;                      %置信度为 95%
>>N=100;                       %样品总数
>>x=70;                        %一级品数
>>[phat1,pci1] = binofit(x,N)  %使用 binofit()函数进行参数估计
phat1 =                        %一级品率为 70%
    0.7000
pci1 =                         %置信区间为(0.6002, 0.7876)
    0.6002    0.7876
>>[phat pci]=mle('bino',x,a,N) %使用 mle()函数进行参数估计
```

```
phat =
    0.7000
pci =
    0.6002
    0.7876
```

5.5.3 假设检验

假设检验问题是统计推断的另一类重要问题,当总体的分布函数完全未知,或只知其形式而不知其参数时,为了能够推断出总体的某些性质,需要提出假设并进行检验。表 5-6 中列出了常用的假设检验函数。

表 5-6 常用的假设检验函数

适 用 范 围	主要调用格式
单正态总体均值的假设检验,已知方差	[h,p,ci]＝ztest(x,m,sigma,alpha,tail,dim)
单正态总体均值的假设检验,未知方差	[h,p,ci]＝ttest(x,m,alpha,tail,dim)
双正态总体均值的假设检验,未知方差	[h,p,ci]＝ ttest2(x,y,alpha,tail,vartype,dim)
比较两个不知道确切分布的总体均值是否一致	[p,h]＝ranksum(x,y,'alpha',alpha)
检验一个样本是否符合正态分布	[h,p]＝kstest(x,CDF,alpha,type)
比较两个样本是否具有相同的连续分布	[h,p]＝kstest2(x1,x2,alpha,type)
检验样本是否具有某种连续分布(适合小样本)	[h,p]＝jbtest(x,alpha)
检验样本是否具有某种连续分布(适合大样本)	[h,p] ＝lillietest(x,alpha)

说明:
- h 表示推断结果,h＝0 表示接受假设,h＝1 表示拒绝假设。
- p 为假设成立的概率,ci 为置信区间。
- x 为样本数据,m 为样本的均值,sigma 为标准差。
- alpha 用于设置置信度,置信度为 $100(1-alpha)\%$,默认为 0.05,即置信度为 95%。
- tail 有三个选项,'both'表示双边检验,'left'表示左边检验,'right'表示右边检验。
- 当 x 是多维时,dim 表示计算方向,默认是按列元素进行计算。
- vartype 是备选项,有两个选项,'equal'表示备选假设与原假设均值相等,'unequal'表示两个假设的均值不相等。
- CDF 是假设的分布状况,要将 x 与 CDF 进行比较,检验 x 是否与 CDF 具有同样的分布。默认 CDF 是标准正态分布。
- type 是备选项,用于设置备选 cdf 与 CDF 数据的关系,有'unequal'、'larger'和'smaller'三种,默认是'unequal'。

【例 5-28】 本例的功能是进行两个样本总体的一致性检验。

任务:某厂有两台机床,加工同一种轴承,1 号机床生产的轴承直径的抽检结果为[100 100 100 100.01 99.99],2 号机床生产的轴承直径的抽检结果为[100.01 100.02 100 99.98 99.99]。在 $a＝0.05$ 下检验两台机床生产的轴承直径的一致性。

```
>>a=[100 100 100 100.01 99.99];
>>b=[100.01 100.02 100 99.98 99.99];
>>[p,h]=ranksum(a,b,0.05)          %MATLAB 总是假设两个样本总体具有一致性
p =
    1                              %一致性的概率为 1
h =                                %两个样本总体具有一致性
    0
>>aa=[12 13 13 14 12 14 12 15 15]; %换一组数据
>>bb=[11 12 10 9 11 12 13 10 10];
>>[p,h]=ranksum(aa,bb,0.05)        %检验 aa 和 bb 的一致性
p =                                %两个样本总体具有一致性的概率为 0.0021,很低
    0.0021
h =                                %拒绝假设,两个样本总体不具备一致性
    1
```

【例 5-29】　本例的功能是进行单正态总体均值的假设检验。

任务：某品牌灯泡的寿命标准是不小于 2000 小时。现随机从一批灯泡中抽取 10 只，其寿命分别为 1789,2011,1980,1845,1923,1974,1824,1897,1780,2020。假设灯泡的寿命服从正态分布,这批灯泡是否符合出厂标准($a=0.05$)？

```
>>a=[1789,2011,1980,1845,1923,1974,1824,1897,1780,2020];
>>[h,p,ci]=ttest(a,2000)          %进行检验,MATLAB 默认假设符合正态分布
h =                               %拒绝假设,这批灯泡不符合出厂标准
    1
p =                               %符合假设的概率太低
    0.0088
ci =                              %置信区间为 (1839.2, 1969.4)
  1.0e+003 *
    1.8392    1.9694
>>b=[2020,2001,1997,1980,2001,1988,1986,2000,1990,1982];   %换一组数据
>>[h,p,ci]=ttest(b,2000)
h =                               %接受假设,灯泡符合出厂标准
    0
p =
    0.1776
ci =
  1.0e+003 *
    1.9860    2.0030
```

5.5.4　方差分析

1. 单因素方差分析

anova1()函数用于进行单因素的方差分析,其调用格式为

```
(1) p = anova1(X);
(2) p = anova1(X,group);
(3) p = anova1(X,group,displayopt);
(4) [p,table,stats]=anova1(…)。
```

其中：

- X是样本,每列为一个独立的样本观测值,p为X的各列具有相等均值的概率,p越接近0(如p小于0.05或0.01),表示越质疑原假设,即X中的各列其实不具备相等的均值,从而表示因素的影响很显著。
- group是与X对应的字符或字符串,用来声明X中每一列数字的名字或含义,可以省略。
- displayopt表示参数,'on'表示显示图,'off'表示隐藏图。
- table返回的是方差分析表,包括6列信息,如平方和、均方和概率等。
- stats返回的是一个附加的统计数据结构体。

【例5-30】 本例的功能是进行单因素的方差分析。

任务：某厂采用3种不同的工艺制作灯泡,并进行不同工艺下的寿命试验,得到数据如表5-7所示,计算工艺对灯泡的寿命有无显著影响($a=0.05$)。

表5-7 某厂灯泡在不同工艺下的寿命数据

试验批次	工 艺		
	A1	A2	A3
1	1890	1975	1976
2	1928	1934	2001
3	1911	1943	1921

```
>>X=[1890 1975 1976;1928 1934 2001;1911 1943 1921];
>>p=anova1(X)          %不同工艺对灯泡的寿命影响不显著
p =
    0.1218
```

ANOVA表和方差分析图如图5-10所示。

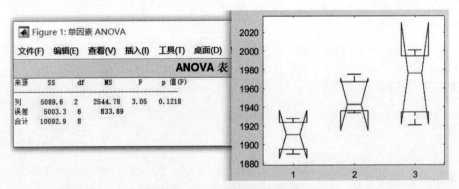

图5-10 单因素的方差分析

2. 双因素方差分析

anova2()函数用于进行双因素的方差分析,其调用格式为

```
(1) p = anova2(X,reps)
(2) p = anova2(X,reps,displayopt)
```

```
(3) [p,table] = anova2(…)
(4) [p,table,stats] = anova2(…)
```

anova2 的参数含义与 anova1 的完全相同,只是此时数据 X 的列向量表示因素 1 的差异,行向量表示因素 2 的差异,reps 表示每一状态下实验的次数。

【例 5-31】 本例的功能是进行双因素的方差分析。

任务：MATLAB 自带一个 popcorn.mat 文件,它如下所示：每一列分别代表一个品牌的爆米花,每一行代表一种爆米花的制作方法(oil 或 air),同一种制作方法有三个样本。表中的数据表示一个杯子可以装的制作好的爆米花个数。据此,可以分析品牌和制作方法对杯装爆米花个数的影响。

```
品牌 1    品牌 2    品牌 3
5.5000    4.5000    3.5000 ⎫
5.5000    4.5000    4.0000 ⎬  oil popper type
6.0000    4.0000    3.0000 ⎭
6.5000    5.0000    4.0000 ⎫
7.0000    5.5000    5.0000 ⎬  air popper type
7.0000    5.5000    4.5000 ⎭
>>load popcorn;              %导入数据
>>p=anova2(popcorn,3)       %每种制作方法提供三个样本
p =
    0.0000    0.0001    0.7462
```

ANOVA 表如图 5-11 所示,可以发现 Columns 的概率为 0,表示不同品牌具有相等均值的概率为 0,说明品牌对数据的影响非常大。同时,Rows 的概率也很低(<0.05),表明制作方法对数据的影响也非常大。但并没有证据表明两种因素的交互作用对数据具有影响,因为 Interaction 的概率为 0.7462,说明交互作用对数据的影响不大。

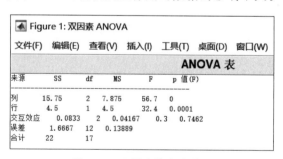

图 5-11　双因素的方差分析

5.6　数　值　积　分

5.6.1　一元函数的数值积分

1. integral()

integral() 的调用格式为

```
(1) q = integral(fun, x_min, x_max)
(2) q = integral(fun, x_min, x_max, Name, Value)
```

其中,fun 是要积分的函数,x_{min} 和 x_{max} 积分的上下限,Name 和 Value 是相关属性和数值,如可以设置相对误差和绝对误差等。

【例 5-32】 本例的功能是计算 $\int_0^1 \dfrac{4x^2}{x^3+x^2-6}\mathrm{d}x$ 的数值积分。

```
>>fun=@(x)(4*x.^2./(x.^3+x.^2-6));        %可以用匿名函数实现函数功能
>>c1=integral(fun,0,1)
c1 =
   -0.2756
>>c2=integral(@myfun,0,1)        %可以编写函数文件,再进行函数调用(参见图5-12)
c2 =
   -0.2756
```

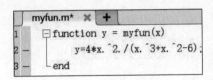

```
myfun.m*  ×  +
1    □function y = myfun(x)
2 -      y=4*x.^2./(x.^3+x.^2-6);
3 -   └end
```

图 5-12   基于函数文件进行积分

2. trapz( )

trapz( )采用的是梯形法进行积分,其调用格式为

> (1) Z = trapz(Y):用等距梯形法近似计算 Y 的积分,若 Y 是矩阵,则对列元素计算积分。
> (2) Z = trapz(X,Y):用梯形法计算 Y 在 X 点上的积分。
> (3) Z = trapz(…,dim):可指定计算方向,若要对行元素进行积分,dim 应为 2。

【例 5-33】 本例的功能是计算 $\int_0^1 \dfrac{4x^2}{x^3+x^2-6}\mathrm{d}x$ 的数值积分。

```
>>x=0:0.05:1;              %x 的间隔为 0.05
>>y=4*x.^2./(x.^3+x.^2-6);
>>T1=trapz(x,y)            %改变 x 的间隔,精度会提高
T1 =
   -0.2762
>>x=0:0.01:1;              %x 的间隔变为 0.01
>>y=4*x.^2./(x.^3+x.^2-6);
>>T2=trapz(x,y)
T2 =
   -0.2756
```

5.6.2   二元函数的数值积分

二元函数的数值积分可表示为

$$I = \int_a^b \int_c^d f(x,y)\mathrm{d}x\mathrm{d}y$$

MATLAB 提供的 integral2( )函数和 quad2d( )函数可直接计算出上述二元函数的数值积分。

integral2( )函数的调用格式为

```
(1) q = integral2 (fun, x_min, x_max, y_min, y_max)
(2) q = integral2 (fun, x_min, x_max, y_min, y_max, Name, Value)
```

quad2d 的调用格式为

```
(1) q = dblquad(fun, a, b, c, d)
(2) q = quad2d(fun, a, b, c, d, Name, Value)
```

【例 5-34】　本例的功能是计算 $\int_{\pi}^{2\pi}\int_{0}^{\pi} y\sin(x)+x\cos(y)\mathrm{d}x\mathrm{d}y$ 的数值积分。

```
>>fun=@(x,y) y.*sin(x)+x.*cos(y);          %利用匿名函数实现函数功能
>>Q1= integral2 (fun,pi,2*pi,0,pi)         %使用 integral2() 函数
Q1 =
  -9.8696
>>Q2=quad2d(fun,pi,2*pi,0,pi)              %使用 quad2d() 函数
Q2 =
  -9.8696
>>fun2=inline('y.*sin(x)+x.*cos(y)')       %使用 inline() 实现函数功能
>>Q3= integral2 (fun,pi,2*pi,0,pi)
Q3 =
  -9.8696
>>Q4=quad2d(fun,pi,2*pi,0,pi)
Q4 =
  -9.8696
```

5.7　数　值　微　分

MATLAB 并没有直接提供可以计算微分的函数,但可以用多项式求导函数 polyder()
(参见 5.1.3 节)和差分函数 diff()(参见 5.4.1 节)实现数值微分。

【例 5-35】　本例的功能是计算 $\dfrac{4x^2}{x^3+x^2-6}$ 的数值微分。

解题思路:

(1) 首先进行多项式拟合,然后对拟合的多项式进行求导,再得到相应的导数值,以实现微分功能。

(2) 利用差分函数进行微分。

(3) 为了能对比计算的精度,再人工对原函数进行求导,并求得相应导数值。

```
>>x=0:0.01:1.2;                       %x 的间隔为 0.01
>>y=4*x.^2./(x.^3+x.^2-6);            %获得相应的函数值
>>p=polyfit(x,y,5);                   %利用 x 和 y 进行五阶多项式拟合
>>dp=polyder(p);                      %对拟合好的多项式进行求导
>>dpx=polyval(dp,x);                  %得到相应的导数值
>>fun=@(x)(4*x.^2./(x.^3+x.^2-6));    %用匿名函数实现原型函数
>>funx=diff(fun([x max(x)+0.01]))/0.01;  %用前向差分 f'(x)=(f(x0+h)-f(x0))/h
                                      %计算一阶导数
                                      %由于一阶差分的维数要比原有函数少一维
                                      %因此需要补一个 max(x)+h,即[x 1.01],
```

```
                                                       %h=0.01
>>f=@(x)8*x./(x.^3+x.^2-6)-4*x.^2.*(3*x.^2+2*x)./(x.^3+x.^2-6).^2;
                                                       %实际的一阶导数
>>fx=f(x);                                         %利用一阶导数公式计算出真实的导数值
>>plot(x,fx,'ro',x,dpx,'b*',x,funx,'ks');         %绘制三条曲线
>>legend('解析求导','多项式求导','差分求导');
```

运行结果如图 5-13 所示,差分求导的计算结果与解析结果非常接近,由于多项式求导需要经过曲线拟合,因此拟合后得到的导数值与解析结果相比有较大误差。

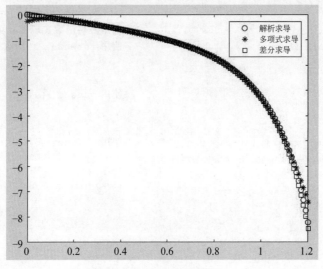

图 5-13   计算数值微分

5.8   方 程 的 解

5.8.1   线性方程组的解

1. 齐次线性方程组的解

对于齐次线性方程组 $AX=0$ 而言,可以由系数矩阵 A 的秩来判断是否有解。

(1) 如果 rank(A)$=n$,n 是方程组中未知量的个数,则方程组只有零解。

(2) 如果 rank(A)$<n$,则方程组有无穷解。

可以用 rank() 函数来求 A 的秩,当 rank(A)$<n$ 时,再用 rref() 函数得到 A 的最简行矩阵,并由最简行矩阵直接获得方程组的通解。

【例 5-36】   本例的功能是计算 $\begin{cases} x_1+2x_2-3x_3=0 \\ 2x_1-x_2+2x_3=0 \\ x_1+x_2+3x_3=0 \end{cases}$ 的解。

```
>>A=[1 2 -3; 2 -1 2;1 1 3];
>>rank(A)
ans =
   3
```

由于 rank(A)＝3，与方程组中未知量的个数相同，因此该方程组只有零解。

【例 5-37】　本例的功能是计算 $\begin{cases} x_1+2x_2+x_3=0 \\ x_1+x_2+2x_3=0 \\ 2x_1+5x_2+x_3=0 \end{cases}$ 的解。

```
>>A=[1 2 1;1 1 2;2 5 1];
>>r=rank(A)          %计算 A 的秩
r =                  %r<3,表明方程组有无穷解
    2
>>R=rref(A)          %计算 A 的最简行矩阵
R =
    1  0 : 3
    0  1 : -1
    0  0 : 0
```

显然，x_3 是自由未知量，令 $x_3=k$，则可得方程组的解为 $[-3k,k,k]^{\mathrm{T}}$。

2. 非齐次线性方程组的解

对于非齐次线性方程组 $AX=b$ 而言，方程组是否有解的充要条件为 rank(A)＝rank($[A\ b]$)。令 $B=[A\ b]$，B 称为增广矩阵。

（1）如果 rank(A)＝rank(B)＝n，n 是方程组中未知量的个数，则方程组有唯一解。

（2）如果 rank(A)＝rank(B)＜n，则方程组有无穷解。此时可利用 A 的最简行矩阵得到方程组的通解。

（3）如果 rank(A)＜rank(B)，则方程组无解。

【例 5-38】　本例的功能是计算 $\begin{cases} x_1-2x_2+3x_3-x_4=2 \\ 3x_1-x_2+5x_3-3x_4=1 \\ 2x_1+x_2+2x_3-2x_4=3 \end{cases}$ 的解。

```
>>A=[1 -2 3 -1;3 -1 5 -3;2 1 2 -2];
>>b=[2;1;3];
>>B=[A b];
>>ra=rank(A)
ra =
    2
>>rb= rank(B)
rb =
    3
```

由于 rank(A)＜rank(B)，因此方程组无解。

【例 5-39】　本例的功能是计算 $\begin{cases} x_1+x_2-3x_3-x_4=1 \\ 3x_1-x_2-3x_3+4x_4=4 \\ x_1+5x_2-9x_3-8x_4=0 \end{cases}$ 的解。

```
>>A=[1 1 -3 -1;3 -1 -3 4;1 5 -9 -8];
>>b=[1;4;0];
>>B=[A b];
>>ra=rank(A)
ra =
```

```
        2
>>rb=rank(B)
rb =                        %rank(A)=rank(B)<4,因此方程组有无穷解
        2
>>format rat              %用有理数的形式显示数据
>>R=rref(B)
     1    0    -3/2    3/4    5/4
     0    1    -3/2   -7/4   -1/4
     0    0     0      0      0
```

根据 **B** 的最简行矩阵 **R**,发现 x_3 和 x_4 是自由未知量,令 $x_3=k_1,x_4=k_2$,可得方程组

的通解为 $\begin{pmatrix} x_1 \\ x_2 \\ x_3 \\ x_4 \end{pmatrix}=k_1\begin{pmatrix} 3/2 \\ 3/2 \\ 1 \\ 0 \end{pmatrix}+k_2\begin{pmatrix} -3/4 \\ 7/4 \\ 0 \\ 1 \end{pmatrix}+\begin{pmatrix} 5/4 \\ -1/4 \\ 0 \\ 0 \end{pmatrix}$。

提示：rat 表示用有理分式近似地表示实数,这种表示方式有时是很有必要的,它更能准确地表示数据结果。

【例 5-40】 本例的功能是计算 $\begin{cases} x_1+x_2-3x_3=1 \\ 3x_1-x_2-3x_3=4 \\ x_1+5x_2+2x_3=2 \end{cases}$ 的解。

```
>>A=[1 1 -3;3 -1 -3;1 5 2];
>>b=[1;4;2];
>>B=[A b];
>>ra=rank(A)
ra =
        3
>>rb=rank(B)              %rank(A)=rank(B)=3,方程组有唯一解
rb =
        3
>>x=inv(A)*b             %AX=b,X=A-1b
x =
    1.5227
    0.0227
    0.1818
```

5.8.2 非线性方程的解

非线性方程的标准形式是 $f(x)=0$,MATLAB 提供了 fzero()函数实现非线性方程的求解。fzero()函数的调用格式为

(1) x = fzero(fun,x₀)：fun 是非线性方程,如果 x₀ 是标量,将在 x₀ 附近求解;如果 x₀ 是区间,如[a,b],则要求 fun(a)和 fun(b)的值必须符号相反,否则系统会提示出错。这是为了确保在[a,b]内一定能找到 fun(x)=0 的解。

(2) x = fzero(fun,x₀,options)：options 是结构体选项,可设置 FunvalCheck、Display 和 Output 等参数。以 Display 为例,'iter'表示显示每次迭代的计算值,而'Final'只显示最终结果。

(3) [x,fval] = fzero(…)：fval 返回的是 fun 在 x 点的值。

【例 5-41】　本例的功能是计算 $x^2-x-6=0$ 的解。

```
>>fun=@(x)x.^2-x-6;        %用匿名函数实现非线性方程
>>x=fzero(fun,2)           %在 2 附近找零解
x =
    3.0000
```

5.8.3　非线性方程组的解

非线性方程组的标准形式是 $f(\boldsymbol{x})=\boldsymbol{0}$，其中，$\boldsymbol{x}$ 是向量，$f(\boldsymbol{x})$ 是函数向量。MATLAB 提供了 fsolve() 函数实现非线性方程组的求解。fsolve() 函数的调用格式为

```
(1)x = fsolve(fun,x₀)
(2)x = fsolve(fun,x₀,options)
(3)[x,fval] = fsolve(fun,x₀)
```

fsolve() 函数的参数含义与 fzero() 函数的一样，此处不再介绍。

【例 5-42】　本例的功能是计算 $\begin{cases} 2x_1-x_2=\mathrm{e}^{-x_1} \\ -x_1+2x_2=\mathrm{e}^{-2x_2} \end{cases}$ 的解。

解题思路：

（1）将方程组转为标准形式 $\begin{cases} 2x_1-x_2-\mathrm{e}^{-x_1}=0 \\ -x_1+2x_2-\mathrm{e}^{-2x_2}=0 \end{cases}$

（2）设置 x_0 的初值，如 $[-5;-5]$，表示两个未知量 x_1 和 x_2 的初值都是 -5。

（3）编写函数文件，实现方程组。

```
function y=fun5_42(x)
y=[2*x(1)-x(2)-exp(-x(1));-x(1)+2*x(2)-exp(-2*x(2))];
>>x0=[-5;-5];
>>x=fsolve(@fun5,x0)
Equation solved.

fsolve completed because the vector of function values is near zero
as measured by the value of the function tolerance, and
the problem appears regular as measured by the gradient.

<stopping criteria details>

x =
    0.5263
    0.4617
```

5.8.4　无约束最优化问题

所谓最优化问题，就是找出使得目标函数达到最小或最大的自变量值的方法。最优化问题可以分为无约束最优化和有约束最优化。

无约束最优化问题是最简单的一类最优化问题，它的数学描述为

$$\min_x f(\boldsymbol{x})$$

其中，$x=[x_1,x_2,\cdots,x_n]^T$ 称为优化变量，$f(x)$ 称为目标函数，该数学描述的含义就是找到一组 x 向量，使得 $f(x)$ 为最小，故这类问题又称为最小化问题。当求解最大化问题时，只需给目标函数乘一个负号即可。因此，本节中所讨论的都是最小化问题。

MATLAB 提供了 fminbnd()、fminsearch() 和 fminunc() 三个函数，均可用于求解无约束最优化问题。它们的调用格式为

```
(1) [x,fval,exitflag,output] = fminbnd(fun,x₁,x₂,options)
(2) [x,fval,exitflag,output] = fminsearch(fun,x₀,options)
(3) [x,fval,exitflag,output,grad,hessian] = fminunc(fun,x₀,options)
```

其中：

- fminbnd() 函数用于求单变量函数在区间 (x_1,x_2) 上的极小值点，fminsearch() 和 fminunc() 都是求多变量函数的极小值点，从初始值 x_0 开始计算。
- options 用于控制算法，可默认其选项。当使用 fminunc() 函数时，可设置的选项要多于 fminbnd() 函数和 fminsearch() 函数，帮助文档中对此进行了详细的说明。
- x 为找到的极小值点，fval 为极小值点所对应的函数值。
- exitflag 是结束标志，对于 fminunc() 函数，exitflag>0 表示程序收敛于 x；exitflag=0 表示函数的计算达到最大迭代次数；exitflag<0 表示程序未收敛到解。对于 fminbnd() 和 fminsearch() 函数，exitflag=1，表示程序收敛于 x；如果 exitflag=0，表示达到了最大迭代次数。
- output 为结构体，包括算法的迭代次数、步长、使用的算法名称等。
- grad 表示目标函数在解 x 处的梯度，hessian 表示目标函数在解 x 处的 Hessian 矩阵。

【例 5-43】 本例的功能是计算 x^3-2x-5 在 $[-1,2]$ 内的极小值点及极小值。

```
>>fun1=@(x)x.^3-2*x-5;          %编写匿名函数
>>[x,fval]=fminbnd(fun1,-1,2)    %利用 fminbnd() 函数求解极小值
x =
    0.8165
fval =
    -6.0887
>>xx=-1:0.05:2;                  %利用解析法绘制曲线进行验证,xx 的取值间隔为 0.05
>>yy=xx.^3-2*xx-5;
>>plot(xx,yy);
>>min(yy)                        %查看极小值
ans =
    -6.0880
```

运行结果如图 5-14 所示。由于解析法中步长设置的问题，用解析法得到的极小值与 fminbnd() 函数计算得到的有一些误差。可以改变步长，如当步长为 0.01 时，所得到的极小值是 -6.0886，更接近 -6.0887。

【例 5-44】 本例的功能是计算 $100(x_1-x_2^2)^2+(2-x_2)^2$ 的极小值点及极小值。

解题思路：这是多目标规划，因此需要用 fminsearch() 或 fminunc() 函数，只需指定自变量的初始值即可，由于有两个自变量，因此初始值需要有两个值。

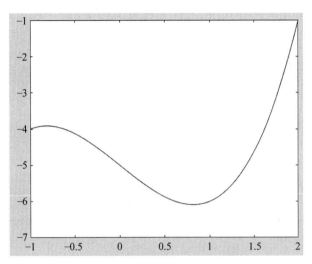

图 5-14　用解析法得到的函数曲线

```
>>fun=@(x)100*(x(1)-x(2).^2).^2+(2-x(2)).^2;     %使用匿名函数
>>[x,fval]=fminsearch(fun,[-1 -1])               %使用 fminsearch()函数,设 x1 和
                                                 %x2 的初始值均为-1
x =
    4.0000    2.0000
fval =
    9.7643e-011
>>options=optimset('Algorithm','trust-region-reflective','TolX',1e-8);
                                                 %设置控制算法的选项
>>[x,fval]=fminsearch(fun,[-1,-1],options)
x =
    4.0000    2.0000
fval =
    7.8349e-019
```

MATLAB 在优化算法属性 Algorithm 方面提供了以下选择。

- active-set：二次规划中的有效集法。
- dual-simplex：对偶单纯形算法。
- interior-point：内点法（默认算法）。
- interior-point-convex：用预求解模块来消除冗余，并通过求解简单的分量来简化问题。
- interior-point-legacy：与 interior-point 类似，但耗时耗内存，不推荐。
- levenberg-marquardt：L-M 法，非线性回归中回归参数最小二乘估计。
- quasi-newton：拟牛顿法，是解非线性方程组及最优化计算中极有效的方法之一。
- sqp：序列二次规划。
- sqp-legacy：与 sqp 算法基本相同，但耗时耗内存，不推荐。
- trust-region-dogleg：基于依赖域的最优化方法。
- trust-region-reflective：不能欠定，要求提供梯度，并且只允许边界或线性等式约束。

提示：如果要设置 options，可以用 optimset 命令，例如，options = optimset('TolX',

1e-8，'Algorithm'，'lm-line-search') 表示设置误差容限为 10^{-8}，设置算法为'trust-region-reflective'.

5.8.5 有约束最优化问题

有约束最优化问题的一般数学描述为

$$\min_{x \text{ s.t.} G(x) \leqslant 0} f(x)$$

其中，$x=[x_1, x_2, \cdots, x_n]^{\mathrm{T}}$，s.t.表示 x 应满足后面的关系。该数学描述的含义是找到一组 x 向量，使得在满足约束条件 $G(x) \leqslant 0$ 的前提下能够使目标函数 $f(x)$ 最小化。

MATLAB 提供了 fmincon() 函数来求解有约束的最优化问题。

$$\begin{cases} \left.\begin{array}{l} c(x) \leqslant 0 \\ ceq(x) = 0 \end{array}\right\} \text{非线性约束} \\ \left.\begin{array}{l} A \cdot x \leqslant b \\ Aeq \cdot x = beq \end{array}\right\} \text{线性约束} \\ lb \leqslant x \leqslant ub \quad \text{有界约束} \end{cases} \quad (5\text{-}1)$$

其中，x, b，beq，lb，ub 都是向量，A，Aeq 是矩阵，$c(x)$ 和 $ceq(x)$ 是函数（可以为非线性函数），它们返回的是向量。

fmincon() 函数的调用格式为

```
(1) x = fmincon(fun,x0,A,b)：初始值从 x0 开始，约束条件为 Ax≤b。
(2) x = fmincon(fun,x0,A,b,Aeq,beq)：约束条件为 Aeq*x=beq 并且 Ax≤b。
(3) x = fmincon(fun,x0,A,b,Aeq,beq,lb,ub)：约束条件还包括 lb≤x≤ub。
(4) x = fmincon(fun,x0,A,b,Aeq,beq,lb,ub,nonlcon)：nonlcon 包括 c(x)≤0 和
ceq(x)=0。
(5) [x,fval,exitflag,output,lambda,grad,hessian] = fmincon(fun,x0,A,b,
Aeq,beq,lb,ub,nonlcon,options)：lambda 是结构体类型，为解在 x 处的 Lagrange
乘子。
```

【例 5-45】 本例的功能是进行有约束的最优化。

任务：在约束条件 $0 \leqslant x_1 + 2x_2 + 2x_3 \leqslant 72$ 下，计算 $f(x) = -x_1 x_2 x_3$ 的极小值点和极小值。

解题思路：必须把约束条件表达成式(5-1)的方式，因此需要重新确定约束条件：

$$\begin{cases} -x_1 - 2x_2 - 2x_3 \leqslant 0 \\ x_1 + 2x_2 + 2x_3 \leqslant 72 \end{cases}$$

并且使用 $A \cdot x \leqslant b$ 的方式，因此 $A=[-1\ -2\ -2;1\ 2\ 2]$ 和 $b=[0;72]$。最后，确定 x_1，x_2 和 x_3 的初始值，如均为 10，即 $x=[10,10,10]$。

```
>>fun=@(x)-x(1)*x(2)*x(3);              %使用匿名函数
>>A=[-1 -2 -2;1 2 2];
>>b=[0;72];
>>[x,fval]=fmincon(fun,[10,10,10],A,b)
x =
    24.0000   12.0000   12.0000
fval =
    -3.4560e+003
```

第6章

MATLAB 的文件操作

在实际工作中,经常需要从磁盘读取文件或者把数据保存到文件中。MATLAB 提供了多种方式,可以对不同类型的文件进行读写操作。

本章将对 MAT 文件、文本文件、音频文件、图像文件、视频文件、制表数据文件的操作方法进行介绍。为方便读者学习和使用,将首先从制表数据文件开始,逐步过渡到更宽泛的文件格式,最后介绍使用低端 I/O 函数读写文件的方法。

6.1 对 Excel 数据表的操作

6.1.1 用专用函数对 Excel 数据表进行操作

Excel 是微软办公套装软件的一个重要成员,可以进行各种数据的处理和统计分析,广泛地应用于管理、统计、财经、金融等众多领域。在 Excel 2007 之前,Excel 数据表的扩展名是.xls,从 Excel 2007 开始,数据表的扩展名变为.xlsx。MATLAB 提供了三个针对 Excel 数据表的专用操作函数。

1. sheetnames()

sheetnames()函数用于查看 Excel 数据表中的工作表名称,其调用格式为

```
sheets = sheetnames(filename)
```

sheets 以元胞数组的形式返回 filename 所包含的工作表名称。

【例 6-1】 本例的功能是使用 sheetnames 查看工作表名称。

```
>>A=sheetnames('myaccount.xlsx')
A =
    "income"
    "expenses"
    "Sheet3"        %该文档含有三个工作表,分别是 income、expenses 和 Sheet3
```

图 6-1 是 myaccount.xlsx 的截图。其中,图 6-1(a)是 income 工作表的内容,图 6-1(b)是 expenses 工作表的内容。

2. xlsread()

xlsread()函数用于从 Excel 数据表中读取数据,其调用格式为

```
(1) [num,txt,raw] = xlsread(filename)
(2) [num,txt,raw] = xlsread(filename,sheet)
```

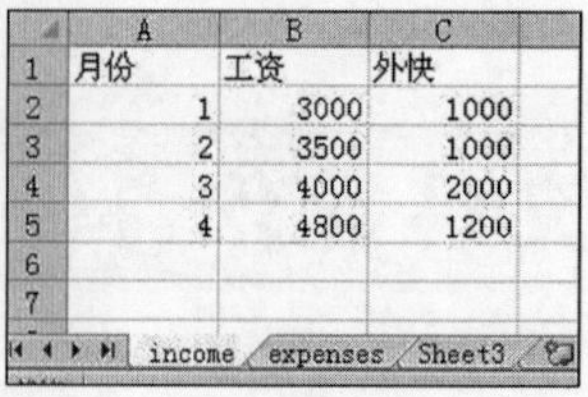

	A	B	C
1	月份	工资	外快
2	1	3000	1000
3	2	3500	1000
4	3	4000	2000
5	4	4800	1200
6			
7			

income / expenses / Sheet3

(a)

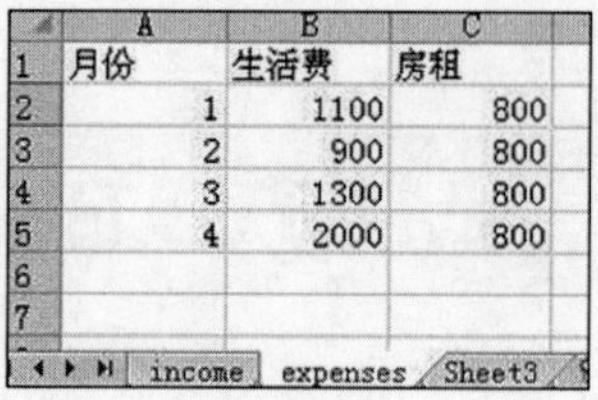

	A	B	C
1	月份	生活费	房租
2	1	1100	800
3	2	900	800
4	3	1300	800
5	4	2000	800
6			
7			

income / expenses / Sheet3

(b)

图 6-1　含有三个工作表的 Excel 数据表示例

```
(3) [num,txt,raw] = xlsread(filename,range)
(4) [num,txt,raw] = xlsread(filename,sheet,range)
```

其中：

num 是 filename 中的全部数值型数据，txt 是 filename 中的全部字符型数据，而 raw 是 filename 中的全部数据。txt 和 raw 都是元胞数组。

sheet 表示要读取的工作表名称。

range 表示要读取 filename 中指定的数据区域，其格式是'C1:C2'，C1 和 C2 分别表示要读取的数据区域的左上角和右下角，C1 和 C2 采用 Excel 数据表的单元格编号方式。

【例 6-2】　本例的功能是使用 xlsread()函数读取 Excel 数据表中的数据。

```
>>[a,b,c]=xlsread('myaccount.xlsx')    %默认读取第一个工作表的内容[参见图 6-1(a)]
a =
          1         3000        1000
          2         3500        1000
          3         4000        2000
          4         4800        1200
b =
    {'月份'}    {'工资'}    {'外快'}
c =
    {'月份'}    {'工资'}    {'外快'}
    {[   1]}    {[3000]}    {[1000]}
    {[   2]}    {[3500]}    {[1000]}
    {[   3]}    {[4000]}    {[2000]}
    {[   4]}    {[4800]}    {[1200]}
>>whos a b c                                  %查看 a,b,c 的数据类型
  Name      Size              Bytes  Class     Attributes

  a         4×3                  96  double
  b         1×3                 324  cell
  c         5×3                1668  cell
>>[a,b,c]=xlsread('myaccount.xlsx','expenses')      %读取 expenses 工作表中的数据
a =
          1        1100        800
          2         900        800
          3        1300        800
          4        2000        800
b =
    {'月份'}    {'生活费'}    {'房租'}
```

```
c =
    {'月份'}      {'生活费'}      {'房租'}
    {[   1]}      {[ 1100]}      {[ 800]}
    {[   2]}      {[  900]}      {[ 800]}
    {[   3]}      {[ 1300]}      {[ 800]}
    {[   4]}      {[ 2000]}      {[ 800]}
>>[a,b,c]=xlsread('myaccount.xlsx','expenses','A2:C4')
                                          %读取 expenses 表中的 A2 到 C4 区域
a =
    1        1100        800
    2         900        800
    3        1300        800
b =
    空的 0×0 cell 数组
c =
    {[1]}      {[1100]}      {[800]}
    {[2]}      {[ 900]}      {[800]}
    {[3]}      {[1300]}      {[800]}
>>whos a b c    %查看 a,b,c 的数据类型,a 是数值型,b 和 c 都是元胞型
    Name        Size              Bytes   Class     Attributes
    a           3×3                  72   double
    b           0×0                   0   cell
    c           3×3                1008   cell
```

提示：如果只需要读取 Excel 数据表中的数值型数据,可直接写"a = xlsread(filename);";如果要同时读取数值和字符数据,可用"[a,b] = xlsread(filename)";如果明确要修改表中数据并保存回文件,则需要使用"[a,b,c] = xlsread",并在 c 中完成修改。

【例 6-3】 本例的功能是读取 Excel 数据表数据并进行处理。

学生数据表 student.xlsx 的内容如图 6-2 所示,统计男生人数和他们的平均年龄,并统计所有人的年龄总和。

学号	姓名	性别	年龄
1	王小鹿	女	19
2	李岩	男	20
3	杨光	男	19
4	高勇	男	21
5	肖雅	女	20

图 6-2 学生数据示例

```
>>[num,txt]=xlsread('student.xlsx')     %读取数据文件
num =
    1    NaN    NaN    19      %NaN 表示该元素不是数值,可以用 isnan() 函数判断数组里
    2    NaN    NaN    20      %有没有非数值的元素
    3    NaN    NaN    19
    4    NaN    NaN    21
    5    NaN    NaN    20
txt =
    {'学号'    }      {'姓名'  }      {'性别'  }      {'年龄'    }
    {0×0 char}      {'王小鹿'}      {'女'   }      {0×0 char}
    {0×0 char}      {'李岩'  }      {'男'   }      {0×0 char}
    {0×0 char}      {'杨光'  }      {'男'   }      {0×0 char}
    {0×0 char}      {'高勇'  }      {'男'   }      {0×0 char}
    {0×0 char}      {'肖雅'  }      {'女'   }      {0×0 char}
>>k=ismember(txt,'男')      %在 txt 中查找'男'出现的位置
```

```
k =                              %k 是逻辑数组,其中的 1 表示'男'出现的位置
    0    0    0    0
    0    0    0    0
    0    0    1    0
    0    0    1    0
    0    0    1    0
    0    0    0    0
>>[row,col]=find(k==1)           %在 k 中找到值是 1 的行号 row 和列号 col
row =                            %'男'出现在第 3,4,5 行
    3
    4
    5
col =                            %'男'都出现在第 3 列
    3
    3
    3
>>age=num(row-1,col(1)+1)        %row-1 是因为 txt 包含了字段名,故比 num 多一行。因此
                                 %需要相应地减一行。由于性别都在同一列上,所以取 col
                                 %中的第一个数即可。年龄在性别的后面一列,需要 col(1)+1
                                 %经过相应的偏移后,就可从 num 中取对应的年龄值了
age =
    20
    19
    21
>>aver_age=mean(age)             %求平均年龄
aver_age =
    20
>>total_age=sum(num(:,4))        %数值型数据都在 num 中,年龄在第 4 列,取出求和即可
total_age =
    99
```

提示：在对任何文档进行操作时,都会有一个前提假设,即编程者应知道该文档的相关信息,如是否含有字段名、所有数据的类型和所在位置等。

3. xlswrite()

xlswrite()函数用于将数据保存到 Excel 数据表,其调用格式为

```
(1) xlswrite(filename,A)
(2) xlswrite(filename,A,sheet)
(3) xlswrite(filename,A,range)
(4) xlswrite(filename,A,sheet,range)
(5) status = xlswrite(filename,A,sheet,range)
```

xlswrite()函数中的参数含义与 xlsread()函数中的一样。在保存文件时,xlswrite()函数只会在指定的位置上写入数据,而不会影响文件中的其他数据,这是需要注意的地方。

【例 6-4】 本例的功能是使用 xlswrite()函数将数据写入 Excel 数据表。

任务：在工资与消费数据表 myaccount.xlsx 中,第 4 个月份的生活费应该是 1500,需要更正后保存。

```
>>[a,b,xlsread('myaccount.xlsx', 'expenses')        %读取 expenses 工作表
```

```
a =
     1        1100        800
     2         900        800
     3        1300        800
     4        2000        800
b =
     {'月份'}    {'生活费'}    {'房租'}
c =
     {'月份'}    {'生活费'}   {'房租'}
     {[   1]}    {[ 1100]}   {[ 800]}
     {[   2]}    {[  900]}   {[ 800]}
     {[   3]}    {[ 1300]}   {[ 800]}
     {[   4]}    {[ 2000]}   {[ 800]}
>>c{5,2}=1500;
>>xlswrite('myaccount.xlsx',c,2);
```

运行结果如图 6-3 所示，第 4 个月份的生活费被更正为 1500 了。

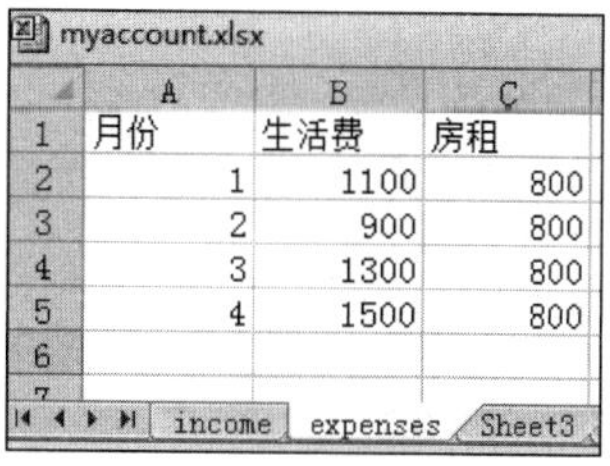
myaccount.xlsx

	A	B	C
1	月份	生活费	房租
2	1	1100	800
3	2	900	800
4	3	1300	800
5	4	1500	800
6			

income expenses Sheet3

图 6-3 使用 xlswrite() 函数效果示例

6.1.2 用 readcell()和 readmatrix()读取表格

MATLAB 的新版本提供了 readtable()、readcell()、readmatrix()和 writetable()、writecell()和 writematrix()函数对 Excel 表格的数据进行读写，这些函数也可以用于 TXT 文档，相较于 xlsread()和 xlswrite()函数只能处理 Excel 表格来说更加灵活，此处只进行实例介绍。

【例 6-5】 本例的功能是使用 readcell()和 readmatrix()函数读取 Excel 数据表。

```
>>T1=readcell('myaccount.xlsx', 'Sheet',2)
T 1=
  5×3 cell 数组
     {'月份'}    {'生活费'}   {'房租'}
     {[   1]}    {[ 1100]}   {[ 800]}
     {[   2]}    {[  900]}   {[ 800]}
     {[   3]}    {[ 1300]}   {[ 800]}
     {[   4]}    {[ 1500]}   {[ 800]}
```

上述函数，是指定读取 myaccount.xlsx 的第二张工作表。

```
>>T2=readmatrix('myaccount.xlsx', 'Sheet',2)
T2 =
     1        1100        800
     2         900        800
     3        1300        800
     4        1500        800
```

【例 6-6】 本例的功能是使用 writematrix()和 writecell()函数向 Excel 数据表中写入数据。

```
>>T1{5,2}=2000;                                  %利用例 6-5 中的 T1 数据
>>writecell(T1,'myaccount.xlsx','sheet',2);   %保存数据，执行程序后可自行查看文件数据
```

【例 6-7】 本例的功能是使用 readcell()函数从 TXT 文件中读取数据,统计语文平均分。

```
>>t=readcell('textdata1.txt')          %读取 TXT 文件
t =
    {'学号'}    {'语文'   }    {'数学'   }    {'英语'}
    {[   1]}    {[67.8000]}    {[77.3000]}    {[  89]}
    {[   2]}    {[90.5000]}    {[     78]}    {[  87]}
    {[   3]}    {[    100]}    {[     88]}    {[  67]}
>>a=t(2:end,2)                         %读取语文分数
a =
    {[67.8000]}
    {[90.5000]}
    {[    100]}
>>a=cell2mat(a)                        %将元胞数组转换为数值数组
a =
    67.8000
    90.5000
   100.0000
>>mean(a)
ans =
    86.1000
```

6.2　对图像文件的操作

MATLAB 可操作的图像文件格式有 BMP 格式、CUR 格式、GIF 格式、HDF4 格式、ICO 格式、JPEG 格式、PBM 格式、PCX 格式、PGM 格式、PNG 格式、PPM 格式、RAS 格式、TIFF 格式和 XWD 格式。

6.2.1　检查图像文件的相关信息

imfinfo()函数用于检查图像文件的相关信息,其调用格式为

```
(1) info = imfinfo(filename)
(2) info = imfinfo(filename,fmt)
```

其中,info 以结构体的形式返回 filename 的相关信息。如果在当前工作路径或 MATLAB 搜索路径中找不到 filename 文件,则会尝试查找有无 filename.fmt 文件。

【例 6-8】 本例的功能是使用 imfinfo()函数检查图像文件的相关信息。

```
>>info = imfinfo('office_6.jpg')
info =
          Filename: [1×66 char]
       FileModDate: '09-Nov-2007 15:22:00'
          FileSize: 126535
            Format: 'jpg'
     FormatVersion: ''
             Width: 903
```

```
        Height: 600
      BitDepth: 24
     ColorType: 'truecolor'
FormatSignature: ''
NumberOfSamples: 3
  CodingMethod: 'Huffman'
 CodingProcess: 'Sequential'
       Comment: {}
 DigitalCamera: [1×1 struct]
```

6.2.2　读取图像文件

imread()函数用于读取图像文件,其调用格式为

```
(1) A = imread(filename, fmt)
(2) [X, map] = imread(...)
```

其中,如果在当前工作路径或 MATLAB 搜索路径中找不到 filename 文件,则会尝试查找有无 filename.fmt 文件。A 和 X 表示图像数据,map 是该图像的色图。

图像必须以数字化的形式才能保存在计算机里。灰度图像可以表示为 n 行 m 列的数组形式。如果是彩色图像,它有多少个颜色分量,就会有多少个相应的 n 行 m 列的数组。由于彩色图像通常采用 RGB 模型进行描述,因此会形成三维数组,第三维称为"页",每一页分别代表一个颜色分量的数据。

【例 6-9】　本例的功能是使用 imread()函数读取图像文件。

```
>>A1=imread('peppers.png');      %peppers 是 MATLAB 自带的一个彩色图
>>A2=imread('rice.png');         %rice 是 MATLAB 自带的一个灰度图
>>subplot(1,2,1);                %子图形式
>>imshow(A1);                    %显示图像用 imshow()函数
>>title('彩色图像');             %子图的标题
>>subplot(122);
>>imshow(A2);
>>title('灰度图像');
>>whos A1 A2                     %检查 A1 和 A2 的信息
  Name        Size              Bytes   Class     Attributes
  A1          384×512×3         589824  uint8
  A2          256×256           65536   uint8
>>A11=A1(:,:,1);                 %读取 A1 图的 R 分量,它在第一页
>>A12=A1(:,:,2);                 %读取 A1 图的 G 分量,它在第二页
>>A13=A1(:,:,3);                 %读取 A1 图的 B 分量,它在第三页
>>figure;                        %新开一个图形窗口
>>subplot(221);
>>imshow(A1);
>>title('原图');
>>subplot(222);
>>imshow(A11);
>>title('R 分量图');
>>subplot(223);
```

```
>>imshow(A12);
>>title('G分量图');
>>subplot(224);
>>imshow(A13);
>>title('B分量图');
>>whos A11 A12 A13
  Name          Size              Bytes  Class    Attributes
  A11          384×512          196608  uint8
  A12          384×512          196608  uint8
  A13          384×512          196608  uint8
```

程序运行效果如图 6-4 所示。图 6-4(a)是彩色图与灰度图,图 6-4(b)是彩色图与它的三个分量图。

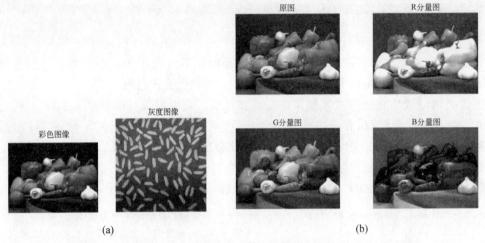

(a)　　　　　　　　　　　　　　(b)

图 6-4　使用 imread()函数读取不同图像文件及显示不同颜色分量

提示:用 imread()函数获取图像数据后,就可以对图像进行处理,如图像分割、图像增强和图像复原等,用 imshow()函数可以显示经过处理后的图像。有关图像处理方面的内容,此处不进行介绍,若有兴趣,可参见帮助或其他资料。

6.2.3　保存图像文件

imwrite()函数用于保存图像文件,其调用格式为

```
(1) imwrite(A,filename,fmt)
(2) imwrite(X,map,filename,fmt)
(3) imwrite(…,filename)
```

其中的参数含义与 imread()函数中的一样。

【例 6-10】　本例的功能是使用 imwrite()函数保存图像文件。

本例将沿用例 6-9 中的数据,将 peppers.png 的 R 分量图保存成 peppers_R.jpg,文件将保存在当前工作目录中。

```
>>imwrite(A11,'peppers_R.jpg');        %在当前工作路径中保存图像文件
```

6.3　对音频和视频文件的操作

　　MATLAB 支持的音频和视频文件主要有 AU 格式、WAV 格式、AVI 格式、MPG 格式、MP3 格式和 WMV 格式等。

6.3.1　检查音频和视频文件的相关信息

mmfileinfo()函数

mmfileinfo()函数用于检查多媒体(multimedia)文件的相关信息,其调用格式为

```
info = mmfileinfo(filename)
```

其中,info 以结构体的形式返回 filename 的相关信息。

　　【例 6-11】　本例的功能是使用 mmfileinfo()函数检查多媒体文件的相关信息。

```
>>info = mmfileinfo('viptrain.avi')        %viptrain.avi 是 MATLAB 自带的视频文件
info =
    包含以下字段的 struct:
      Filename: 'viptrain.avi'
          Path: 'D:\MATLAB 教材\ch6'
      Duration: 20.8666
         Audio: [1×1 struct]
         Video: [1×1 struct]
>>info.Audio                               %查看 info 结构体中的 Audio
ans =
                Format: ''                 %本文件不含音频
    NumberOfChannels: []
>>info.Video                               %查看 info 结构体中的 Video 格式及尺寸
ans =
    Format: 'MJPG'
    Height: 240
     Width: 360
```

　　提示: mmfileinfo()函数只能在 Windows 操作系统下运行。

　　【例 6-12】　本例的功能是检查指定格式的音频、视频文件的相关信息。

```
>>info = audioinfo('bubble.wav')           %WAV 音频文件,非 MATLAB 自带
info =
    包含以下字段的 struct:
            Filename: 'D:\MATLAB 教材)\ch6\bubble.wav'
    CompressionMethod: 'Uncompressed'
          NumChannels: 1
           SampleRate: 22050
         TotalSamples: 31483
             Duration: 1.4278
                Title: []
              Comment: []
               Artist: []
         BitsPerSample: 8
```

```
>>obj=VideoReader('traffic.avi');        %AVI 视频文件,VideoReader()和 get()结
                                         %合使用获取信息
                                         %首先,生成一个指向视频文件的 obj
>>get(obj)                               %获取该 obj 的相关信息
obj =
  VideoReader - 属性:
  常规属性:
            Name: 'traffic.avi'
            Path: 'C:\Program Files\Polyspace\R2021a\toolbox\images\imdata'
        Duration: 8
     CurrentTime: 0
       NumFrames: 120
  视频属性:
           Width: 160
          Height: 120
       FrameRate: 15.0000
    BitsPerPixel: 24
     VideoFormat: 'RGB24'
```

6.3.2　读取音频和视频文件

本节将介绍用 audioread()和 VideoReader()两个函数读取音频和视频文件。

1. audioread()

audioread()函数用于读取音频文件,其调用格式为

```
[y,Fs] = audioread(filename)
[y,Fs] = audioread(filename,samples)
```

其中,y 是读取出来的音频数据,Fs 是音频文件的采样频率,samples 可指定读取音频数据的范围。

【例 6-13】　本例的功能是使用 audioread()函数读取音频文件。

```
>>[y,Fs]= audioread ('bubble.wav');       %读取音频文件
>>A=audioplayer(y,Fs);       %利用读取的音频数据,通过 audioplayer()函数生成音频对象 A
>>play(A);                   %播放音频对象 A
```

2. VideoReader()

VideoReader()函数用于读取视频文件,其调用格式为

```
obj = VideoReader(filename): 返回指向视频文件 filename 的句柄 obj。
```

【例 6-14】　本例的功能是使用 VideoReader()函数读取和处理视频文件。

任务:利用 VideoReader()函数可以读取视频文件,利用 read()函数可以读取视频中的任意一帧。本例的任务是把读取的视频文件倒着播放。

```
clear all                      %清除工作空间中的变量
close all                      %关闭所有图形窗口
clc                            %清空命令窗口,以上三个指令均为常用指令
obj=VideoReader('viptrain.avi');   %创建一个指向 viptrain 视频的对象句柄 obj
```

```
nFrames=obj.NumberOfFrames;        %得到该视频的帧数
for k=nFrames:-1:1
    temp=read(obj,k);              %用 read()函数读视频中的第 k 帧
    imshow(temp);
    end
end
```

将上述代码保存后运行即可。

6.3.3　保存音频和视频文件

保存音频和视频文件的函数有 audiowrite()和 VideoWriter()。

1. audiowrite()

audiowrite()函数用于保存音频文件,其调用格式为

```
audiowrite(filename,y,Fs)
```

其中的参数含义与 audioread()函数中的一样。

2. VideoWriter()

VideoWriter()函数需要与 open()、writeVideo()和 close()函数相结合,以保存视频文件,其调用格式为

```
obj=VideoWriter(filename):支持的视频格式有 AVI、WMV 和 MPG 等格式。
```

【例 6-15】　本例的功能是使用 VideoWriter()函数保存视频文件。

任务:将指定视频中的帧逆序后保存成新的视频文件。

```
obj=VideoReader('viptrain.avi');     %创建一个指向 viptrain 视频的对象句柄 obj
nFrames=obj.NumFrames;               %得到该视频的帧数
vid=VideoWriter('newtrain');         %准备好新视频文件,默认为 AVI 文件
open(vid);                           %打开新视频文件
for k=1:nFrames
    temp=read(obj,nFrames-k+1);      %以逆序方式从原视频中取帧
    writeVideo(vid,temp);            %往新视频里添加帧
end
close(vid);                          %关闭新视频文件
```

将上述代码保存后运行,即可在当前路径下得到新的视频文件。

6.4　对 ASCII 文件的操作

ASCII 文件是只含有用标准 ASCII 字符集编码的文件,即文件中只含有字母、数字和常见的符号。

6.4.1　读取 ASCII 文件

如表 6-1 所示,MATLAB 提供了多个读取 ASCII 文件的函数,具体选择哪个函数需要依据 ASCII 文件中的数据格式。需要说明的是,本节所要介绍的很多命令已不再推荐使

用,取而代之的是 readmatrix、readtable 和 readcell 等。但它们仍有其独特性,之所以不再推荐,仅仅是因为它们的专用性,如 csvread 只能读取分隔符是逗号的数值型数据。

表 6-1　读取 ASCII 文件的函数

函数名称	数 据 类 型	对数据的要求	分　隔　符	返回值个数
csvread()	数值数据	无	只能是逗号	1
dlmread()	数值数据	无	任何字符	1
fscanf()	字符和数值数据	无	任何字符	1
load()	数值数据	每一行的数值个数必须相同	只能是空格	1
textscan()	字符和数值数据	无	任何字符	多个

其中:

(1) csvread()。

● M＝csvread(filename):读取的数据赋值给 M。

● M＝csvread(filename, row, col):row 和 col 从 0 行 0 列开始计数。

● M＝csvread(filename, row, col, range):row,col 和 range 均从 0 行 0 列开始计数。

(2) dlmread()。

● M＝dlmread(filename):读取的数据赋值给 M。

● M＝dlmread(filename, delimiter):delimiter 表示分隔符。

● M＝dlmread(filename, delimiter, R, C):R 和 C 从 0 行 0 列开始计数。

● M＝dlmread(filename, delimiter, range):range 从 0 行 0 列开始计数。

(3) fscanf()。

● A＝fscanf(fileID, format):format 表示数据格式,和 C 类似,如%d 表示整数,返回的变量 A 是数组形式。如果文件中只包含数值,则 A 是数值型;如果文件中只包含字符,则 A 是字符型;如果文件既有数值又有字符,则会将所有字符转换成对应的 ASCII 码。

● A＝fscanf(fileID, format, sizeA):sizeA 表示要读取的数据个数。

● [A, count]＝fscanf(…):count 表示成功读取的数据个数。

fscanf()必须和 fopen()函数配合使用,读取完毕后,应使用 fclose()函数关闭文件。有关 fopen()函数等部分的内容,可参看 6.6 节。

提示:对文件操作函数来讲,如果文件参数是 filename,表示需要输入文件名;如果 filename 是 fileID 或 fid,表示需要输入文件句柄,而文件句柄的获得必须通过 fopen()函数。相应地,操作完毕后,必须通过 fclose()函数关闭文件,释放内存。

(4) load()。

● S＝load(filename, '-ascii'):不论文件的扩展名是什么,都将其作为 ASCII 文件读取。

● load(filename, …):读取数据,并建立一个与该文件同名的变量。

● load filename …:load(filename, …)的快捷方式,不用对文件名加单引号。

load()函数还有几种调用格式,专用于读取 mat 文件,将在后面进行介绍。

（5）textscan（）。

- C＝textscan(fid, 'format')：format 表示数据格式,如%s 表示字符串,C 表示元胞型。
- C＝textscan(fid, 'format', N)：用相同的 format 格式读取 N 列数据。
- C＝textscan(fid, 'format', 'param', value)：param 是参数,如用'delimiter'指定分隔符。
- C＝textscan(fid, 'format', N, 'param', value)：读取 N 列数据。

同样地,textscan（）必须和 fopen（）函数配合使用,读取完毕后,应使用 fclose（）函数关闭文件。

textread（）也可用于读取 ASCII 文件,但它即将过期,由 textscan（）取而代之。

1. 读取只含有数值数据的文件

若文件中只包含数值数据,可以根据分隔符来选择合适的函数。图 6-5 分别显示了四个数据文件,它们有的采用不同的分隔符,有的每行含有不同的数据个数。

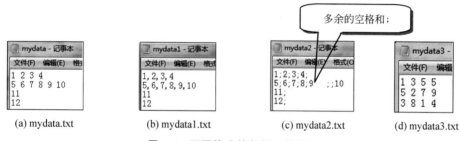

(a) mydata.txt　　　(b) mydata1.txt　　　(c) mydata2.txt　　　(d) mydata3.txt

图 6-5   不同格式的数据文件示例

对于 mydata.txt 和 mydata2.txt 文件,可以使用 dlmread（）函数;对于 mydata1.txt 文件,可以使用 dlmread（）函数和 csvread（）函数;对于 mydata3.txt 文件,可以使用 dlmread（）函数、fscanf（）函数和 load（）函数。

需要说明的是,readtable（）函数会把数据读成表类型,readcell（）函数会把数据读成元胞类型,而 readmatrix（）函数会把数据读进一个矩阵。它们三个可处理不同类型的文件,6.1.2 节对 readcell（）函数和 readmatrix（）函数进行了实例演示。

【例 6-16】 本例的功能是使用不同函数读取只包含数值的文件。

```
>>A=dlmread('mydata.txt')
A =                        %空缺的元素补 0,以形成完整的二维数组
    1    2    3    4    0    0
    5    6    7    8    9   10
   11    0    0    0    0    0
   12    0    0    0    0    0
>>A1=csvread('mydata1.txt');    %即使有多余的逗号或空格,csvread()也能正确读取数据
>>A2=dlmread('mydata2.txt',';');%即使有多余的空格和分隔符,dlmread()也能正确读取数据
>>A3=load('mydata3.txt')
A3 =
    1    3    5    5
    5    2    7    9
    3    8    1    4
>>load mydata3.txt    %用这种方式不会显示结果,数据被赋予与文件同名的变量 mydata3
```

```
>>mydata3              %显示 mydata3
mydata3 =
    1    3    5    5
    5    2    7    9
    3    8    1    4
```

2. 读取字符和数值混合的数据文件

若要读取既有字符又有数值的数据文件,可以使用 textscan( )函数和 fscanf( )函数。图 6-6 显示了两个具有混合数据的文件。其中,图 6-6(a)除了第一行是文本外,其余都是数值数据;图 6-6(b)则是字符和数值混合在一起。

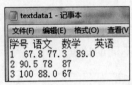
(a) textdata1.txt

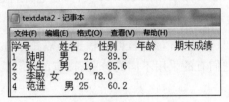
(b) textdata2.txt

图 6-6　既有字符又有数值的数据文件示例

【例 6-17(a)】　本例的功能是使用 textscan( )函数读取含有字符和数值的文件。

```
>>fid=fopen('textdata1.txt');    %打开 textdata1 文件,并获得该文件的指针
>>A=textscan(fid,'%s',4);        %用 %s 读取文本头的 4 个字符串,并以元胞数组的方式赋予 A
                                 %该语句执行完毕后,fid 指向第 4 个字符串的结尾
>>B=textscan(fid,'%d %f %f %f'); %以%d %f %f%f 的格式一直读取数据,直到文件结束
                                 %或数据的排列不再满足此种格式
>>B{1}                           %查看数值数组中的第一列,注意 B 和 A 都是元胞型
ans =
    1
    2
    3
>>fclose(fid);                   %关闭该文件
>>fid=fopen('textdata2.txt');    %打开 textdata2 文件,并获得该文件的指针
>>A=textscan(fid,'%s',5);        %用%s 读取文本头的 5 个字符串
                                 %用这种方式读取文本头,并以元胞数组的方式赋予 A
                                 %该语句执行完毕后,fid 指向第 4 个字符串的结尾
>>B=textscan(fid,'%d %s %s %d %f %f');  %以%d %s %s %d %f %f 的格式一直读取数据,
                                 %直到文件结束或数据的排列不再满足此种格式
>>B{2}                           %查看数值数组中的第二列,注意 B 和 A
                                 %都是元胞型

ans =
    {'陆明'}
    {'张生'}
    {'李敏'}
    {'范进'}
>>fclose(fid);
```

提示:文件中的数据全部读取完毕后,文件句柄 fid 会停在文件结尾处,可以使用

frewind(fid)使句柄返回文件开始处,或使用 fseek(fid,offset,position)使句柄移到指定的位置。具体内容,参见 6.6.5 节。

【例 6-17(b)】　本例的功能是使用 fscanf()函数读取含有字符和数值的文件。

```
>>fid=fopen('textdata1.txt');        %打开 textdata1 文件,并获得该文件的指针
>>A=fscanf(fid,'%s %s %s %s',4)      %读取文件头的 4 个字符串
A =                                  %字符型,与 textscan()函数返回元胞型不同
    '学号 语文 数学 英语'
>>B=fscanf(fid,'%d %f %f %f')        %一直以指定格式读取,直到文件尾或格式不再满足条件
B =
    1.0000
   67.8000
   77.3000
   89.0000
    ……%后面略
>>fclose(fid);
```

6.4.2　写入 ASCII 文件

如表 6-2 所示,MATLAB 提供了多个将数据写入 ASCII 文件的函数,具体选择哪个函数需要依据 ASCII 文件中的数据格式。同样地,里面的部分函数已推荐由 writecell()、writetable()和 writematrix()函数等取代。

表 6-2　写入 ASCII 文件的函数

函 数 名 称	数 据 类 型	对数据的要求	分　隔　符
csvwrite()	数值数据	无	只能是逗号
diary()	字符和数值数据	无	任何字符
dlmwrite()	数值数据	无	任何字符
fprintf()	字符和数值数据	每一行的数值个数必须相同	任何字符
save()	数值数据	无	制表符或空格

其中:

(1) csvwrite()。

- csvwrite(filename,M):把数组 M 写入 filename。
- csvwrite(filename,M,row,col):从文件的第 row 行第 col 列开始写入数据,从 0 行 0 列开始计数。

(2) diary()。

diary()函数是将函数窗口中的内容写入文件,这一点与其他的写入数据函数完全不同。

- diary('filename'):打开或新建 filename 文件。
- diary off:关闭 diary()函数。
- diary on:打开 diary()函数,从下一句起,把在函数窗口中输入的函数保存在 filename。
- diary filename:简洁形式,与 diary('filename')相同。

(3) dlmwrite()。

- dlmwrite(filename, M)：将数组 M 写入 filename。
- dlmwrite(filename, M, 'D')：D 表示分隔符,默认是逗号。
- dlmwrite(filename, M, 'D', R, C)：从第 R 行第 C 列开始写入数据,从 0 行 0 列计数。

(4) fprintf()。

- fprintf(fileID, format, A, …)：向 fileID 指向的文件写入指定格式的数据 A。
- fprintf(format, A, …)：将指定格式的数据 A 输出到屏幕上,类似 C 语言中的 printf()。

(5) save()。

save()与 load()函数主要用于保存或读取 MAT 文件,但也可以强制将数据保存为 ASCII 文件。

- save(filename, …, '-append')：以追加方式向文件写入数据。
- save(filename, …, format)：format 可以是'-mat'或'-ascii',后者是 ASCII 文件。

【例 6-18】 本例的功能是使用不同的函数将数据写入文件或输出到屏幕。

```
>>diary on                          %从下一句开始,将函数窗口中的输入函数写入指定文件
>>diary('write_diary.txt');
>>A=[1 2 3 4;5 6 7 8];
>>csvwrite('write_csv.txt',A);
>>dlmwrite('write_dlm.txt',A,';');
>>save('write_save.txt','A','-ascii');
>>fid=fopen('write_fprintf.txt','w');
>>fprintf(fid,'%d %d %d %d\n',A);   %注意 fprintf()采用索引方式依次从 A 中取数据
                                    %即 A(1),A(2)…因此,为了让文件中的第一行是 1,2,3,4
                                    %需要将 A 转置后再保存
>>fclose(fid);
>>diary off                         %不再向文件保存函数窗口的输入命令
>>B=csvread('write_csv.txt')        %查看文件是否成功保存了数据
B =
     1    2    3    4
     5    6    7    8
>>fprintf('%d %d %d %d\n',A)        %按指定格式向屏幕输出数据
1 2 3 4
5 6 7 8
```

6.5 对 MAT 文件的操作

MAT 文件(.mat 文件)是 MATLAB 专用的保存数据的双精度二进制文件,它由 MATLAB 创建,并可为不同计算机上的 MATLAB 读取,也可被 MATLAB 以外的程序调用。

6.5.1 读取 MAT 文件

通常使用 load 命令读取 MAT 文件,当 load 命令不带文件名时,默认是从 MATLAB.mat

文件中读取数据。

【例 6-19】　本例的功能是使用 load 命令预览并读取 MAT 文件中的数据。

假设当前路径有一个 tt.mat 文件,现在要预览它中的数据,并读取指定的数据。

```
>>whos -file tt.mat      %whos -file 可以预览指定的文件
  Name      Size                Bytes  Class      Attributes
  A         2x3                    48  double
  C         2x3                    24  cell
  D         1x5                    10  char
  stu       1x2                   398  struct
>>load tt.mat            %将数据读入工作空间,但不会显示
>>whos                   %查看工作空间中的数据类型及尺寸,可见与预览的情况一样
  Name      Size                Bytes  Class      Attributes
  A         2x3                    48  double
  C         2x3                    24  cell
  D         1x5                    10  char
  stu       1x2                   398  struct
>>clear all             %清空工作空间中的变量
>>load tt A             %从 tt.mat 文件读入指定的变量 A
>>whos
  Name      Size                Bytes  Class      Attributes
  A         2x3                    48  double
```

6.5.2　写入 MAT 文件

通常使用 save 命令将数据写入 MAT 文件,当 save 命令不带文件名时,默认是向 MATLAB.mat 文件中写入数据。

【例 6-20】　本例的功能是使用 save 命令向 MAT 文件中写入数据。

```
>>whos                   %查看工作空间中的数据类型及尺寸
  Name      Size                Bytes  Class      Attributes
  A         2x3                    48  double
  A1        1x1                     8  double
  AA        1x5                    10  char
  B         2x3                    48  double
>>save aa.mat A*         %将所有以 A 开头的变量写入 aa.mat
>>whos -file aa.mat      %预览 aa.mat 文件中的内容
  Name      Size                Bytes  Class      Attributes
  A         2x3                    48  double
  A1        1x1                     8  double
  AA        1x5                    10  char
>>save aa B -append      %以追加方式向 aa.mat 写入数据 B
>>whos -file aa.mat
  Name      Size                Bytes  Class      Attributes
  A         2x3                    48  double
  A1        1x1                     8  double
  AA        1x5                    10  char
  B         2x3                    48  double
```

6.6 用低端的 I/O 函数操作文件

MATLAB 提供了许多基于 ANSI 标准 C 函数的低端 I/O 文件操作函数,其用法与 C 语言中的文件操作函数相同。前面已经介绍了以格式化的方式读取和写入文件数据的低端操作函数 fscanf() 和 fprintf(),下面将介绍其他常用的低端 I/O 文件操作函数。

用低端 I/O 函数对文件进行操作时,一般有以下三个步骤。

(1) 打开文件,并返回一个指向文件的句柄。

(2) 操作文件,如追加数据、读取数据等。

(3) 关闭文件,释放内存。

6.6.1 打开和关闭文件

1. 打开文件

fopen() 函数用于打开文件,主要的调用格式为

```
(1) fileID = fopen(filename)
(2) fileID = fopen(filename, permission)
(3) [fileID, message] = fopen(filename, …)
```

其中:

fileID 是打开文件的句柄,在打开文件后,其他的低端文件操作函数都会通过该句柄操作文件。如果能成功打开文件,fileID 是非负整数;如果不成功,fileID=−1。建议每次在打开文件时,都用此方式检查是否成功打开了文件。

permission 是打开文件的方式,如是以只读方式或是以改写方式打开文件。表 6-3 列出了打开文件的方式。

表 6-3　打开文件的方式

符　号	说　明
r	以只读方式打开文件,若文件不存在,返回−1(默认)
w	以只写方式打开文件,原文中的内容被清除,若文件名不存在,则新建该文件
a	以追加方式打开文件,从文件尾写入数据,若文件名不存在,则新建该文件
r+	以读写方式打开文件,若文件不存在,返回−1
w+	以读写方式打开文件,其余同 w
a+	以读写和追加方式打开文件,其余同 a

message 表示打开文件的情况,如果成功打开文件,message 是空字符串'',如果不成功,则返回错误信息。

2. 关闭文件

fclose() 函数用于关闭文件,主要的调用格式为

```
(1) fclose(fileID)
(2) fclose('all')
(3) status = fclose(…)
```

其中：

status 表示是否成功关闭文件，如果成功，status＝0，否则 status＝－1。

fclose('all') 表示关闭所有已打开的文件。一般来说，在完成对文件的读写操作后就应关闭它，以免造成系统资源的浪费。

【例 6-21】　本例的功能是检查能否成功打开和关闭文件。

```
>>[fid message]=fopen('aaa.dat','r');        %以只读方式打开文件
>>if fid==-1
>>disp(message);
>>end
>>fclose(fid);
```

如果文件不存在，将在命令窗口中显示如下信息：

```
No such file or directory
错误使用 fclose
文件标识符无效。使用 fopen 生成有效的文件标识符。
```

6.6.2　逐行读取文本文件

MATLAB 提供了两个逐行读取文本文件的函数 fgets() 和 fgetl()，它们都可以从文本文件中逐行读取数据，唯一不同的是 fgets() 函数是将新的一行字符串复制到字符串向量中，而 fgetl() 函数不是。

```
tline=fgetl(fileID)
tline=fgets(fileID)
tline=fgets(fileID, nchar)：顶多从一行中读取 nchar 个字符。
```

tline 表示读取的一行字符串，当到达文件尾时，tline 返回 －1。可以用 ischar(tline) 的方式判断是否到达文件尾。

【例 6-22(a)】　本例的功能是使用 fgets() 函数逐行读取文本文件。

words.txt 文档中有如下内容：

```
I like red tables, but I don't like blue ones
horse, bee, frog
test file test file test file
big big world…
```

用 fgets() 函数读取该文件并显示。

```
fid = fopen('words.txt');        %打开文件
tline = fgets(fid);              %获取第一行
while ischar(tline)
    disp(tline)
    tline = fgets(fid);
end
```

```
fclose(fid);
```

保存上述代码并运行，其结果如下所示：

```
I like red tables, but I don't like blue ones

horse, bee, frog

test file test file test file

big big world…
```

【例 6-22（b）】 本例的功能是使用 fgetl() 函数逐行读取文本文件。

```
fid = fopen('words.txt');
tline = fgetl(fid);              % 只有此处与例 6-22(a)不同
while ischar(tline)
    disp(tline)
    tline = fgetl(fid);
end
fclose(fid);
```

保存上述代码并运行，其结果如下所示：

```
I like red tables, but I don't like blue ones
horse, bee, frog
test file test file test file
big big world…
```

6.6.3 读取二进制文件

ASCII 文件可读性强，容易理解，用户通过记事本等工具就可直接查看文件中的内容。但在输入时，系统需要将文件中的 ASCII 码转换为二进制形式再保存在内存中，在输出时又要将内存中的二进制形式转换成 ASCII 码，这会花费很多时间。因此，在内存与磁盘文件交换频繁的情况下，最好使用 fread() 和 fwrite() 对二进制文件进行操作。要对二进制文件进行读写，必须首先用 fopen() 函数打开文件，读写完毕后，再用 fclose() 函数关闭文件。fread() 函数用于读取二进制文件，其调用格式为

```
(1) A = fread(fileID)：以列向量的方式读取文件中的全部数据。
(2) A = fread(fileID, sizeA)：读取指定的数据字节。
(3) A = fread(fileID, sizeA, precision)：按指定精度读取指定的数据字节。
(4) A = fread(fileID, sizeA, precision, skip)：每读取一个数据，就跳过 skip 个字节。
```

【例 6-23】 本例的功能是使用 fread() 函数读取二进制文件中的数据。

```
>>fid=fopen('a.dat','r');      %以只读方式打开文件
>>A=fread(fid,20,'long');      %读取文件中的前 20 个数，精度为 long，即 8 字节
>>whos A
  Name        Size             Bytes  Class      Attributes
  A           20x1               160  double
>>fclose(fid);
```

6.6.4　写入二进制文件

fwrite()函数用于将数据写入二进制文件,其调用格式为

```
(1) fwrite(fileID, A)
(2) fwrite(fileID, A, precision)
(3) fwrite(fileID, A, precision, skip)
```

【例 6-24】　本例的功能是使用 fwrite()函数将数据写入二进制文件,文件内容如图 6-7
所示。

```
>>fid=fopen('a.dat','w');
>>fwrite(fid,magic(5),'int32');
>>fclose(fid);
```

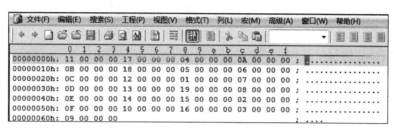

图 6-7　二进制文件示例

6.6.5　控制文件句柄

　　每读取或写入一次数据,文件句柄都会相应地改变位置,停留在本次操作的数据后面,
而它又决定了下一次进行数据操作的位置。表 6-4 列举了控制句柄位置的函数。

表 6-4　控制句柄位置的函数

函数名称	说　　明	函数名称	说　　明
feof()	测试句柄是否在文件尾,若是则返回 1	ftell()	取得句柄位置
fseek()	将句柄移到指定位置	frewind()	将句柄移到文件头

fseek()函数的调用格式为

```
(1) fseek(fileID, offset, origin)
(2) status = fseek(fileID, offset, origin)
```

其中,offset 是偏移量,origin 是指从何处开始偏移,它有如下三个选项。
- 'bof'(begin of file):从文件头。
- 'cof':从当前句柄所在位置。
- 'eof':从文件尾。

例如,fseek(fid,0,'bof')等同于 frewind(fid),即将句柄从文件头开始偏移 0 字节。

【例 6-25】　本例的功能是使用追加方式写入数据,再显示全部数据。

textdata1.txt 中已存有如下数据,现在要追加一名同学的成绩。

学号	语文	数学	英语
1	67.8	77.3	89.0
2	90.5	78	87
3	100	88.0	67

```
fid=fopen('textdata1.txt','a+');         %以追加方式打开文件,此时句柄在文件尾部
fprintf(fid,'%d %3.1f %3.1f %3.1f\n', [4,88.0,68.0,90]);        %以指定格式写入数据
frewind(fid);                            %将句柄移到文件开始处
A=fgetl(fid);                            %获取文本头
B=fscanf(fid,'%d %f %f %f');             %以指定格式读取数据,返回的是 double 型
num=length(B);                           %B 是列向量,希望将其转成与文档中相同的方式,
                                         %因此要获得其长度
B=reshape(B,[num/4 4]);                  %重塑 B,将其变成若干行 4 列的形式
B=B'                                     %转置后,其格式将与文档中的一样
fclose(fid);
```

保存上述代码,运行结果如下所示。

```
B =
    1.0000   67.8000   77.3000   89.0000
    2.0000   90.5000   78.0000   87.0000
    3.0000  100.0000   88.0000   67.0000
    4.0000   88.0000   68.0000   90.0000
```

6.6.6　应用实例:关键字检索

本节将利用低端的 I/O 函数,实现一个应用实例。

【例 6-26】 本例的功能是打开文件,检索其中出现的关键字次数。

任务: 用户打开文件,输入要查找的关键字,输出关键字在文件中的出现次数。

解题思路: 可以利用 fgetl()函数读取一个自然段,然后利用 strfind()函数找到关键字在该自然段中出现的位置和次数,读完全部自然段,即可得到关键字出现的次数。

```
clear all        %清空所有变量,以防有变量会影响后续操作
clc              %清空命令窗口,方便系统提示出错时便于进行查错
fid = fopen('xingong.txt');              %打开文件,本文件非 MATLAB 自带
key=input('请输入要查找的关键字: ','s');   %让用户输入关键字
num=0;                                    %用于统计关键字的出现次数,初始化为 0
tline = fgetl(fid);    %以文本方式读取一行,其实是一个自然段,fgetl()以回车符作为结束
while ischar(tline)          %循环条件,只要读取的这一行中有字符就进行处理,本方法对空行
                             %也有效
    k=strfind(tline,key);    %得到关键字出现的位置
    num=num+numel(k);        %numel 能得到 k 中元素的个数,即出现次数
    tline = fgetl(fid);      %继续读下一行,以便循环
end
fclose(fid);                 %关闭文件
result=sprintf('文中共有%d个%s',num,key);
disp(result);                %显示结果
```

【**例 6-27**】　本例的功能是先把所有要查询的关键字统一放到一个文件里,程序依次检索它们在文中出现的次数,并找到出现次数最多的关键字。

```
clear all
clc
fkey=fopen('keywords.txt','r');        %存放所有的关键字,需要用户自行建立
fp=fopen('xingong.txt','r');           %打开指定文件,本文件非 MATLAB 自带,用户
                                       %可自行替换为其他文件

i=0;                                   %计数有几个关键字
key=fgetl(fkey);                       %读入第一个关键字
while(ischar(key))
    i=i+1;
    num(i)=0;                          %第 i 个关键字出现次数的计数器清零
    frewind(fp);                       %文件指针回到文件头

    t=fgetl(fp);                       %读入第一行
    while(ischar(t))                   %判断是否到文件尾
        a=strfind(t,key);              %查找关键字所在位置
        num(i)=num(i)+numel(a);        %累加关键字出现次数
        t=fgetl(fp);                   %读入下一行
    end                                %第一个关键字的出现次数统计完毕

    disp([key '的出现次数: ' num2str(num(i))]);   %这里用了字符串拼接方式显示结果
    key=fgetl(fkey);                   %读入下一个关键字,关键字的计数器 i 加 1
end
[m,index]=max(num);                    %所有关键字统计完毕,放在 num 里
frewind(fkey);
for i=1:index
    t=fgetl(fkey);
end
disp(['出现次数最多的关键字是:' t]);
```

最后一段还要重新读一遍关键字文件的原因是,虽然我们已知是第几个关键字出现的次数最多,但并不知道该关键字具体是什么,所以再读一次关键字文件,找到 index 所指向的关键字。

第 7 章

MATLAB 的绘图

MATLAB 具有强大的二维和三维绘图功能,可以很方便地实现各种计算结果的可视化。它不仅具有高层绘图能力,还具有底层绘图能力。所谓高层绘图,是指利用绘图指令绘制图形。绘图指令简单明了、易于掌握,但控制和表现图形的能力较弱。所谓底层绘图,是指通过句柄直接操作图形对象。底层绘图在控制和表现图形方面更加灵活,但较难掌握。利用高层和底层绘图指令,不仅能够绘制所有的标准图形,还能提供丰富多样的表现形式,如使用线型、边界、色彩、渲染、光源、视角等修饰图形,以便更好地将数据的特征展现出来。

本章将采用大量实例重点介绍 MATLAB 的绘图命令。

7.1 基本二维绘图

plot 是最常用的二维绘图命令,其实质是将一组数据用直线连接起来,并在 figure (图形窗口)中进行绘制。图 7-1 所示是空白的图形窗口,图 7-2 所示是绘制了图形后的图形窗口。

图 7-1 空白的图形窗口 Figure 1

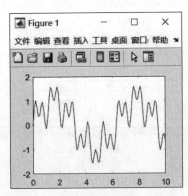

图 7-2 绘制了图形后的 Figure 1

plot 命令主要有以下五种形式。

(1) plot(Y):表示依次连接点 $(1, y_1)$、$(2, y_2)$、$(3, y_3)$,…,(n, y_m),由此形成线。$y_i(i=1, 2, …, m)$表示数组 Y 中的第 i 个元素。

(2) plot(X,Y):表示依次连接点 (x_1, y_1)、(x_2, y_2)、(x_3, y_3),…,(x_m, y_m),由此形成线。$x_i(i= 1, 2, …, m)$表示数组 X 中的第 i 个元素,$y_i(i= 1, 2, …, m)$表示数组 Y 中的第 i 个元素。

(3) plot$(X_1, Y_1, …, X_n, Y_n)$:表示在同一个坐标轴中绘制 n 条曲线,它们分别是曲线 (X_1, Y_1)、曲线 (X_2, Y_2),…,曲线 (X_n, Y_n)。绘制时,MATLAB 会自动为每条曲线设置不同的颜色以示区别。

(4) plot(X1,Y1,LineSpec,…,Xn,Yn,LineSpec)：跟(3)相比，本命令允许用户为每条曲线设置不同的曲线属性(LineSpec)，包括线型、颜色和数据点形状。

(5) plot(…,'PropertyName',PropertyValue,…)：本命令最为灵活，可以设置更多的曲线属性，如线宽、数据点大小、数据点边界颜色与内部颜色等。

【例 7-1】　本例的功能是使用 plot(Y)绘图。

```
>>x=-pi:0.1:pi;        %采样间隔为 0.1
>>y=sin(x);            %y 是 1 行 63 列的数组
>>plot(y);
```

程序运行效果如图 7-3 所示。

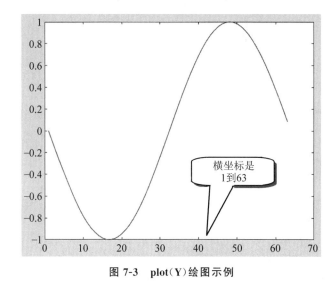

图 7-3　plot(Y)绘图示例

【例 7-2】　本例的功能是使用 plot(X,Y)绘图，并通过返回句柄后，对曲线参数进行设置。

```
>>x=-pi:0.1:pi;
>>y=sin(x);               %y 是 1 行 63 列的数组
>>h=plot(x,y);
>>set(h,'linewidth',5);    %利用句柄对曲线参数重新进行设置，在第 8 章会专门讲解
```

程序运行效果如图 7-4 所示。

【例 7-3】　本例的功能是使用 plot(X1,Y1,…,Xn,Yn)绘图。

```
>>x=-pi:0.1:pi;
>>y1=sin(x);
>>y2=cos(x);
>>plot(x,y1,x,y2);
```

程序运行效果如图 7-5 所示。系统默认曲线线型为实线，颜色则依据曲线的先后顺序依次设置。

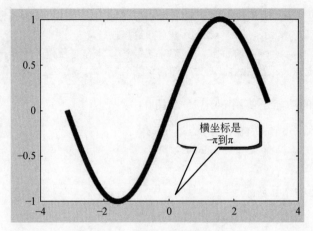

图 7-4   plot(X,Y)绘图示例

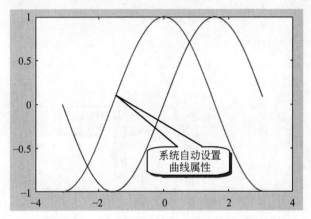

图 7-5   plot(X1,Y1,…,Xn,Yn)绘图示例

【例 7-4】 本例的功能是使用 plot(X1,Y1,LineSpec,…,Xn,Yn,LineSpec)绘图。

```
>>x=-pi:0.1:pi;
>>y1=sin(x);
>>y2=cos(x);
>>plot(x,y1,'r--',x,y2,'k-d');    %(x,y1)是红色虚线,(x,y2)是黑色实线,数据点为菱形
```

程序运行效果如图 7-6 所示。利用本命令,用户可以设置曲线的线型、颜色和数据点形状。有关线型、颜色和数据点的种类及设置方法可参见 7.2.2 节。

【例 7-5】 本例的功能是使用 plot(…,'PropertyName',PropertyValue,…)绘图。

```
>>x=-pi:0.3:pi;    %采样间隔为 0.3,其目的是为了更好地显示属性设置效果
>>y=sin(x);
>>plot(x,y,'ro-','linewidth',2,'markersize',10,'markeredgecolor','g',
'markerfacecolor','k');
```

程序运行效果如图 7-7 所示。利用本命令,用户可以设置更多曲线属性,如线宽、数据点大小、数据点边界颜色与内部颜色等。本例中,曲线为红色实线,线宽为 2,数据点形状为圆形,大小为 10,数据点边界颜色为绿色,数据点内部颜色为黑色。有关属性的设置方法可参见 7.2.2 节。

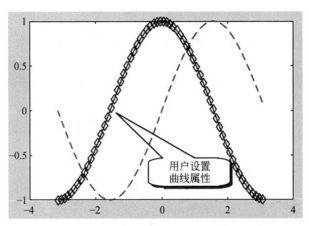

图 7-6 plot(X1,Y1,LineSpec,…)绘图示例

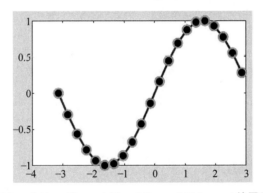

图 7-7 plot(…,'PropertyName',PropertyValue,…)绘图示例

利用 plot 命令绘制曲线时,会用直线连接相邻的数据点,因此曲线的光滑与否与数据点的点数相关,在绘制时要注意这个问题。

【例 7-6】 本例的功能是查看曲线的光滑度与数据的点数关系。

```
>>x=-pi: pi;        %采样间隔为 1
>>y=sin(x);         %y 是 1 行 7 列的数组
>>plot(x,y);
```

程序运行效果如图 7-8 所示。由于采样间隔过大,看上去已不像正弦曲线了。

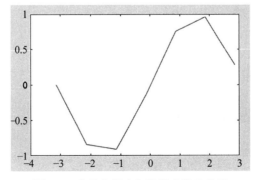

图 7-8 曲线光滑度与数据点数的关系

7.2 多图绘制与图形修饰

MATLAB 允许用户对图形的线型、颜色、数据点等属性进行设置,还可以在同一个图形窗口中进行多图绘制、添加标题、坐标名称、文字注释、图注,以及对坐标轴进行设置。曲线是最常见的图形,本节将以曲线为例,介绍相关命令的使用方法,图 7-9 和图 7-10 是效果示例。

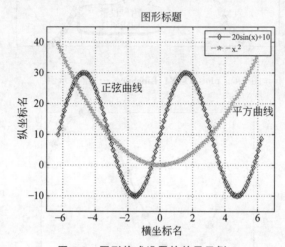

图 7-9 图形格式设置的效果示例 1

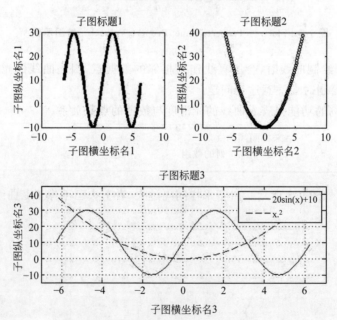

图 7-10 图形格式设置的效果示例 2

7.2.1 多图绘制

思考下列语句能否实现在同一个轴上绘制出正弦和余弦曲线。

```
>>x=-pi:0.1:pi;
>>y1=sin(x);
>>y2=cos(x);
>>plot(x,y1);
>>plot(x,y2);
```

答案是不能。运行结果如图 7-11 所示,坐标轴上只有余弦曲线。这是因为每调用一次 plot 命令,MATLAB 都会刷新图形窗口,覆盖原来的图形。

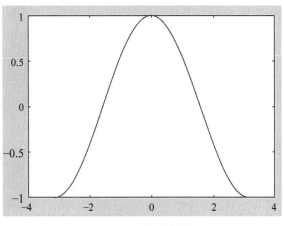

图 7-11　余弦曲线

有 3 种方法可以实现在同一个坐标轴上绘制多图。

1. 利用 plot(X1,Y1,…,Xn,Yn)命令

实例可以参见例 7-3。

2. 利用 hold 命令

hold 命令表示保留图形窗口中的图形,不进行刷新。hold on 表示开启该功能,hold off 表示关闭该功能。

【例 7-7】　本例的功能是利用 hold 命令进行多图绘制。

```
>>x=-pi:0.1:pi;
>>y1=sin(x);
>>y2=cos(x);
>>plot(x,y1);
>>hold on;        %不刷新图形窗口,继续在原窗口绘制
>>plot(x,y2);
```

程序运行效果如图 7-12 所示。

3. 利用 subplot 子图窗口命令

基本的 subplot 子图窗口命令有以下两个。

(1) subplot(m,n,p)或 subplot(mnp):将图形窗口分成 m×n 个子图窗口,p 表示子图编号。如图 7-13 所示,按照从左到右、从上到下的顺序对子图进行编号。

(2) subplot('position', [left bottom width height]):在指定的位置建立一个子图窗口,left、bottom、width 和 height 分别表示子图的左上角、底部、子图的宽度和高度,这四个参

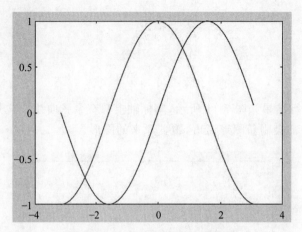

图 7-12   利用 hold 命令绘制多图

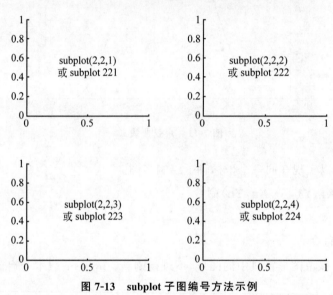

图 7-13   subplot 子图编号方法示例

数均已按照图形窗口的尺寸进行了归一化，取值为 0.0～1.0。例如，subplot('position',[0.5 0.2 0.4 0.6]) 将生成如图 7-14 所示的子图窗口。

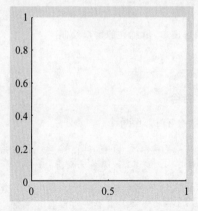

图 7-14   subplot('position',[0.5 0.2 0.4 0.6]) 生成的子图窗口

【例 7-8】　本例的功能是利用 subplot 命令进行多图绘制。

```
>>x=-pi:0.1:pi;
>>y1=sin(x);
>>y2=cos(x);
>>y3=sin(2*x).*cos(3*x);        %注意这里用的是 .* ,即数组乘法
>>subplot(2,2,1);              %把图形窗口分成 2×2 块,在第 1 个子图中绘图
>>plot(x,y1);
>>subplot(222);               %把图形窗口分成 2×2 块,在第 2 个子图中绘图
>>plot(x,y2);
>>subplot(2,2,[3 4]);          %把图形窗口分成 2×2 块,在第 3 和第 4 个子图组合起来的
                              %空间绘图
>>plot(x,y3);
```

程序运行效果如图 7-15 所示。如果要绘制出如图 7-16 所示的效果,应如何设置子图命令?

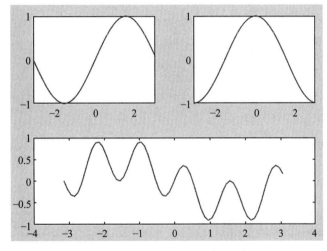

图 7-15　利用 subplot 进行绘图示例 1

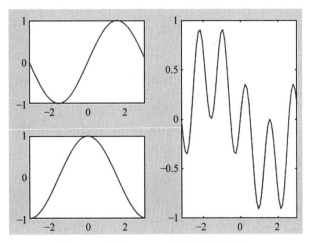

图 7-16　利用 subplot 进行绘图示例 2

提示：中括号[ ]经常用在参数"超过1个"的场合。例如,A＝[1 3 6]表示要赋给A的值超过1个,[m,n]＝size(A)表示size()函数的输出超过1个,类似的还有B＝C([2 5 7],[1 4])和subplot(2,2,[3 4])等。

7.2.2 图形属性的设置

在绘图中常用的图形属性有线型、颜色、数据点和线宽等。

1. 线型属性的设置

线型属性(linestyle)的说明如表7-1所示。

表7-1 线型属性的说明

符　号	说　明	符　号	说　明
-	实线(默认)	:	点线
--	虚线	none	没有线
-.	点画线		

使用示例：

```
plot(x,y)、plot(x,y, '--')、plot(x1,y1, '-.',x2,y2, ':')、plot(x,y, 'linestyle',
'--')
```

2. 颜色属性的设置

颜色属性(color)的说明如表7-2所示。

表7-2 颜色属性的说明

符　号	说　明	符　号	说　明
b	蓝色(默认)	m	品红色
c	青色	r	红色
g	绿色	w	白色
k	黑色	y	黄色

使用示例：

```
plot(x,y)、plot(x,y, 'r')、plot(x1,y1, 'g',x2,y2, 'y')、plot(x,y, 'color', 'b')
```

MATLAB采用RGB模型表示颜色,即每一种颜色都由R(红色)分量、G(绿色)分量和B(蓝色)分量组成。这三种分量取值都为0.0～1.0,它们的不同组合形成了不同的颜色,如[1 0 0]代表红色,[0 0 0]代表黑色,而[1 1 1]代表白色。

MATLAB为8种常用颜色定义了符号,基本能满足用户的需要。如果需要使用其他颜色,应使用RGB数值进行赋值,如plot(x,y, 'color',[0.2 0.6 0.3])。

3. 数据点属性的设置

数据点属性(marker)的说明如表7-3所示。

表 7-3　数据点属性的说明

符　号	说　明	符　号	说　明
+	十字形	^	上三角形
o	圆形	v	下三角形
*	星形	>	右三角形
.	点形	<	左三角形
x	交叉形	p	五边形
s	方形	h	六边形
d	菱形	none	无数据点（默认）

注：与数据点相关的属性包括数据点大小（markersize）、数据点边界颜色（markeredgecolor）和数据点内部颜色（markerfacecolor）。如果在绘图时设置了数据点类型，就可对这些属性进行设置。

使用示例：

```
plot(x,y, 'd')、plot(x,y, 'o', 'markersize',10, 'markerfacecolor', 'r')
```

除此之外，还可以对线宽（linewidth）进行设置，默认线宽为 0.5。

如果线型、颜色和数据点的属性设置紧接在数据参数之后，可以一次性加以设置，顺序随意。

【例 7-9】　本例的功能是对图形进行属性设置。

```
>>x=-pi:0.3:pi;          %采样间隔为 0.3
>>y1=sin(x);
>>y2=cos(x);
>>subplot(211)
>>plot(x,y1,'r-p',x,y2,'--go','linewidth',2);     重新设置了颜色
>>subplot(212)
>>plot(x,y1,'r-p',x,y2,'--go','color','k');
```

程序运行效果如图 7-17 所示。可以发现，利用 plot(X1,Y1,…,Xn,Yn)命令绘制多条曲线时，后续的属性设置是针对全部曲线的，并且会覆盖原曲线的属性值。如果希望不同曲线有不同的属性值，如线宽不一样，则需要对每条曲线单独使用 plot 命令，并使用 hold on 命令将所有曲线绘制在同一个坐标轴上。

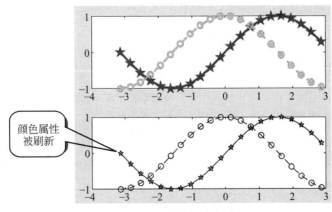

图 7-17　图形属性设置示例

【例7-10】 本例的功能是对图形中的曲线设置不同属性值。

```
>>x=-pi:0.3:pi;          %采样间隔为0.3
>>y1=sin(x);
>>y2=cos(x);
>>plot(x,y1,'r-p','linewidth',1);
>>hold on;
>>plot(x,y2,'go--','linewidth',3);
```

程序的运行结果如图7-18所示。

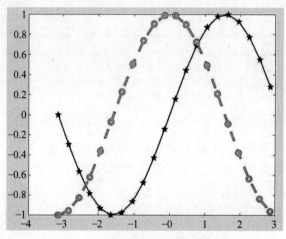

图7-18 不同图形属性设置示例

7.2.3 图形的辅助说明

为便于理解和分析图形数据,经常需要使用标题、坐标名、文字注释和图注等辅助手段。

1. 标题和坐标名

标题(title)、x轴坐标(xlabel)、y轴坐标(ylabel)和z轴坐标(zlabel)的语法形式完全相同,此处以title命令为例,介绍这些命令的使用方法。

> (1) title('string'):把string作为标题显示在当前轴的上方中间处。
> (2) title(fname):fname是函数名,把执行完该函数后返回的字符串作为标题。
> (3) title(…,'PropertyName',PropertyValue,…):设置字型、字体大小、颜色等属性。

【例7-11】 本例的功能是设置图形的标题。

```
>>subplot(221)
>>title('first one');                   %使用字符串作为标题
>>xlabel('横坐标1');                     %设置横坐标名字
>>ylabel('纵坐标1');                     %设置纵坐标名字
>>subplot(222)
>>title(datestr(date,'yyyy-mm-dd'));    %使用函数作为标题,此处是以指定格式显示当前日期
>>xlabel('横坐标2');
>>ylabel('纵坐标2');
>>subplot(223)
```

```
>>title({'First line';'Second line'});     %使用多行标题,用";"间隔
>>subplot(224)
>>title('\ite^{\omega\tau} = cos(\omega\tau) +isin(\omega\tau)');
                              %标题中有特殊格式和字符
```

程序运行效果如图 7-19 所示。可以发现,标题、横坐标等的设置只针对当前图(子图)。

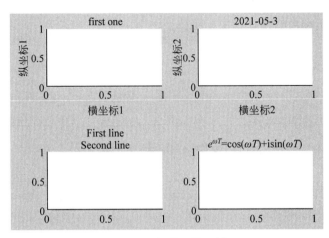

图 7-19 标题设置示例

MATLAB 提供了上百个特殊符号用于字符显示,由于篇幅所限,表 7-4 只列举了常用的格式控制符和特殊符号,可在帮助中搜索 text,查阅相关内容。

表 7-4 常用的格式控制符和特殊符号说明

符 号	说 明	符 号	说 明
字体控制：\bf	粗体	\leq	≤
\it	斜体	\pm	±
\rm	正常体	希腊字母：\alpha	α
箭头方向：\rightarrow	→	\beta	β
\Leftarrow	⇐	\lambda	λ
\leftrightarrow	↔	\omega	ω
数学符号：\angle	∠	\sigma	σ
\cap	∩	\tau	τ
\div	÷	\Lambda	Λ
\in	∈	\Omega	Ω
\int	∫	\Sigma	Σ

2. 文字注释

有两个文字注释的命令：text 和 gtext。两者的区别：使用 text 命令时,必须要指定文字所在的位置;而 gtext 命令则采用交互的方式,当程序执行到此处时,由用户单击确定文字位置。

text 命令的格式：

> (1) text(x,y,'string')：在(x,y)坐标处显示 string。
>
> (2) text(x,y,z,'string')：在(x,y,z)坐标处显示 string。
>
> (3) text(x,y,z,'string','PropertyName',PropertyValue…)：可设置 string 的字体、颜色等属性。

【例 7-12】 本例的功能是进行文字注释。

```
>>x=-pi:0.3:pi;
>>y=sin(x);
>>plot(x,y);
>>text(0,-0.2,' \leftarrow sin(x)','fontsize',18);        %字符串中包含箭头,字号为 18
```

程序运行效果如图 7-20 所示。

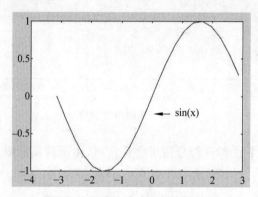

图 7-20 用 text 命令进行文字注释

gtext 命令的格式：

> (1) gtext('string')：在用户单击处显示 string。
>
> (2) gtext({'string1','string2','string3',…,})：在用户单击处显示多行文字,文字间以","间隔。
>
> (3) gtext({'string1';'string2';'string3';…})：用户每单击一次,显示一行文字,文字间以";"间隔。

执行 gtext 命令时,当用户把鼠标移进坐标轴区域时,鼠标的箭头形状会变为"＋",如图 7-21 所示,单击后,即会在单击处显示文字。

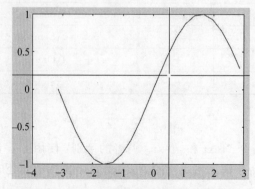

图 7-21 用 gtext 命令进行交互式文字注释

3. 使用图注

图注命令是 legend,基本的格式:

```
legend('string1','string2',…)
```

常用的图注属性主要有位置属性(location)和方向属性(orientation),可以确定图注所在的位置(可直接使用 north、west、southeast、eastoutside、best、bestoutside 等 18 个位置,也可自定义位置)和方向(vertical 或 horizontal)。

【例 7-13】 本例的功能是使用图注对曲线进行说明。

```
>>x=-pi:0.3:pi;                                  %采样间隔为 0.3
>>y1=sin(x);
>>y2=cos(x);
>>subplot(211)
>>plot(x,y1,'r-p',x,y2,'--go');
>>legend('sin 曲线', 'cos 曲线');                 %以默认位置和方向显示图注
>>subplot(212)
>>plot(x,y1,'r-p',x,y2,'--go');
>>legend('sin 曲线', 'cos 曲线', 'location', 'best'); %以最少遮挡曲线的方式确定图注位置
```

程序运行效果如图 7-22 所示。

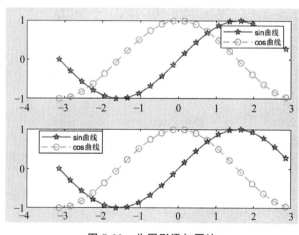

图 7-22　为图形添加图注

7.2.4　设置坐标轴网格与坐标框

1. 坐标轴

自定义坐标轴范围的命令是 axis([xmin xmax ymin ymax])。注意必须满足 xmin < xmax,ymin < ymax,可以取-inf 或 inf。如果是三维图形,只需增加相应的 zmin 和 zmax。

此外,还可以对坐标轴进行定制,如设置坐标轴的原点位置、依数据设置刻度等。坐标轴定制命令的说明如表 7-5 所示。

表 7-5　坐标轴定制命令及其说明

命　　令	说　　　　明	命　　　令	说　　　　明
axis auto	默认设置,根据 x,y,z 的最小、最大值确定刻度	axis normal	匹配图形窗口的矩形坐标系
axis equal	在每个轴上都采用等长刻度	axis off	不显示坐标轴
axis fill	在 manual 方式下起作用,使坐标轴充满整个绘图区	axis on	显示坐标轴
axis ij	矩阵式坐标,原点在左上角	axis square	正方形坐标系
axis image	与 axis equal 一样采用等长刻度,但坐标框紧贴数据范围	axis tight	将数据范围直接设置为坐标范围
axis manual	保持当前坐标范围不变	axis xy	普通直角坐标系,原点在左下角

【例 7-14】　本例的功能是对坐标轴进行定制。

```
>>x=-pi:0.3:pi;
>>y=sin(x);
>>subplot(231);
>>plot(x,y);
>>title('axis auto');        %默认坐标轴
>>subplot(232);
>>plot(x,y);
>>axis([-4 4 -2 2]);      %先自定义坐标范围
>>title('axis tight');
>>axis tight;          %以数据范围为坐标范围
>>subplot(233);
>>plot(x,y);
>>title('axis square');
```

```
>>axis square;          %正方形坐标轴
>>subplot(234);
>>plot(x,y);
>>title('axis equal');      %等长刻度
>>axis equal;
>>subplot(235);
>>plot(x,y);
>>title('axis image');
>>axis image;
>>subplot(236);
>>plot(x,y);
>>title('axis off');      %不显示坐标轴
>>axis off;
```

程序运行效果如图 7-23 所示。

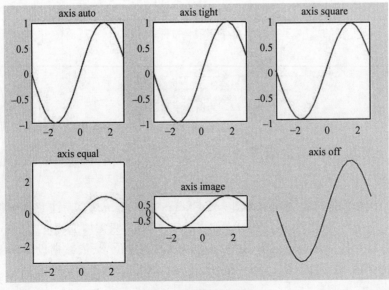

图 7-23　坐标轴定制示例

2. 网格线和坐标框

grid on 命令：显示网格线。

grid off 命令：不显示网格线。

box on 命令：显示坐标框。

box off 命令：不显示坐标框。

【例 7-15】　本例的功能是设置网格和坐标框。

```
>>x=-pi:0.3:pi;
>>y=sin(x);
>>subplot(211);
>>plot(x,y);          %默认是不显示网格,显示坐标框
>>subplot(212)
>>plot(x,y)
>>grid on;            %显示网格
>>box off             %不显示坐标框
```

程序运行效果如图 7-24 所示。

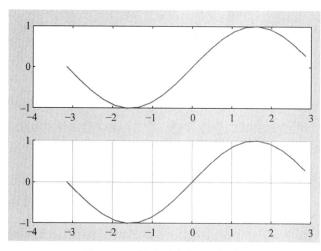

图 7-24　网格与坐标框设置示例

7.3　特殊二维绘图命令

除了 plot 命令，MATLAB 还提供了一些绘制特殊二维图形的命令，可以很方便地绘制直方图、饼图、区域图、极坐标图、对数图和向量图等。表 7-6 列举了一些常用的特殊二维绘图命令及其说明。

表 7-6　常用的特殊二维绘图命令及其说明

命　　令	说　　明	命　　令	说　　明
area	区域图	compass	罗盘图
bar	条形图	comet	彗星图

续表

命　令	说　明	命　令	说　明
contour	二维等高线图	pie	饼图
errorbar	误差棒图	polar	极坐标图
ezplot	符号函数二维曲线	quiver	向量场图
feather	速度向量图	rose	统计频率数扇块图
fill	填充图	semilogx	x 轴对数坐标曲线
hist	统计频率直方图	semilogy	y 轴对数坐标曲线
fplot	函数图	stem	火柴杆图
loglog	对数坐标曲线	stairs	阶梯图
pcolor	伪彩色图		

7.3.1　绘制区域图

area 命令用来绘制区域图,其主要格式为

```
(1) area(Y)。
(2) area(X,Y)。
```

area 命令按列的方向绘制曲线,并且在曲线与基线之间进行填充,以形成区域图。当只有一条曲线时,基线为横坐标轴;当同时绘制多条曲线时,每条曲线都会将它前面一条曲线当作基线,在其基础上累加本曲线的数值后进行填充,其中第一条曲线的基线是横坐标轴。

【例 7-16】　本例的功能是绘制区域图。

```
>>x=round(rand(3,5) * 100)      %模拟 3 名学生的 5 门课成绩
x =
    71    5   69    3   77
     3   10   32   44   80
    28   82   95   38   19
>>area(x);                      %绘制区域图
>>title('学生成绩');
```

程序运行效果如图 7-25 所示。图中有 5 个区域,分别对应数组 x 中的 5 列。第一条曲线[71 3 28],是以横坐标轴为基线进行绘制;第二条曲线[5 10 82]是在第一条曲线的基础之上绘制的;第三条曲线[69 32 95]是在第二条曲线的基础之上绘制的,以此类推。绘制完成后,可以直观地看到 3 名学生的总成绩与排名,以及各门课成绩的分布情况。当需要进行数据集的比较时,区域图是很有用的。

调用 area 命令时,还可以设置基线(basevalue)、填充色(facecolor)、边界色(edgecolor)、线宽(linewidth),以及设置色图(colormap),如 colormap summer(见图 7-26)。这样,系统将以统一的风格为区域依次填充颜色。

提示:MATLAB 预定义了近 20 种 colormap(如 winter、bone、hot 等),有关它的使用方法,可参见 7.5.3 节。colormap 一旦被设置,系统将一直使用它直到设置新的 colormap。如果需要恢复默认的 colormap,命令是 colormap default。

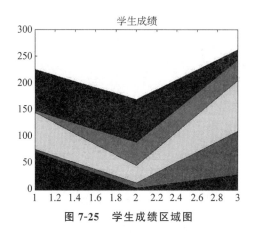

图 7-25　学生成绩区域图

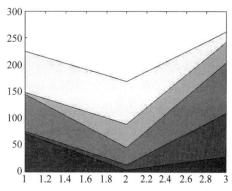

图 7-26　改变了色图后的区域图

如果希望自行设置每个区域的颜色,则需要使用底层绘图命令,即直接对图形句柄进行操作。

【例 7-17】　本例的功能是利用底层绘图命令设置区域图属性。

本例继续沿用例 7-16 的数据。

```
>>h=area(x);                    %绘制区域图时获得图形的句柄,由于有 5 个区域,所以 h 的维数是 5
>>set(h(1),'facecolor','r');    %设置第一个区域的填充色为红色
>>set(h(3),'edgecolor','m');    %设置第三个区域的边界色为品红色
>>set(h(3),'linewidth',3);      %设置第三个区域的线宽为 3
>>set(h,'linestyle',':');       %也可统一对全部区域进行设置,线型为点线
>>set([h(2) h(4)],'facecolor','b'); %可用[]对若干个区域进行设置
```

程序运行效果如图 7-27 所示。显然,底层绘图命令控制图形的能力更强、在对数据的表现上也更加灵活。事实上,所有的高层绘图命令所能得到的效果都能通过句柄,以底层绘图命令的形式加以实现。

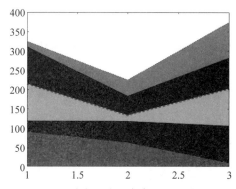

图 7-27　通过底层绘图命令设置区域图属性

后文所要绘制的特殊二维图形,只要获得返回的图形句柄,就可以通过底层绘制命令进行图形属性的重新设置。为节省篇幅,后文将不再在示例中刻意修改图形属性。

7.3.2　绘制条形图

bar 命令用于绘制条形图,其主要格式为

```
(1) bar(Y)。
(2) bar(X,Y)。
(3) bar(…,width)。
(4) bar(…,'style')。
```

bar 命令按行的方向绘制条形图,并可以设置条形的宽度 width(默认为 0.8)和条形图的显示风格 style(可选风格参见表 7-7)。

表 7-7 条形图显示风格说明

风 格	说 明	风 格	说 明
grouped	以并列方式显示条形,条形之间有空隙(默认)	histc	以直方图方式显示条形,条形之间无空隙
stacked	以累积方式显示条形	hist	同 histc,但条形中心位置正对 x 坐标刻度

注意:width 和 style 并不是条形图的属性,因此不能用 bar(Y, 'width',0.6, 'style', 'stacked')进行设置,而应使用 bar(Y,0.6, 'stacked')。事实上,条形宽度属性是 barwidth。

【例 7-18】 本例的功能是以不同风格绘制条形图。

本例沿用例 7-16 的数据。

```
>>subplot(221)
>>bar(x);
>>title('grouped 风格');
>>subplot(222);
>>bar(x,'stacked');
>>title('stacked 风格');
>>subplot(223);
>>bar(x,'histc');
>>title('histc 风格');
>>subplot(224);
>>bar(x,'hist');
>>title('hist 风格');
```

程序运行效果如图 7-28 所示。当 width<0.8 时,即使使用'histc 风格'或'hist 风格',条形之间也会出现空隙,可自行尝试。

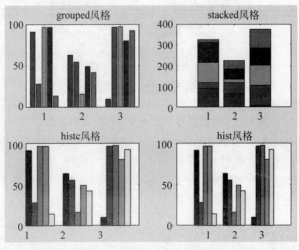

图 7-28 以不同风格绘制条形图

7.3.3　绘制罗盘图

compass 命令用于绘制起点在图形原点的向量图(罗盘图),该函数采用笛卡儿坐标系,并且在圆形栅格上进行图形的绘制。其主要格式为

> (1) compass(U,V)：起点在原点,终点在(U(i),V(i))。
> (2) compass(Z)：Z 是复数,相当于 Z 的实部 real(Z) 是前一个命令中的 U,Z 的虚部 imag(Z) 是前一个命令中的 V。

【例 7-19】　本例的功能是绘制罗盘图。

```
>>a=rand(20,1);                    %产生随机数
>>b=rand(20,1);
>>compass(a,b);
```

程序运行效果如图 7-29 所示。

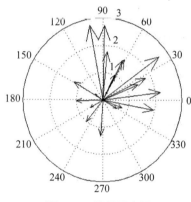

图 7-29　绘制罗盘图

7.3.4　绘制彗星图

comet 命令以动画的方式绘制曲线,而曲线就好像彗星经过后所留下的尾巴。其主要格式为

> (1) comet(y)。
> (2) comet(x,y)。

【例 7-26】　本例的功能是绘制彗星图。

```
>>close all        %为了看到动画,应事先关闭所有图形窗口
>>t = 0:0.01:2 * pi;
>>x = cos(2 * t) .* (cos(t).^2);
>>y = sin(2 * t) .* (sin(t).^2);
>>comet(x,y);
```

程序运行效果如图 7-30 所示。

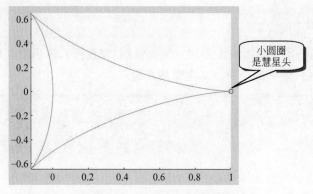

图 7-30　动画完成后的彗星图

7.3.5　绘制等高线图

contour 命令用于绘制等高线,其主要格式为

> (1) contour(Z): Z 是等高线表达式,横坐标取值范围为 1:n,纵坐标取值范围为 1:m,[m,n]= size(Z)。
> (2) contour(Z,n): n 是要绘制的等高线层数。
> (3) contour(X,Y,Z): 与(1)不同,由 X 和 Y 决定 Z 的横坐标和纵坐标取值范围,X、Y 与 Z 同维,且必须单调递增。
> (4) contour(X,Y,Z,n)

【例 7-21】　本例的功能是绘制等高线图。

```
>>[X,Y,Z]=peaks;              %用 peaks 函数产生数据
>>subplot(211);
>>contour(X,Y,Z,10);          %绘制 10 层的等高线
>>title('10层等高线');
>>subplot(212);
>>contour(X,Y,Z,20);          %绘制 20 层的等高线
>>title('20层等高线');
```

程序运行效果如图 7-31 所示。

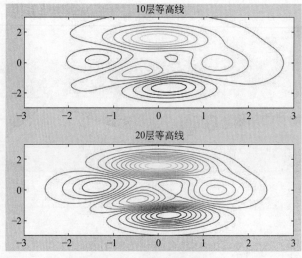

图 7-31　绘制等高线图

　　提示：peaks 是 MATLAB 提供的一个三维数据函数，称为多峰函数，经常用于展示 mesh、surf、pcolor 和 contour 等命令的绘图效果。类似的函数还有 sphere（球体）和 cylinder（柱体），具体可参见 7.4.4 节。

7.3.6　绘制误差棒图

errorbar 命令用于绘制误差棒图，其主要格式为

> (1) errorbar(Y,E)：Y 是要绘制的曲线，E 与 Y 同维，表示 Y 中每个元素的误差。由于误差含正误差和负误差，因此误差棒的长度是 2E。
> (2) errorbar(X,Y,E)

【**例 7-22**】　本例的功能是绘制误差棒图。

```
>>X = 0:pi/10:pi;
>>Y = sin(X);
>>E=rand(size(X));          %产生与 Y 同维的随机矩阵作为误差
>>errorbar(X,Y,E)
```

程序运行效果如图 7-32 所示。

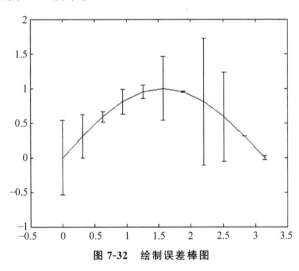

图 7-32　绘制误差棒图

7.3.7　绘制速度向量图和向量场图

1. 速度向量图

feather 命令用于绘制速度向量图，该函数采用笛卡儿坐标系，其主要格式为

> (1) feather(U,V)：起点为横坐标的第 i 个刻度，终点在 (U(i),V(i))。
> (2) feather(Z)：Z 是复数，相当于 feather(real(Z),imag(Z))。

【**例 7-23**】　本例的功能是绘制速度向量图。

```
>>theta=-0.5*pi:0.1:0.5*pi;       %用极坐标(极角,矢径)表示向量
>>r=2*ones(size(theta));          %矢径 r 与极角 theta 同维,统一为 2
>>[u,v] = pol2cart(theta,r);      %极坐标系转成笛卡儿坐标系
>>feather(u,v);
```

程序运行效果如图 7-33 所示。

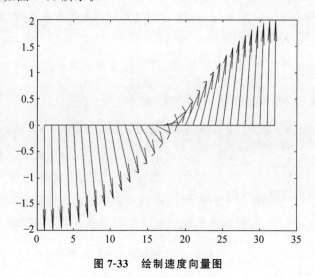

图 7-33　绘制速度向量图

2. 向量场图

quiver 命令用于绘制向量场图,其主要格式为

(1) quiver(u,v): 在 xy 平面上等间距地绘制向量(u,v)。
(2) quiver(x,y,u,v): 在指定位置(x,y)处绘制向量(u,v)。

向量场图通常是与其他图配合使用的。为了能使多幅图显示在同一个坐标轴上,需要使用 hold on 命令。

【例 7-24】　本例的功能是绘制向量场图。

```
>>[X,Y,Z]=peaks(30);         %利用 peaks()产生三维数据
>>contour(X,Y,Z,10);         %绘制等高线图
>>[u,v]=gradient(Z);         %利用 Z 生成向量(u,v),u 和 v 是 Z 的偏导数
>>hold on;                   %要在等高线图上绘制向量场图
>>quiver(X,Y,u,v)
```

程序运行效果如图 7-34 所示。

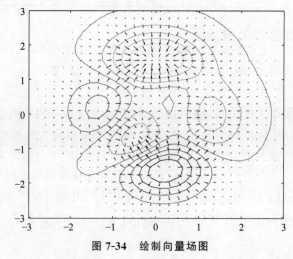

图 7-34　绘制向量场图

7.3.8　绘制直方图和饼图

1. 直方图

histogram 命令用于绘制统计频率直方图,其主要格式为

> (1) n = histogram (Y):根据 Y 的数据范围将其平均分为 10 个区间,统计在每个区间里出现的数据个数,并返回结果。
> (2) n = histogram (Y,x):以 x 中的数据 x(i) 为依据,将 Y 分成 length(x) 个区间,并统计在每个区间里出现的数据个数,并返回结果。
> (3) n = histogram (Y,nbins):根据 Y 的数据范围将其平均分为 n 个区间,并统计在每个区间里出现的数据个数,并返回结果。
> (4) histogram (…):绘制直方图,但不返回结果。

【例 7-25】　本例的功能是绘制统计频率直方图。

```
>>x=-3:0.5:3;              %x 的维数是 13,即 length(x)=13
>>y=randn(10000,1);        %服从正态分布的随机数
>>n=histogram (y,x);       %返回结果,但不绘制直方图
>>hist(y,x);               %不返回结果,但绘制直方图
```

程序运行效果如图 7-35 所示。

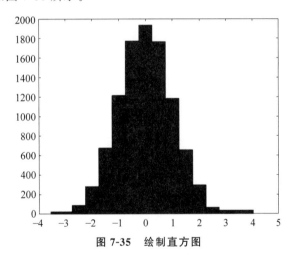

图 7-35　绘制直方图

2. 饼图

pie 命令用于绘制饼图,其主要格式为

> (1) pie(X):将数组 X 中的数据按比例换算后绘制饼图。
> (2) pie(X,explode):explode 与 X 同维,只包括 0 和 1,1 表示突出显示对应的扇形。
> (3) pie(…,labels):可以对每个扇形做注释,注释的个数必须与扇形的个数相同。

【例 7-26】　本例的功能是绘制饼图。

```
>>x = [1 3 0.5 2.5 2];
>>y=[0 1 0 0 0];
>>pie(x,y,{'第一块','第二块','第三块','第四块','第五块'});     %注意{}的使用
```

程序运行效果如图 7-36 所示。数组 x 的数据和是 9,各部分比例被换算成 1/9,3/9,0.5/9,2.5/9 和 2/9,数组 y 表示第二个扇形需要被突出显示。

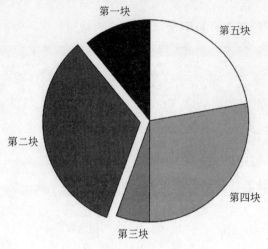

图 7-36　绘制饼图

7.3.9　绘制填充图和伪彩色图

1. 填充图

fill 命令用于填充图形,其主要格式为

fill(X,Y,ColorSpec):由 X 和 Y 组成封闭图形(用直线连接第一对坐标与最后一对坐标),并用指定的颜色进行填充。

【例 7-27】　本例的功能是填充图形。

```
>>x=-pi:0.3:pi;
>>y=sin(x);
>>fill(x,y,'r');            %填充红色
```

程序运行效果如图 7-37 所示。

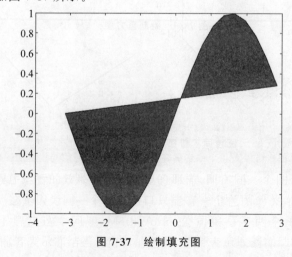

图 7-37　绘制填充图

2. 伪彩色图

pcolor 命令用于绘制伪彩色图,其主要格式为

> (1) pcolor(C):C 中的数据与色图中的数据进行直接映射,形成伪彩色图。
> (2) pcolor(X,Y,C):在指定位置上绘制伪彩色图。

【例 7-28】　本例的功能是绘制伪彩色图。

```
>>n = 6;
>>r = (0:n)'/n;                  %矢径 r 的维数是 7,从 0 到 1 均匀取值
>>theta = pi * (-n:n)/n;          %极角也均匀取值,维数为 13
>>X = r * cos(theta);             %极坐标转笛卡儿坐标
>>Y = r * sin(theta);
>>C = r * cos(2 * theta);         %设置颜色矩阵
>>pcolor(X,Y,C)
>>axis square tight               %让坐标轴变成正方形,且紧贴数据范围
```

程序运行效果如图 7-38 所示。

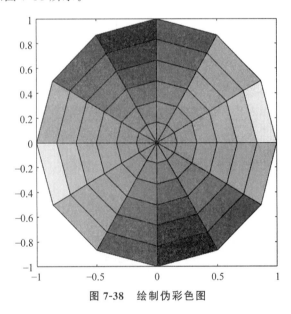

图 7-38　绘制伪彩色图

7.3.10　绘制火柴杆图和阶梯图

stem 命令用于绘制火柴杆图,stairs 命令用于绘制阶梯图,它们的主要格式相同:

> (1) stem(Y)或 stairs(Y)。
> (2) stem(X,Y)或 stairs(X,Y)。

【例 7-29】　本例的功能是绘制火柴杆图和阶梯图。

```
>>x=-pi:0.3:pi;
>>y=sin(x);
>>subplot(211);
>>stem(x,y);
```

```
>>title('火柴杆图');
>>subplot(212);
>>stairs(x,y);
>>title('阶梯图');
```

程序运行效果如图 7-39 所示。

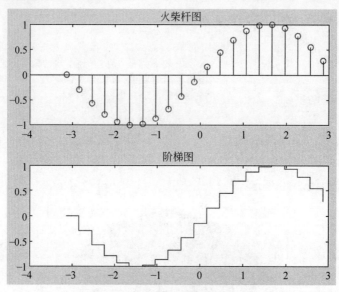

图 7-39　绘制火柴杆图和阶梯图

7.3.11　绘制极坐标图和对数坐标图

1. 极坐标图

polarplot 命令用于绘制极坐标图，其主要格式为

> (1) polarplot (theta,rho)：theta 是极角，rho 是矢径。
> (2) polarplot (theta,rho,LineSpec)：可设置曲线属性。

【例 7-30】　本例的功能是绘制极坐标图。

```
>>t=2*-pi:0.1:2*pi;
>>r=sin(2*t).*cos(2*t);
>>polarplot (t,r,'-r*');
```

程序运行效果如图 7-40 所示。

2. 对数坐标图

MATLAB 提供了绘制对数坐标（loglog）和半对数坐标（semilogx 和 semilogy）曲线的函数，它们的调用格式完全一样。以 semilogx 命令为例，其主要格式为

> (1) semilogx(Y)。
> (2) semilogx(X1,Y1,⋯)。
> (3) semilogx(X1,Y1,LineSpec,⋯)。

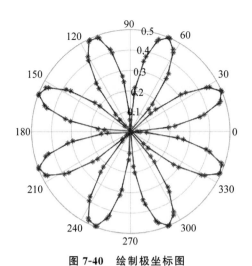

图 7-40 绘制极坐标图

【例 7-31】 本例的功能是绘制对数坐标图和半对数坐标图。

```
>>t=0:0.1:2*pi;                %注意: 对数坐标中,变量不能是负数
>>r=t;
>>subplot(311);
>>semilogx(t,r);
>>title('x 轴半对数坐标曲线');
>>subplot(312);
>>semilogy(t,r);
>>title('y 轴半对数坐标曲线');
>>subplot(313);
>>loglog(t,r);
>>title('对数坐标曲线');
```

程序运行效果如图 7-41 所示。

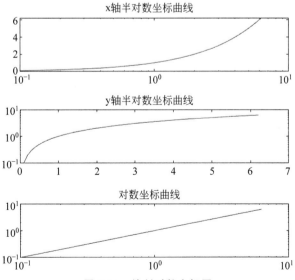

图 7-41 绘制对数坐标图

7.3.12　fplot 绘图

fplot 是函数绘图命令,其主要格式为

```
(1) fplot(f)。
(2) fplot(f,xinterval)。
(3) fplot(funx,funy)。
(4) fplot(__,LineSpec)。
```

其中:

f 是要绘制的函数名,xinterval 是绘制区间,funx 和 funy 可以是其他变量,如时间 t 的函数。

fplot 命令的数据点是自适应产生的。在函数曲线变化剧烈处,所取的数据点较密,反之则较疏,因此,该命令特别适合绘制数据变化较大的曲线。也正因为这个特性,fplot 绘图所花费的时间会更长一些。

【例 7-32】　本例的功能是进行函数绘图。

```
>>x=0.01:0.01:1;
>>y=sin(1./x);
>>subplot(211);
>>plot(x,y);
>>title('用 plot 等分绘制曲线');
>>subplot(212);
>>fplot(@(x)(sin(1./x)),[0.01 1]);        %使用匿名函数编写了 sin(1/x),可参见 4.5.6 节
>>title('用 fplot 自适应绘制曲线');
```

程序运行效果如图 7-42 所示。与采用等分法取点的 plot() 函数相比,fplot() 函数在曲线的左半部分取了更多的数据点,因此曲线更加清晰、更加准确。

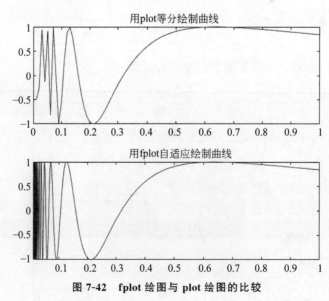

图 7-42　fplot 绘图与 plot 绘图的比较

7.4　三维绘图命令

7.4.1　派生的三维绘图命令

MATLAB 提供了很多由二维绘图命令派生出的三维绘图命令,如 plot3、pie3、bar3、fill3、stem3、quiver3 和 contour3 等,除多了一个 Z 方向上的参数,它们的调用格式和参数含义与对应的二维绘图命令相同,此处不再详细介绍。

【例 7-33】　本例的功能是进行三维曲线绘图。

```
>>t=0:0.1:8*pi;
>>x1=sin(t);
>>y1=cos(t);
>>z=t;
>>subplot(221);
>>plot3(x1,y1,z);
>>title('plot3 绘图');
>>x2=round(rand(3,4)*100);
>>subplot(222);
>>bar3(x2,'grouped');   %采用分组风格
>>title('bar3 绘图');

>>x3=[1 3 0.5 2.5 1];
>>y3=[0 1 0 0 0];
>>subplot(223);
>>pie3(x3,y3);
>>title('pie3 绘图');
>>[x4,y4,z4]=peaks;
>>subplot(224);
>>contour3(x4,y4,z4,20);
>>title('contour3 绘图');
```

程序运行效果如图 7-43 所示。

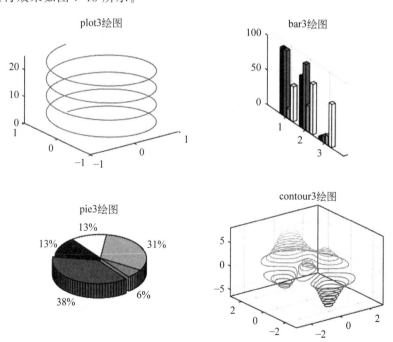

图 7-43　三维曲线绘图

7.4.2　mesh 三维网格绘图

1. mesh 命令

可以通过 mesh 命令绘制三维网格图,其主要格式为

> (1) mesh(X,Y,Z):在 X 和 Y 组成的网格坐标矩阵上绘制 Z,Z 表示网格点上的高度矩阵,同时,网格的颜色与 Z 的高度成正比。
> (2) mesh(Z):取 x=1:n,y=1:m,[m,n]=size(Z),其余同(1)。
> (3) mesh(…,C):C 用于指定在不同高度下的颜色分布情况。
> (4) mesh(…,'PropertyName',PropertyValue,…,):可以设置图形属性值。

X 和 Y 组成的网格坐标矩阵如图 7-44 所示,就好像用刀把豆腐切成整齐的小块。每个区域在 Z 方向上都会对应一个高度,由此就形成了三维网格图。通常情况下,我们能知道 x 和 y 的取值范围,利用 meshgrid(x,y)函数就可生成对应的网格坐标矩阵 X 和 Y 了。网格坐标矩阵生成后,即可由 z=f(x,y)导出 Z=f(X,Y)。

图 7-44　X 和 Y 组成的网格坐标矩阵

【**例 7-34**】　本例的功能是由 x 和 y 生成对应的 X 和 Y。

```
>>x=1:3;
>>y=1:4;
>>[X,Y]=meshgrid(x,y)        %生成网格坐标矩阵,X 和 Y 都是 4 行 3 列
X=
```

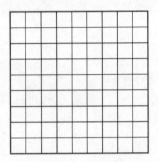

以紫色数据对为例,分别表示 (3,1),(3,2),(3,3)和(3,4)等4个网格坐标

【**例 7-35**】　本例的功能是进行 $f(x,y)=\dfrac{\sin(\sqrt{x^2+y^2})}{\sqrt{x^2+y^2}}$ 的三维网格绘图。

```
>>x=-8:0.5:8;
>>y=x;
>>[X,Y]=meshgrid(x,y);        %生成 X 和 Y 网格坐标矩阵
```

```
>>a=sqrt(X.^2+Y.^2)+eps;     %eps是无穷小,以防出现分母为0的情况
>>Z=sin(a)./a;               %网格化后,可直接使用Z=f(X,Y)
>>mesh(X,Y,Z);
>>grid on;
```

程序运行效果如图 7-45 所示。

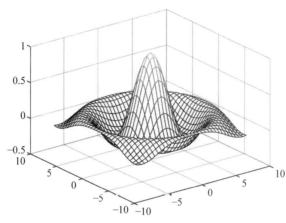

图 7-45　三维网格绘图示例

2. meshc 和 meshz 命令

meshc 和 meshz 都是 mesh 的派生命令,meshc 表示在绘图的同时,在 xy 平面上绘制函数的等高线;meshz 表示在图形的底部外侧绘制平行于 z 轴的边框线。

【例 7-36】 本例的功能是使用 meshc 和 meshz 绘制三维网格图。

本例继续沿用例 7-35 的数据。

```
>>subplot(121);
>>meshc(X,Y,Z);              %含等高线
>>title('meshc');
>>subplot(122);
>>meshz(X,Y,Z);             %底部外侧有边框线
>>title('meshz');
```

程序运行效果如图 7-46 所示。

7.4.3　surf 三维曲面绘图

1. surf 命令

可以通过 surf 命令绘制三维曲面图,其主要格式为

```
(1) surf(Z)。
(2) surf(Z,C)。
(3) surf(X,Y,Z)。
(4) surf(X,Y,Z,C)。
(5) surf(…,'PropertyName',PropertyValue)。
```

surf 的调用格式及参数含义与 mesh 命令的完全相同,只是绘制的是曲面。仍采用

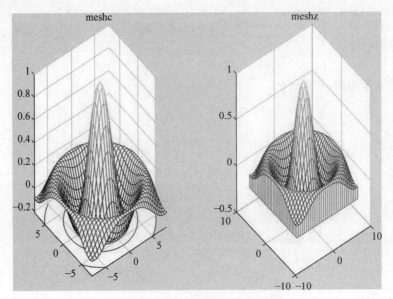

图 7-46　meshc 和 meshz 绘图示例

例 7-35 的数据,如果使用 $surf(X, Y, Z)$,可得到如图 7-47 的曲面。

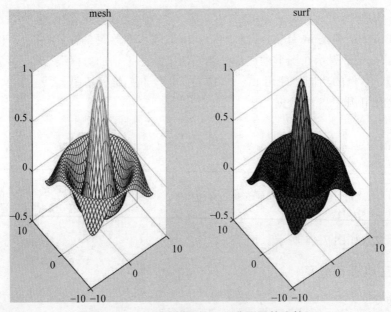

图 7-47　mesh 网格图与 surf 曲面图的比较

与 mesh 命令的绘制结果相比,可以发现,网格图是网格线有颜色,而网格内部是空白的,就好像网兜一样;曲面图则是网格内部有颜色。

在 surf 命令中,对于相邻网格连接处的颜色,有以下 3 种处理方法。

(1) shading faceted:使用黑色网格线,这是默认处理方式。

(2) shading interp:不使用网格线,采用插值方式处理网格内部与连接处的颜色,使曲面过渡得更加光滑。

（3）shading flat：不使用网格线，网格内部颜色相同。

【**例 7-37**】 本例的功能是使用不同方式处理曲面图中网格连接处的颜色。

本例继续沿用例 7-35 的数据。

```
>>subplot(221);
>>surf(X,Y,Z);              %默认方式是使用黑色网格线
>>title('shading faceted');
>>subplot(222);
>>surf(X,Y,Z);
>>shading interp;
>>title('shading interp');
>>subplot(223);
>>surf(X,Y,Z);
>>shading flat;
>>title('shading flat');
```

程序运行效果如图 7-48 所示。

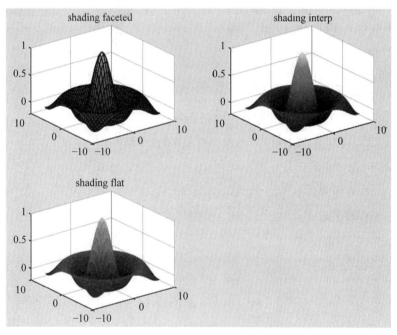

图 7-48   不同的网格边界处理方式

2. surfc 和 surfl 命令

surfc 和 surfl 都是 surf 的派生命令，surfc 表示在绘制曲面的同时，在曲面下方绘制等高线；surfl 表示带光照模式的三维曲面图。

【**例 7-38**】 本例的功能是使用 surfc 和 surfl 绘制三维曲面图。

本例继续沿用例 7-35 的数据。

```
>>subplot(121);
>>surfc(X,Y,Z);
>>title('surfc绘图');
```

```
>>subplot(122);
>>surfl(X,Y,Z);
>>title('surfl绘图');
```

程序运行效果如图 7-49 所示。

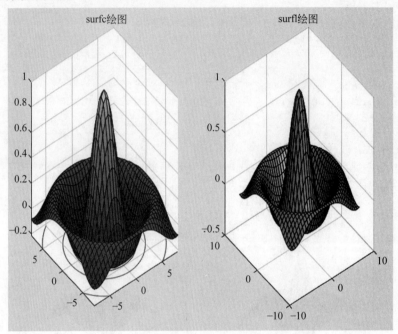

图 7-49 surfc 和 surfl 三维曲面绘图示例

7.4.4 标准三维曲面命令

1. sphere()球体函数

sphere()函数的调用格式为

```
[X,Y,Z]=sphere(n)
```

X、Y 和 Z 的维数都是(n+1)×(n+1)维。n 决定了球面的绘制精度,n 越大,数据点越多,绘制出的球面越精确,默认 n=20。

2. cylinder()柱体函数

cylinder()函数的调用格式为

```
[X,Y,Z]= cylinder(r)
```

或

```
[X,Y,Z]= cylinder(r,n)
```

r 表示柱体的轮廓曲线,n 表示把圆柱的圆周均匀分成 n 份。

3. peaks()多峰函数

peaks()函数的主要调用格式为

```
[X,Y,Z] = peaks(n)
```

X、Y 和 Z 的维数都是 n×n 维。该函数常用于三维曲面的演示。

【例 7-39】 本例的功能是使用标准三维曲面命令绘图。

```
>>t = 0:pi/10:2 * pi;                    >>surf(X,Y,Z);
>>[X,Y,Z] = cylinder(2+cos(t));          >>title('sphere 球面');
>>subplot(221);                          >>subplot(2,2,[3 4]);
>>surf(X,Y,Z);                           >>[X,Y,Z]=peaks(30);
>>title('cylinder 柱体');                >>surf(X,Y,Z);
>>axis square                            >>title('peaks 多峰');
>>subplot(222);                          >>axis tight;
>>[X,Y,Z]=sphere(30);
```

程序运行效果如图 7-50 所示。

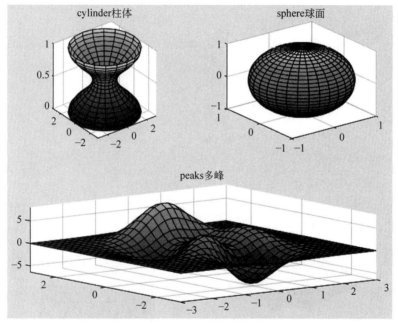

图 7-50 标准三维曲面绘图示例

7.5 三维绘图的修饰

三维图形除了可以像二维图形一样编辑和设置图形的线型、颜色等,还能根据需要设置三维图形的视角、材质、照明等。

7.5.1 改变视角

1. view 命令

view 命令用于为三维图形设置观察点的方位角,其主要的命令格式为

(1) view(az,el)：az 是水平方位角，从 y 轴的负方向开始，以逆时针方向旋转为正；el 是垂直方位角，向 z 轴方向的旋转为正，向 z 轴负方向的旋转为负。

(2) view([x,y,z])：设置在笛卡儿坐标系下的视角，忽略向量 x、y 和 z 的幅值。

(3) view(2)：二维视角，即 az=0,el=90。

(4) view(3)：观察三维图形时的默认视角，即 az=-37.5,el=30。

【例 7-40】 本例的功能是改变三维图形的视角。

```
>>[X,Y,Z]=peaks(30);          %使用多峰函数
>>subplot(221);
>>surf(X,Y,Z);                %默认视角为 az=-37.5,el=30
>>title('az=-37.5,el=30');
>>subplot(222);
>>surf(X,Y,Z);
>>view(2);                    %俯视图,az=0,el=90
>>title('az=0,el=90');
>>subplot(223);
>>surf(X,Y,Z);
>>view(30,50);                %变换其他视角
>>title('az=30,el=50');
>>subplot(224);
>>surf(X,Y,Z);
>>view(30,-30);               %变换其他视角
>>title('az=30,el=-30');
```

程序运行效果如图 7-51 所示。

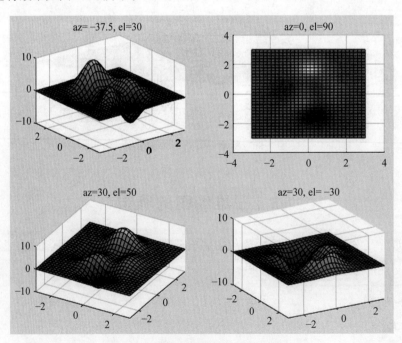

图 7-51　不同视角观察三维图形示例

2. rotate 命令

rotate 命令将三维图形沿指定方向旋转一个角度,其命令格式为

```
rotate(h,direction,alpha)
```

其中,h 表示要旋转的图形对象的句柄,direction 表示要旋转的方向,既可以使用球坐标设置法([theta，phi]),也可以使用直角坐标法([x,y,z]),alpha 表示按右手法则旋转的角度。

【例 7-41】　本例的功能是利用 rotate 命令对三维图形进行旋转。

```
>>subplot(221);
>>h11 = surf(peaks(20));          %获得图形句柄
>>title('No Rotation');
>>subplot(222);
>>h12 = surf(peaks(20));          %获得图形句柄
>>title('Rotation Around X-Axis')
>>zdir = [1 0 0];                 %x 轴方向
>>rotate(h12,zdir,25);           %沿指定方向旋转
>>subplot(223);
>>h21 = surf(peaks(20));
>>title('Rotation Around Y-Axis')
>>zdir = [0 1 0];
>>rotate(h21,zdir,25)
>>subplot(224);
>>h22 = surf(peaks(20));
>>title('Rotation Around X-and Y-Axis')
>>zdir = [1 1 0];
>>rotate(h22,zdir,25);
```

程序运行效果如图 7-52 所示。

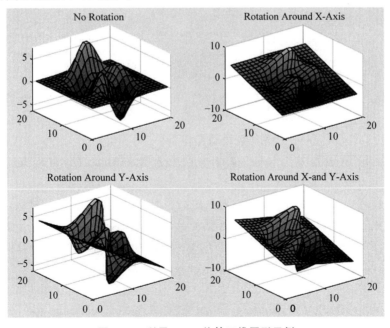

图 7-52　利用 rotate 旋转三维图形示例

提示：rotate 命令和 view 命令不同，rotate 旋转的是图形本身，坐标轴不随之改变；而 view 是旋转坐标轴，图形本身不发生改变。

3. rotate3d 命令

rotate3d 命令让用户通过鼠标来旋转图形，其主要的命令格式为

> (1) rotate3d on: 打开旋转方式。
> (2) rotate3d off: 关闭旋转方式。
> (3) h = rotate3d: 为当前图形窗口的三维旋转模式返回句柄，即以后可通过该句柄完成有关旋转的设置。

当旋转方式打开后，如果图形窗口中有多个子图，都可以通过鼠标对其进行旋转。当然，也可以指定要旋转的子图，但这就需要使用句柄进行底层绘图了。

【例 7-42】 本例的功能是利用鼠标进行三维图形的旋转。

```
>> surf(peaks);
>> rotate3d on;
```

【例 7-43】 本例的功能是利用鼠标对指定的子图进行三维旋转。

```
>> ax1 = subplot(1,2,1);
>> surf(peaks);                        %在第一个子图上绘制多峰图
>> h = rotate3d;                       %得到三维旋转模式的句柄
>> ax2 = subplot(1,2,2);               %第二个子图的句柄
>> surf(peaks);                        %在第二个子图上绘制多峰图
>> setAllowAxesRotate(h,ax2,false);    %不将三维旋转模式加载到 ax2 上
```

7.5.2   设置光源

light 命令用于创建一个光源对象，其命令格式为

```
light('PropertyName',propertyvalue,…)
```

用户可设置的属性主要有以下几种。

（1）光的颜色（color）：默认的颜色是白色，用户可通过 RGB 模式[r,g,b]设置不同颜色。

（2）光源位置（Position）：光源位置由直角坐标[x,y,z]确定。

（3）光源类型（Style）：有 infinite 和 local 两个选项，infinite 表示平行光，local 表示漫射光。

光源只能针对 patch 对象和 surface 对象进行操作，由于每个对象在材质、表面轮廓及距离光源的位置等方面有所差异，因此光源强度 AmbientStrength（取值为 0～1）、反射强度 SpecularStrength（取值为 0～1）、漫射强度 DiffuseStrength（取值为 0～1），以及光源算法 lighting 等参数均在相应的图形对象属性中进行设置。

有 3 种光源算法：lighting flat 适用于 faceted 对象，lighting gouraud 和 lighting phong 适用于表面轮廓弯曲的对象，lighting phong 的效果要好于 lighting gouraud 但用时也更长。

【例 7-44】　本例的功能是对三维图形使用光源。

```
>>subplot(121);
>>h = surf(peaks);                        %生成三维图形
>>set(h,'FaceLighting','phong','FaceColor','interp','AmbientStrength',0.5);
                                          %设置图形的光属性
>>light('Position',[1 0 0],'Style','infinite');
                                          %沿 x 轴方向的平行光
>>title('平行光');
>>subplot(122);                           %第二个子图
>>h2=surf(peaks);
>>set(h2,'FaceLighting','phong','FaceColor','interp','AmbientStrength',0.5);
                                          %光属性同上
>>light('Position',[1 0 0],'Style','local');
                                          %沿 x 轴方向的漫射光(与第一个子图的唯一区别)
>>title('漫射光');
```

程序运行效果如图 7-53 所示。

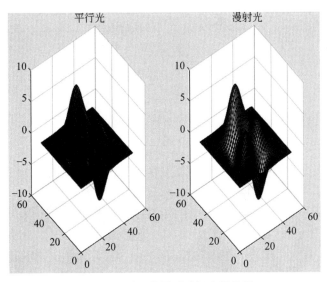

图 7-53　对三维图形进行光照示例

提示：前文介绍的 surfl 命令虽然自身带有光照模式和光照角度的参数设置,但它其实是把用户设置的参数传递给了一个光源对象,以间接的方式完成了对光源对象的创建与参数设置。

7.5.3　设置色图

MATLAB 中,图形的颜色控制主要由 colormap 色图命令来完成。colormap 其实是以 RGB 模式表示的颜色映射表,这种颜色映射表又称为色图。用户既可以使用 MATLAB 预定义的色图(见图 7-54),也可以自行设置。当设置好色图后,就可以将它作为绘图用色了。

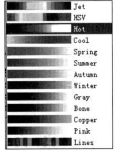

图 7-54　MATLAB 预定义的色图名称

colormap 的命令格式为

> (1) colormap([R,G,B])：[R,G,B]是一个 3 列数组，行数不限，用户可自行设置该矩阵。
> (2) colormap(map)：调用预定义的 map。
> (3) colormap('default')：恢复默认的 colormap。
> (4) cmap = colormap：获得正在使用的 colormap。

【例 7-45(a)】 本例的功能是对三维图形设置 colormap。

```
>>[X,Y,Z]=peaks(30);
>>subplot(121);
>>surfl(X,Y,Z);
>>shading interp              %使用插值法处理曲面
>>colormap(winter);          %将第一个子图设置为 winter 色图
>>title('winter colormap');
>>subplot(122);
>>surfl(X,Y,Z);
>>shading interp
>>colormap(hot);             %将第二个子图设置为 hot 色图
>>title('hot colormap');
```

程序运行效果如图 7-55 所示。

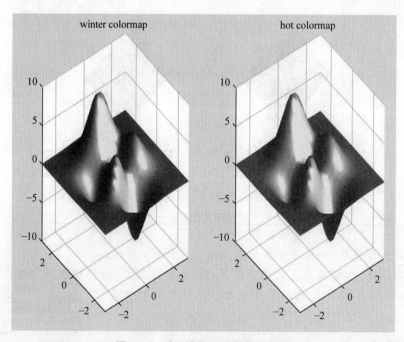

图 7-55 对三维图形设置不同色图

问题出现了。程序运行的效果并非所希望的那样，即在同一个图形窗口下为不同的子图设置不同的色图。这是因为同一个图形窗口只能有一个色图的关系，后定义的色图会取代前面的色图。为了解决这个问题，MathWorks 公司编写了两个函数：freezeColors 和 unfreezeColors(h)，前者表示冻结当前窗口的色图，后者表示取消冻结。

【例 7-45（b）】　本例的功能是为子图设置不同的色图。

```
>>[X,Y,Z]=peaks(30);
>>subplot(121);
>>surfl(X,Y,Z);
>>shading interp
>>colormap(winter);          %将第一个子图设置为 winter 色图
>>title('winter 色图');
>>freezeColors;
>>subplot(122);
>>surfl(X,Y,Z);
>>shading interp
>>colormap(hot);             %将第二个子图设置为 hot 色图
>>title('hot 色图');
>>freezeColors;
```

程序运行效果如图 7-56 所示。

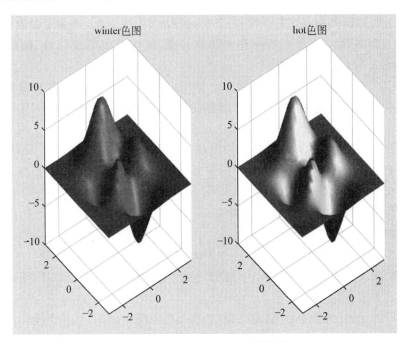

图 7-56　为子图设置不同的色图

第8章

图形用户界面的设计与实现

用户界面是用户与计算机系统进行信息交流的工具,通过用户界面,用户可以向系统发出指令并获取相应的信息。早期的用户界面是基于命令行(Command Line)的,它需要用户熟记大量的命令,不利于非专业用户的使用。后来,图形用户界面(Graphical User Interface,GUI)开始出现,并迅速取代了命令行界面。图形用户界面是由窗口、菜单、图标、按钮、编辑框等图形对象构成的一个用户界面,用户可通过一定的方式选择或激活这些图形对象,并完成相应的动作,如实现打开文件、计算数据、绘制曲线等。最常见的选择或激活图形对象的方法是用鼠标和键盘进行操作。如有必要,还可以使用跟踪球、绘制板等其他设备。

很多时候,GUI 的设计者和使用者往往不是同一人,这就要求设计者必须站在使用者的角度进行考量。设计出能让用户满意并愿意使用的用户界面是每一个 GUI 设计者的目标。一个好的 GUI 通常会具备以下几方面的特点。

(1) 操作简单、易于上手,尽量减少用户的认知负担。出色的 GUI 往往带有直觉特征,如在 Excel 中有一个图标按钮"Σ",用户只要具备基本的数学常识,就能很容易地猜测出这个按钮的功能是实现数据的求和。

(2) 不要在主窗口(有时也称为顶层窗口)中设置过多的功能。可考虑使用多个子窗口,以便用户完成不同的任务。

(3) 如果界面包含有多个窗口,应注意保持各窗口外观和风格的一致性。

(4) 同常用软件保持一致性的设计,让用户使用起来有亲切感和熟悉感,而这一点对于商用软件来说尤其重要。

(5) 及时提供反馈,如错误信息、警告信息、提示信息等。例如,当某个操作需要较长的时间时,可提供一个带有进度条的信息框,以便用户准备好足够的耐心。

(6) 提供操作路径的跟踪。通常情况下,每一个窗口应提供"确认""取消""关闭"或"返回"等功能,让用户可以在不同的窗口之间实现可重复的操作。

(7) 注意无模式对话框和有模式对话框的配合使用。

(8) 注意把握控件的数量及摆放位置。例如,在同一个窗口中,按钮的数量不要超过 6 个,且位置尽量对应整齐,否则容易让用户感觉杂乱,甚至无所适从。

MATLAB 新版本中,已使用 App 设计 GUI,提供了更多控件和更灵活的操控方式。

在本章中,将完成曲线绘制及属性修改系统、学生成绩查询系统(数据读取和显示部分)和多 App 窗口应用这三个小型的 App 设计。在这个过程中,将会详细地介绍每个控件或编辑器的特点及使用时应注意的事项。

8.1 图形对象基础

8.1.1 图形对象

MATLAB 的图形对象包括计算机屏幕、图形窗口、坐标轴、菜单、控件、曲线、文字、图像、框架等,系统将它们的关系按照树形结构组织起来。打开 MATLAB 的帮助文档,搜索 Graphics Objects(图形对象),系统将会显示如图 8-1 所示的树形结构。

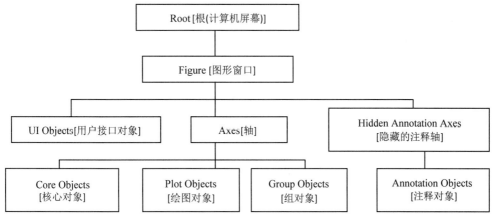

图 8-1　图形对象的层次结构

其中:

(1) 根:根对应于计算机屏幕。根只有一个,其他所有图形对象都是根的后代。

(2) 图形窗口:根的子代,窗口的数目不限,各窗口之间是平行关系。

(3) 用户接口对象:图形窗口的子代。将"用户接口对象"翻译为"用户控制对象"可能更为贴切,它们允许用户使用鼠标在图形窗口上进行功能选择或使用键盘进行数据输入。按钮、菜单、编辑框等均属于此类对象。

(4) 轴:图形窗口的子代,用于绘制数据图形。文本、图像、线、块、曲面、光源、等高线等均属于轴。

(5) 核心对象:轴的子代,包括文本、线、块、曲面、光源、图像等。

(6) 绘图对象:轴的子代,由 MATLAB 所提供的一系列的高级绘图指令组成。通过它们,可以很方便地绘制核心对象,并设置核心对象的某些属性。

(7) 组对象:轴的子代,可以让系统同时对一组核心对象进行操作。例如,可以将 5 条线编为一组,然后将其 Visible 属性设为不可见。组对象只有两种形式:hggroup 和 hgtransform,前者主要用于统一设置组里成员的可见性和可选择性等,后者主要用于对组里成员统一进行几何变化,如缩放和旋转等。

(8) 隐藏的注释轴:图形窗口的子代。该隐藏轴的大小为它所在的图形窗口的尺寸,用户可使用法向坐系[以图形窗口的左下点为(0,0),右上点为(1,1)]在图形窗口的任意位置进行注释。

(9) 注释对象:隐藏轴的子代,文本块、箭头、矩形框等均属于注释对象。

【例 8-1】 本例的功能是将两条曲线设为同一个组对象,然后将它们的可见性设为否。

```
x=1:0.1:10;              %设置一个向量 x,从 1 到 10 取值,间隔为 0.1
y=sin(x);                %第一条曲线,由 y 表示
z=cos(x);                %第二条曲线,由 z 表示
hy=plot(x,y,'r');        %绘制第一条曲线,颜色为红色,并得到该曲线的句柄
hold on;                 %在同一个窗口中绘图
hz=plot(x,z,'g');        %绘制第二条曲线,颜色为绿色,并得到该曲线的句柄
hg=hggroup;              %设置一个组对象变量 hg
set(hy,'parent',hg);     %将第一条曲线隶属于 hg
set(hz,'parent',hg);     %将第二条曲线隶属于 hg
```

程序运行到此处时的效果如图 8-2(a)所示。

```
set(hg,'visible','off');    %将 hg 中所有成员的可见性设为 off
```

程序运行完毕后的效果如图 8-2(b)所示。

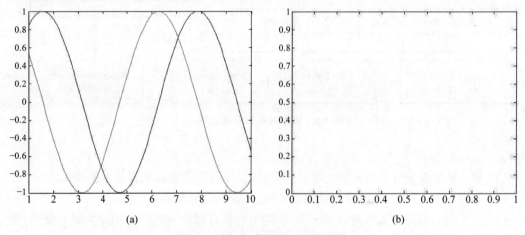

图 8-2   例 8-1 的程序运行效果图

【例 8-2】 本例的功能是利用文本块在隐藏轴的指定位置进行注释。

```
annotation('textbox',[0.2,0.7,0.1,0.1],…              %本行未结束,换一行继续写
'string','this is a test','fontsize',24,'linestyle','-');
```

运行结果如图 8-3 所示。如果不希望出现文字边框,可将 linestyle 属性设置为"none"。

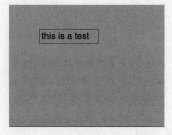

图 8-3   例 8-2 的程序运行效果图

8.1.2　图形对象句柄

MATLAB 在创建每一个图形对象时,同时会为该对象分配唯一的值,这就是图形对象的句柄(Handle)。例如,例 8-1 中的语句"hy＝plot(x,y,'r')"实现了在绘制曲线对象的同时,把曲线对象的句柄赋值给变量 hy。

由于句柄是图形对象的唯一标识符,当需要改变某个图形对象的某个属性时,可直接通过句柄进行。同样,在例 8-1 中,语句"set(hy, 'parent', hg)"通过句柄 hy 把曲线对象的 parent 属性设置为 hg。

表 8-1 列出了 MATLAB 提供的可实现句柄访问的部分函数。

表 8-1　部分句柄访问函数的名称及其功能

函 数 名 称	功 能 描 述
gca	获得当前轴的句柄
gcf	获得当前窗口的句柄
gco	获得当前对象的句柄
gcbf	如果某个对象正在执行调用,获得该对象所在窗口的句柄
gcbo	获得当前正在执行调用的对象的句柄
findobj()	获得所有符合指定属性要求的对象的句柄

表 8-1 中,findobj()函数比较特殊,具有多种调用格式。为方便记忆,可以将其调用格式统一为

```
h= findobj(范围,'属性名 1',属性值,'- 逻辑表达式','属性名',属性值,…)
```

即在指定的范围内(轴、窗口等),寻找所有符合指定要求的图形对象。如果没有指定范围,则是在整个 GUI 中寻找符合要求的对象。

例如,h＝findobj(gca,'Type','line')表示返回在当前轴中类型为线的对象句柄,而 h＝findobj('color','r','-and','linestyle','-')表示返回 GUI 中颜色为红色,并且线型为实线的对象句柄。

8.1.3　图形对象属性的获取与设置

当图形对象创建成功后,可以根据需要随时改变它的各种属性值(只读属性除外)。MATLAB 使用 get()函数获得对象的属性值,使用 set()函数设置对象的属性值。

1. get()函数

get()函数的调用格式如下。

```
(1) get(h):返回句柄为 h 的图形对象的所有属性及属性值,但返回值没赋给任何变量。
(2) get(h,'PropertyName'):返回句柄为 h 的图形对象的 PropertyName 属性的属性值,但返回值没赋给任何变量。
(3) <m-by-n value cell array>=get(H,pn):返回一个 m×n 的元胞矩阵,即 m 个图形对象的 n 个属性值。H 是句柄向量,包含了 m 个图形对象的句柄,pn 是属性集合,包含了 n 个属性。该语句可一次获取多个图形对象的多个属性值。
```

(4) a=get(h)：返回一个结构体变量 a，它的成员名是句柄为 h 的图形对象的属性名，值为对应的属性值。

(5) a=get(0)：返回一个结构体变量 a，它的成员名是用户可设置的根对象的属性名，值为对应的属性值。

(6) a=get(0,'Factory')：返回一个结构体变量 a，它的成员名是厂家定义的所有有关根对象的属性名，值为对应的属性值。与 get(0) 相比，get(0,'Factory') 会返回更多的属性名。

(7) a=get(0,'FactoryObjectTypePropertyName')：返回类型为 ObjectType、属性名为 PropertyName 的图形对象的厂家定义值，并将其赋给 a。例如，想获取厂家为图形窗口定义的颜色值，其命令为"a=get(0,'FactoryFigureColor')"。

(8) a=get(h,'Default')：返回一个结构体变量 a，其成员名是句柄为 h 的图形对象的属性名，值为对应的默认属性值。

(9) a=get(h,'DefaultObjectTypePropertyName')：返回句柄为 h 的图形对象的指定属性名的默认属性值，并将其赋给 a。

【例 8-3】 本例的功能是先创建一个窗口，再获取该窗口在屏幕上的位置。

```
>>figure();              %新开一个窗口
>>a=get(gcf,'position')  %获得窗口的位置属性
a =
    440   378   560   420
```

位置属性 position 包含四个参数 $[x,y,width,height]$，分别表示该图形对象左上顶点的 x 坐标和 y 坐标，以及对象的宽和高。在本例中，窗口左上顶点的 x 和 y 坐标为（440，378），窗口宽为 560，高为 420。

提示：在 GUI 中，图形对象的属性名称是不分大小写的，如 position 和 Position 所代表的属性含义是一样的。另外，只要该属性名称不会引起其他异议，就可以用属性名称的前几个字符来简化属性名称。如 position 可简化为 pos，LineStyle 可简化为 LineS。

【例 8-4】 本例的功能是查看窗口的属性。

```
>>get(gcf)
              Alphamap: [1×64 double]
          BeingDeleted: off
            BusyAction: 'queue'
         ButtonDownFcn: ''
              Children: [0×0 GraphicsPlaceholder]
              Clipping: on
        CloseRequestFcn: 'closereq'
                 Color: [0.9400 0.9400 0.9400]
              Colormap: [256×3 double]
           ContextMenu: [0×0 GraphicsPlaceholder]
             CreateFcn: ''
           CurrentAxes: [0×0 GraphicsPlaceholder]
      CurrentCharacter: ''
         CurrentObject: [0×0 GraphicsPlaceholder]
          CurrentPoint: [0×0]
             DeleteFcn: ''
          DockControls: on
              FileName: ''
```

```
           GraphicsSmoothing: on
            HandleVisibility: 'on'
                       Icon: ''
              InnerPosition: [488 342 560 420]
              IntegerHandle: on
              Interruptible: on
             InvertHardcopy: on
                KeyPressFcn: ''
              KeyReleaseFcn: ''
                    MenuBar: 'figure'
                       Name: ''
                   NextPlot: 'add'
                     Number: 1
                NumberTitle: on
              OuterPosition: [481 334.6000 574.4000 508.8000]
           PaperOrientation: 'portrait'
              PaperPosition: [3.0917 9.2937 14.8167 11.1125]
          PaperPositionMode: 'auto'
                  PaperSize: [21.0000 29.7000]
                  PaperType: 'A4'
                 PaperUnits: 'centimeters'
                     Parent: [1×1 Root]
                    Pointer: 'arrow'
           PointerShapeCData: [16×16 double]
        PointerShapeHotSpot: [1×1]
                   Position: [488 342 560 420]
                   Renderer: 'opengl'
               RendererMode: 'auto'
                     Resize: on
                 Scrollable: off
              SelectionType: 'normal'
             SizeChangedFcn: ''
                        Tag: ''
                    ToolBar: 'auto'
                       Type: 'figure'
                      Units: 'pixels'
                   UserData: []
                    Visible: on
        WindowButtonDownFcn: ''
      WindowButtonMotionFcn: ''
          WindowButtonUpFcn: ''
          WindowKeyPressFcn: ''
        WindowKeyReleaseFcn: ''
        WindowScrollWheelFcn: ''
                WindowState: 'normal'
                WindowStyle: 'normal'
```

2. set() 函数

set() 函数的调用格式如下。

> (1) set(H,'PropertyName',PropertyValue,…)：将句柄为 H 的图形对象的 PropertyName 属性的属性值设置为 PropertyValue。H 可以是一个向量，即同时将好几个图形对象的 PropertyName 属性的属性值均设置为 PropertyValue。例如，set(H, 'color', 'r') 表示将 H 的颜色属性设置为红色。
> (2) set(H,a)：a 是一个结构体变量，其成员名为要进行设置的属性名，值为对应的属性值。利用这个命令，可以同时对句柄为 H 的图形对象的多个属性设置属性值。
> (3) set(H,pn,pv,…)：命令中的 pn 和 pv 是元胞型向量，pn 是要进行设置的属性名，pv 是对应的属性值。与 set(H,a) 相比，两者功能一样，只是参数类型有所不同而已。
> (4) set(H,pn,M×N_pv)：命令中的 pv 是一个 M×N 的元胞矩阵，它的功能是同时为多个图形对象的相同属性设置不同的属性值。
> (5) a= set(h)：返回句柄为 h 的图形对象中，用户可以设置的所有属性，并将其赋给 a。
> (6) pv= set(h,'PropertyName')：返回句柄为 h 的图形对象的 PropertyName 属性的所有可能值，并将其赋给 pv。

【例 8-5】 本例的功能是利用结构体变量完成对图形对象的属性设置。假设某条曲线的句柄为 h，想将它的颜色设置为红色、线形设置为实线。

```
t=0:0.1:10;
y=sin(t);
h=plot(t,y);
a.color='r';
a.linestyle='-';
set(h,a);
```

【例 8-6】 本例的功能是利用元胞向量完成对图形对象的属性设置。继续使用例 8-5 中的曲线句柄，想将它的颜色设置为绿色、线宽设置为 5。

```
pn={'color' 'linewidth'};
pv={'r' '--'};
set(h,pn,pv);
```

【例 8-7】 本例的功能是利用元胞矩阵完成对多个图形对象的属性设置。假设 H 表示的是两条曲线（H 是一个 2 维向量），要想将第一条曲线的颜色设置为红色、线形设置为实线；将第二条曲线的颜色设置为蓝色、线形设置为点画线。

```
t=0:0.1:10;
y1=sin(t);
y2=cos(t);
H=plot(t,y1,t,y2);
pn={'color' 'linestyle'};
pv={'r' '-';'b' '-.'};
set(H,pn,pv);
```

【例 8-8】 本例的功能是查看例 8-7 中曲线 H 的线形种类。

```
a=get(H,'lines');          %此处将 Linestyle 简化为 lines
```

运行结果:

```
a =
    {'-' }
    {'-.'}
```

8.2　App 基础

8.2.1　启动 App

在命令窗口中输入 appdesigner 命令,将启动 App Designer 对话框,如图 8-4 所示。利用该对话框,用户可以创建一个新的 App 或者打开一个已有的 App。App Designer 对话框提供了多款模板,一旦用户选择了其中的一种模板,即可进入模板设计。例如,当用户选择了"响应数值输入"模板时,对话框将成为如图 8-5 所示的形式。

图 8-4　App Designer 对话框

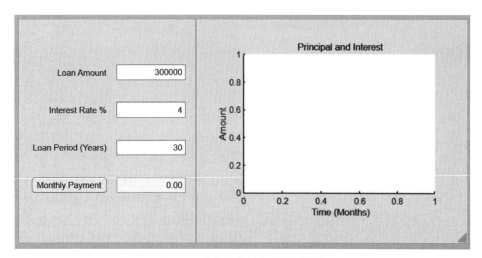

图 8-5　响应数值输入模板对话框

8.2.2 布局编辑器

不论是新建一个 App,还是打开一个已有的 App,该 App 将会显示在布局编辑器中,如图 8-6 所示,用户可以在此设计 App 的布局,也可以随时改变窗口的尺寸。

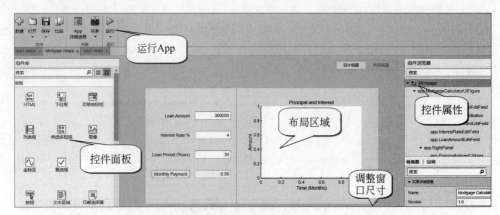

图 8-6 界面编辑器

8.2.3 保存并运行 App

单击工具栏最右边的绿色三角形,即可运行当前的 App(见图 8-7)。如果该 App 此前从未保存过,系统会首先提示用户进行保存。假设把 App 保存为 myDraw_1,此时在当前目录下,MATLAB 将自动生成一个 myDraw_1.mlapp 文件,该文件包含了程序的图形用户界面和 App 所需的回调函数,以及其他必需的代码。

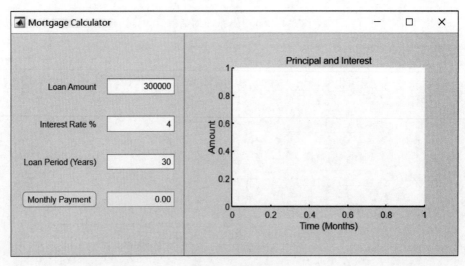

图 8-7 运行 App

8.3　设计 App1：曲线绘制及属性修改系统

本章的第一个任务是完成一个曲线绘制及属性修改系统的 App 设计。为方便读者自学，任务被逐层分解，由易到难。

8.3.1　任务 1-1：使用菜单编辑器进行 App 设计

首先是学习菜单编辑器的使用，并完成一个具有固定参数的曲线绘制及属性修改系统的 App 设计。设计要求如下。

（1）提供两个具有固定参数的函数，用户可选择任意一个函数进行绘图。

（2）用户可改变曲线的颜色。

（3）用户可改变曲线的线型。

（4）提供退出程序的功能。

由于在 MATLAB 中，曲线必须绘制在坐标轴上，因此除使用菜单之外，还要使用坐标轴控件来完成曲线的绘制及显示工作。

从左边的组件库中找到菜单栏，将其拖曳到布局区域，即可增加菜单项（见图 8-8）。

图 8-8　菜单栏编辑器

1. 菜单栏的创建

单击图 8-8 中的 Menu 菜单，即可修改它的名字和 Text，如图 8-9 中的红色区域所示，其中的名字被改为"app.m_file"，Text 设置为"文件"。

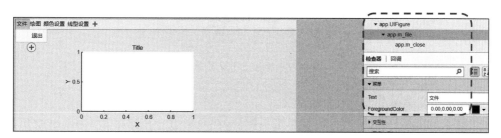

图 8-9　菜单属性的设置

每一个图形对象都有一个唯一的名字，就好像人们的身份证号码一样。由于图形对象的种类繁多，并且每一个对象的具体功能也不尽相同，因此，在为每一个图形对象"取名"时，最好能体现出该对象的类型、隶属关系和功能，这将会为后续的编程和调试工作提供很大的方便。例如，可以为一个绘制 sin 曲线的菜单项取名为 m_draw_sin，可以为一个具有计算功能的按钮取名为 pb_compute 等。名字可由控件类型＋实现功能进行组合,如 pb 是按钮的简称,compute 是该按钮要实现的功能。当然,也可以根据自己的习惯或者编程规范来命名图形对象。

Text 是菜单项标题,其内容应便于理解。

可以在子菜单前面添加分隔符,对于最后一级的菜单,还可以为其设置快捷键。

如有需要,还可以调整菜单项的位置及隶属关系,或者删除某个菜单项。图 8-10 是根据任务 1-1 的要求设计的菜单,图 8-11 是程序运行时的菜单效果。

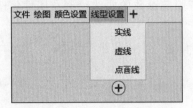

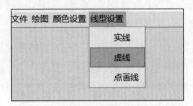

图 8-10　添加了菜单项后的 GUI　　　　　图 8-11　程序运行时的菜单效果

2. 上下文菜单的创建

如果某个图形对象被设置了上下文菜单,当用户鼠标右键单击该对象时,会有上下文菜单弹出。要想设计并使用上下文菜单,需要以下两个步骤。

(1) 创建上下文菜单。

将组件库的上下文菜单拖曳进布局局域,即可进入上下文菜单编辑方式。如图 8-12 所示,设计了两个上下文菜单 mc_color 和 mc_linewidth,可分别进行颜色和线宽设置。需要注意的是,上下文菜单之间是相互独立且排它的,不会被同一个图形对象调用。如果上下文菜单的右上角有绿色的 1,表示该上下文菜单已分配给某个图形对象,黄色的 0 则表示暂时未分配。

图 8-12　添加上下文菜单

(2) 将上下文菜单与调用对象相链接。

在布局区域添加坐标区控件,右键单击该控件,在弹出的上下文菜单中为其添加上下文菜单 app.mc_linewidth(见图 8-13)。图 8-14 为程序运行时用鼠标右键单击坐标轴调用上下文菜单的效果。

8.3.2　任务 1-2:在 App 中共享数据

运行 App 后单击各菜单项,发现程序并没有响应,原因在于没有为相应的菜单项编写回调函数。

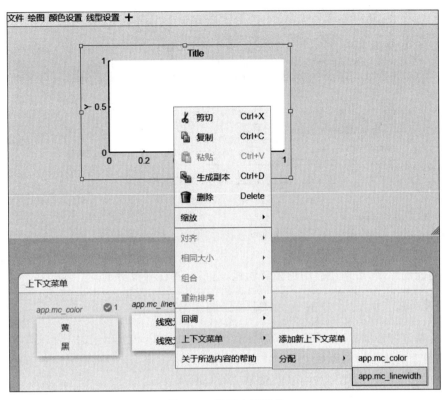

图 8-13　链接右键菜单

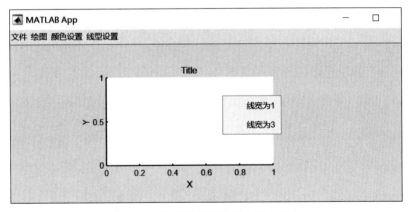

图 8-14　程序运行时调用上下文菜单

　　不仅如此,该 App 的任务是绘制曲线和设置相关属性,显然会有多个控件对曲线的不同属性进行设置,这就涉及控件间的数据共享问题。可以使用代码视图下的编辑器页面,增加私有或公有属性(见图 8-15)。私有属性仅在本 App 内共享,公有属性可在多个 App 窗口共享。

　　本 App 不会与其他 App 进行数据共享,因此只需要新增一个私有属性 Line,用来存储将要绘制的曲线。以下是相关代码:

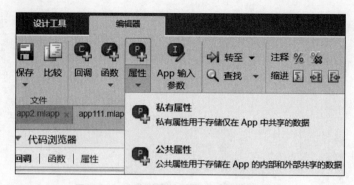

图 8-15　以增加属性的方式进行数据共享

```
properties (Access = private)
    Line        %用于存储所绘制曲线的句柄,以后用 app.Line 即可存取句柄
end
```

随着功能的扩展,后期还会增加私有属性,这里就不详细说明了。

8.3.3　任务 1-3:为设计好的 App 编写回调函数

若要为某个控件添加回调函数,只需要右键单击该控件,在弹出来的上下文菜单中选择"回调",即可为其添加回调函数。

【例 8-9】　本例的功能是为 sin(x)菜单项编写回调函数。

以下是为 sin(x)菜单项编写的回调函数 sinMenuSelected( ),程序运行效果如图 8-16 所示。

```
x=-pi:0.1:pi;
y=sin(x);
app.Line=plot(app.UIAxes,x,y);        %在 UIAxes 轴上绘制曲线,句柄保存在 app.Line 中
```

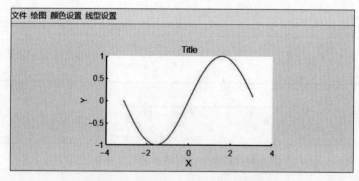

图 8-16　运行 sin(x)菜单项的效果图

在 App 中,大多数的回调函数有两个参数,app 和 event。其中,app 是个结构体,里面放了当前设计视图中的所有控件句柄,可通过句柄引用某个控件。

【例 8-10】　本例的功能是为"虚线"菜单项编写回调函数。

```
app.Line.LineStyle='--';
```

程序运行效果如图 8-17 所示。

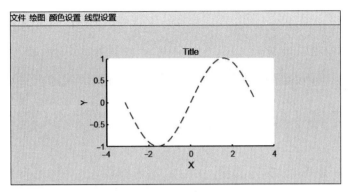

图 8-17 运行"虚线"菜单项的效果图

【例 8-11】 本例的功能是为颜色设置中的"红"菜单项编写回调函数。

```
app.Line.Color='r';
```

程序运行效果如图 8-18 所示。

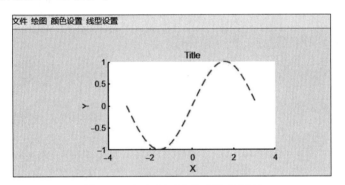

图 8-18 运行"红"菜单项的效果图

如图 8-19 所示是通过 mc_linewidth 上下文菜单设置曲线的宽度。

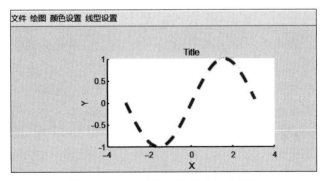

图 8-19 运行上下文菜单项的效果图

【例 8-12】 本例的功能是为"退出"菜单项编写回调函数。

```
button = questdlg('确定要退出吗','退出对话框','确定','取消','取消');
if button =='确定'
```

```
    delet(app);              %关闭当前窗口
end
```

程序运行效果如图 8-20 所示。

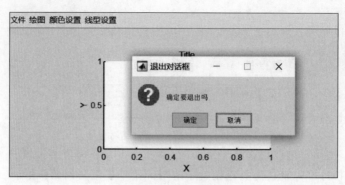

图 8-20　退出功能演示

通常情况下,为避免用户误操作,当用户选择退出程序时,程序应进行确认。本例使用了 MATLAB 自带的提问对话框 questdlg 来完成确认工作。

questdlg 有多种调用格式,较为常用的格式为

```
button = questdlg('qstring','title','str1','str2',default)
```

可结合程序和图 8-20 了解该函数的参数设置和调用方法。

8.3.4　任务 1-4:使用文本框、编辑框和按钮实现用户输入参数

菜单很整洁、不占空间,便于程序功能的分类管理,因此大多数的 App 会使用菜单。但菜单也有缺点,只能实现用户和计算机之间的单向交互,即由计算机提供功能和参数,用户进行选择。在实际应用中,很多参数是需要由用户输入的,如"用户名"和"密码"。此时,就需要使用文本区域(可显示多行文本)、编辑字段(数值)、编辑字段(文本)、标签和按钮等来实现输入功能。

首先是学习上述几种控件的使用,在前面的任务基础上,实现由用户输入线宽参数和颜色参数。设计要求如下。

(1) 有必要的文字说明,让用户易于理解。

(2) 对输入进行容错处理,用户输入错误时应进行提示。

1. 编辑字段的创建及使用

编辑字段分文本和数值两种,分别接收文本信息和数值信息。Text 是显示在界面上的信息,可修改控件的名字,方便后续调用。

编辑字段通常和按钮配合使用,用户输入参数后单击按钮,系统就可以从编辑字段中读取相应的内容进行处理。

提示:虽然利用编辑字段自身的回调函数也能实现对编辑字段中内容的读取与写入,但由于每个回调函数都有自己的工作空间,因此当需要从多个编辑字段中读取数据,再进行

统一的计算和处理时,就必须利用全局变量传递数据。全局变量如果使用不当,很容易造成程序调试的困难。因此,在实际的 App 设计中,往往利用按钮来获取多个编辑字段中的数据,并进行计算和显示,以减少全局变量的使用。

2. 标签的创建及使用

标签的创建及使用方法类似于编辑字段,它的主要作用是进行信息提示,通过设置它的 Text 即可在界面上显示内容。

二者的不同之处在于用户在程序运行时无法向标签输入数据,因此标签主要用于制作标题、显示状态信息或资料等。

3. 文本区域的创建及使用

文本区域可显示多行文本,通过设置它的 Text 即可在界面上显示内容。

4. 按钮的创建及使用

按钮是 App 设计中经常使用的对象,创建方法与其他控件一样。需要注意的是:Text 属性用于设置按钮的标题,如"确定""取消"等。程序运行时,当用户单击按钮,就会调用该按钮的回调函数,执行相应的功能。

【例 8-13】 本例的功能由用户输入参数,以改变曲线线宽。

设计思路:用标签进行文字说明,用户在编辑字段(数值)中输入参数,单击"确定"按钮,改变曲线的线宽。

在界面上添加编辑字段(文本)、编辑字段(数值)和按钮,在按钮中进行回调函数的编写。

```
var=app.ed_linewidth.Value;        %本文为编辑字段(数值)取名为 ed_linewidth
if var<0.1 | var>10
    app.ed_info.Value='wrong input';    %本文为编辑字段(文本)取名为 ed_info
else
    app.Line.LineWidth=var;
end
```

输入正确参数时的运行效果示例如图 8-21 所示,输入错误参数时的提示示例如图 8-22 所示。

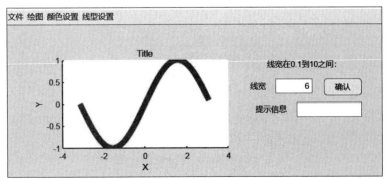

图 8-21 用户输入参数运行效果

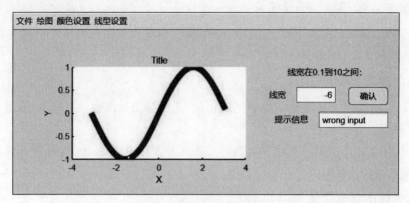

图 8-22　用户输入出错示例

8.3.5　任务 1-5：使用滑块实现用户输入参数

当需要输入的数据是数值型时,可使用编辑字段和滑块相结合的方法控制数据的输入,以此避免用户输入错误信息。

滑块的常用属性有以下几个。

(1) Limits 属性:可通过设置 max 和 min 属性确定滑块的运动范围。

(2) Value 属性:用于显示滑标的当前值。

【例 8-14】　本例的功能是通过滑块输入参数,以改变曲线线宽。

设计思路:将编辑字段和滑块相结合,两者联动以实现参数的输入。为了不让用户输入错误数据,编辑字段的 Enable 被设置为 off,即用户无法输入。当用户改变滑块指示条的位置时,编辑字段中的数据也会发生相应的改变。按"确定"按钮,即可改变曲线的线宽。

编写滑块 s_linewidth 的回调函数。注意此时可选择的回调函数有 changedFcn 和 changingFcn,顾名思义,前者是用户停止滑动释放鼠标后响应,后者是在滑动过程中进行响应。本文为 changingFcn 编写回调函数。

```
var = event.Value;              %当前控件的值
app.ed_linewidth.Value=var;
```

界面效果如图 8-23 所示,运行效果如图 8-24 所示。

图 8-23　用户输入参数界面

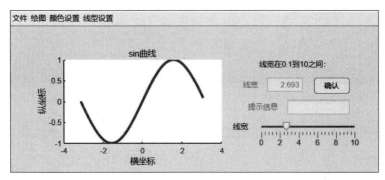

图 8-24　用户输入参数示例

8.3.6　任务 1-6：在不同的坐标轴上绘图

很多时候,需要在不同的坐标轴上绘制不同的曲线,或者显示不同的图片。希望在哪个轴绘制曲线,就在绘制时在 plot 里添加该轴的名字。在本节,将使用单选按钮组来实现坐标轴的选择。

此外,由于在多个控件中都需要对坐标轴进行操作,因此需要增加一个 CurAxes 属性,用于存储当前被激活的坐标轴。

```
properties (Access = private)
        Line       %用于存储所绘制曲线的句柄,以后用 app.Line 即可存取句柄
        CurAxes    %用于存储当前被激活的坐标轴句柄
end
```

【例 8-15】　本例的功能是通过单选按钮组实现坐标轴的选择。

如图 8-25 所示,首先在界面上添加按钮组,然后根据需要确定单选按钮的个数。默认有三个单选按钮,可以利用右键菜单删除和增加单选按钮。

本文使用两个单选按钮,并修改了它们的名字(分别为 app.rb_1 和 app.rb_2),同时为单选按钮组设置 Text 属性(见图 8-25 和图 8-26)。

现在为单选按钮组编写 selectionchanged 回调函数。

```
selectedButton = app.ButtonGroup.SelectedObject;      %得到当前被选中的按钮句柄
if selectedButton==app.rb_1
    app.CurAxes=app.UIAxes;                           %保存当前轴的句柄
else
    app.CurAxes=app.UIAxes2;
end
```

到此,sin 菜单项的回调函数变为

```
x=-pi:0.1:pi;
y=sin(x);
app.Line=plot(app.CurAxes,x,y);      %在当前轴上绘制曲线
title(app.CurAxes,'sin 曲线');        %为曲线设计标题说明示例
xlabel(app.CurAxes,'横坐标');         %为曲线设计横坐标说明示例
ylabel(app.CurAxes,'纵坐标');
```

图 8-27 是 App 设计截止到目前的运行效果。

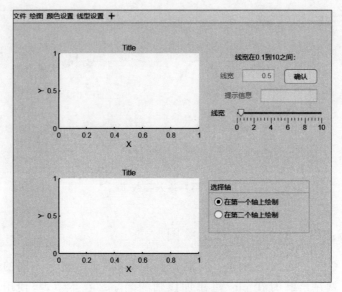

图 8-25　将单选按钮组加进布局区域

图 8-26　为单选按钮取名并设置 Text 属性

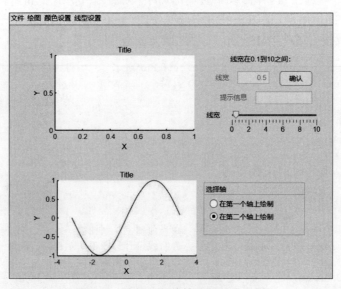

图 8-27　选择不同的轴绘制曲线示例

8.3.7 任务 1-7：App 启动时的初始化

这时会出现一个 Bug，当程序启动后，从界面上看，应该在第一个轴上进行绘制（参看图 8-25 中的单选按钮），如果此时直接选择绘制 sin 曲线，程序会在第二个轴上绘制。因此，需要在程序启动时进行相关参数的初始化设置。此时，就需要为程序设计 StartupFcn，这个函数专门用于程序启动时的初始化设置。方法是在组件浏览器最上方的 App 节点（本文是 app1）右击，在弹出来的上下文菜单中选择回调中的添加 StartupFcn（见图 8-28）。

图 8-28 人工添加 StartupFcn() 函数

```
function startupFcn(app)
    app.CurAxes=app.UIAxes;    %启动时第一个轴为当前轴
    app.Addgrid=0;             %不加网格,后文会有是否增加网格的复选框,这里提前写好
end
```

图 8-29 展示了程序运行后，直接选择绘制 sin 曲线，系统正确地在第一个轴上进行了绘制。

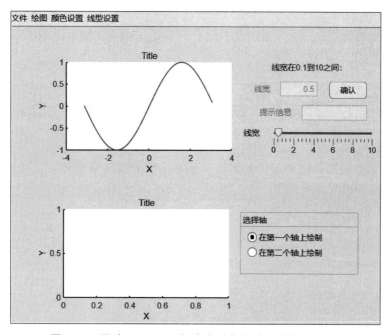

图 8-29 通过 StartupFcn 解决绘制曲线时可能出现的 bug

提示：如果希望在一个坐标轴中绘图的同时，清除其他坐标轴中的内容，可使用 cla（要清空的轴的名字）函数。

8.3.8 任务 1-8：利用复选框控件实现加网格功能

复选框的 Value 属性用于表示该选项是否被选中，Value=1 表示被选中，Value=0 表示没被选中。如图 8-30 所示,在界面上添加复选框,并编写对应的回调函数,由用户选择是否对坐标轴加网格。

再一次为 App 添加私有属性 Addgrid,用于存储复选框的状态。

另外需要说明的是,此时程序已将窗口 app.UIFigure 的 Name 设置为"图形绘制曲线",因此窗口有了标题。Name 在 UIFigure 查看器的标识符一项中。

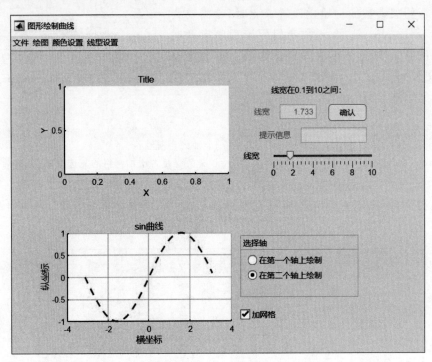

图 8-30　使用复选框

【例 8-16】　本例的功能是通过复选框实现坐标轴的加网格功能。

复选框的回调函数内容如下。

```
app.Addgrid = app.CheckBox.Value;        %得到当前复选框的值
if app.Addgrid==1                         %需要加网络时,把坐标轴的网络设置为 on
    app.CurAxes.XGrid='on';
    app.CurAxes.YGrid='on';
else
    app.CurAxes.XGrid='off';
    app.CurAxes.YGrid='off';
end
```

8.4　设计 App2：学生成绩查询系统

本章的第二个任务是完成学生成绩查询系统中有关数据读取和显示部分的 App 设计,并会使用到下拉框、列表框、面板和表等控件,以及 uigetfile、uiputfile 等 MATLAB 预定义的对话框。

本任务中的学生成绩表为 Excel 文件格式。

8.4.1　MATLAB 预定义的对话框

MATLAB 预定义了多个对话框,可以在人机交互界面中使用。表 8-2 介绍了一些常用的预定义对话框。

需要说明的是,App Designer 目前不支持部分 MATLAB 预定义的对话框,如 printdlg 打印对话框。

表 8-2　一些常用的预定义对话框

对话框函数	说　明	对话框函数	说　明
dialog	建立并显示一个空的对话框	questdlg	建立并打开提问对话框
errordlg	建立并打开错误对话框	uigetdir	打开"目录选择"对话框
helpdlg	建立并打开帮助对话框	uigetfile	打开"打开文件"对话框
inputdlg	建立并打开输入对话框	uiputfile	打开"保存文件"对话框
listdlg	建立并打开列表选择对话框	uisetcolor	打开"颜色设置"对话框
msgbox	建立并打开信息框	uisetfont	打开"字体设置"对话框
printdlg	打开打印对话框	waitbar	建立并更新进度条
printpreview	打印预览对话框	warndlg	建立并打开警告对话框

8.4.2　任务 2-1:使用 uigetfile 获取学生成绩表的路径和文件名

uigetfile 用于打开标准的"打开文件"对话框,常用的调用格式为

```
(1) filename = uigetfile
(2)[FileName,PathName,FilterIndex] = uigetfile(FilterSpec)
(3)[FileName,PathName,FilterIndex] = uigetfile(FilterSpec,DialogTitle)
(4)[FileName, PathName, FilterIndex] = uigetfile(FilterSpec, DialogTitle,
DefaultName)
```

其中,FileName 是要打开文件的文件名,PathName 是该文件的绝对路径,FilterSpec 是过滤器属性,FilterIndex 是过滤器属性的索引,DialogTitle 是对话框的标题,DefaultName 是默认的要打开的文件名。

【例 8-17】　本例的功能是使用 uigetfile 获取文件的路径和文件名。

```
%过滤器设置成只显示扩展名是.xls、.xlsx 和.txt 的文件
>>[filename, pathname, Index] = uigetfile({'*.xls';'*.xlsx', '*.txt'},'打开
文件')
```

运行本语句,会打开如图 8-31 所示的对话框。

选择所需要的文件后,按"打开",将得到如下信息。

```
filename =
studentscore.xlsx          %文件名
pathname =
D:\MATLAB教材\ch8\          %绝对路径
```

图 8-31　使用打开文件对话框

```
Index =
    2                                   %是过滤器中的第二个扩展名
>>file=[pathname filename]
file =
D:\MATLAB 教材\ch8\studentscore.xlsx
```

使用文本区域、编辑字段(文本)和按钮建立交互界面,并编写"浏览"按钮的回调函数。

```
[filename, pathname]=uigetfile({'*.xls';'*.xlsx'},'打开文件');
file=[pathname filename];
if filename~=0                          %用户选择了文件
    file=[pathname filename];           %组合成完整的文件路径
    %第 6 章已介绍了 xlsread 读取 Excel 文件,这里使用 readtable
    %把 StuData 添加为私有属性,因为其他控件也会对 StuData 进行操作
    app.StuData=readtable('studentscore.xlsx','VariableNamingRule','preserve');
                                        %表中使用原始的列标题
    app.edit_readfile.Value=file;       %编辑字段的名字设置为 edit_readfile
end
```

运行效果如图 8-32 所示。

图 8-32　文件浏览演示

8.4.3　任务 2-2:使用列表框显示学生姓名

列表框用于显示列表,常用的属性如下。

(1) Value 属性:表示被选中的内容。

（2）Items 属性：用于显示列表框中的内容，注意内容应该是一行的元胞数组或字符串数组。

（3）Multiselect 属性：勾选时表示可选择多个选项。程序运行时，先按下 Shift 或 Ctrl 键，再用鼠标单击要选择的选项即可。

【例 8-18】　本例的功能是使用列表框获取学生成绩文件中的学生姓名。

解题思路：在读取文件时，通常会假设已知文件的结构及数据的排列方式，但并不知道文件中有多少条纪录（一条纪录占一行）。

在界面中添加列表框，然后在"浏览"按钮的回调函数的 if 语句中继续添加代码：

```
[filename, pathname] =uigetfile({'* .xls';'* .xlsx'},'打开文件');
file=[pathname filename];
if filename~=0                              %用户选择了文件
    ……
    tmp= app.StuData(:,2);                  %姓名在第二列
    StuName=table2cell(tmp);                %将表格转换为 cell
    StuName=StuName';                       %转置成 1 行的 cell 数组
    app.stuname.Items=StuName;             %动态写入列表框的 Items 中
    app.stuname.Value=app.stuname.Items(1); %默认第一行是当前被选中的
end
```

程序的界面设计如图 8-33 所示，运行效果如图 8-34 所示。

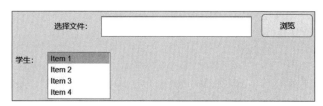

图 8-33　列表框界面

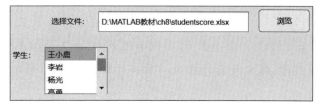

图 8-34　列表框显示学生姓名

8.4.4　任务 2-3：使用下拉框显示课程名单

下拉框也可以用于显示列表数据。与列表框相比，下拉框不占空间，但它不能实现多选。下拉框常用的属性如下。

（1）Value 属性：表示被选中的内容。

（2）Items 属性：用于显示下拉框中的内容，注意内容应该是一行的元胞数组或字符串数组。

【例 8-19】　本例的功能是使用下拉框获取学生成绩文件中的课程名称。

解题思路：参考列表框的使用方法即可。

在界面中添加下拉框，然后在"浏览"按钮的回调函数的 if 语句中继续添加代码：

```
if filename~=0                      %用户选择了文件
    ……
    app.coursename.Items=app.StuData.Properties.VariableNames(4:end);
                                             %课程名称从第 4 列开始
    app.coursename.Value=app.coursename.Items(1);
end
```

程序的界面设计如图 8-35 所示，运行效果如图 8-36 所示。

图 8-35　下拉框设计界面

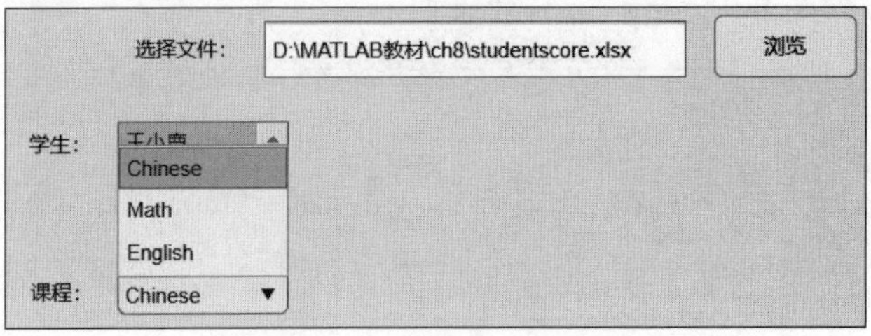

图 8-36　下拉框显示课程名称

提示：目前 MATLAB 在对表控件进行操作时，只能对列标题是英文的表进行批量处理，假设 T 是表数据，如果想找年龄小于 40 的所有记录，判断条件写成 T.Age＜40 即可。但是，如果列标题是中文，则无法用 T.年龄＜40 来进行查找，原因也很简单，结构体的成员名必须符合命名规则。

8.4.5　任务 2-4：从列表框中选择要查看的学生姓名

可以有选择地查看学生成绩，界面设计如图 8-37 所示。

1. 移动列表框中的选项

要实现上述功能，需要添加新的列表框和按钮，按钮的作用分别为左移和右移列表框中的选项（可同时移动多项）。本程序中，显示现有学生的列表框的名字是 app.stuname，显示要查看学生的列表框的名字是 app.searchstuname。列表框中的内容以元胞型数组的方式存放，对应的 Value 属性是被选中的选项。

【例 8-20】　本例的功能是使用按钮移动列表框中的选项。

以右移按钮为例（增加查看的学生），编写相应的回调函数。

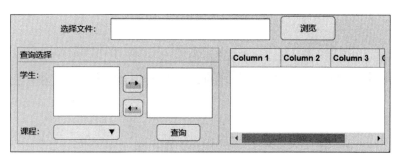

图 8-37　有选择地查看学生成绩界

```
%从左边列表框中删除学生姓名,移至右边列表框中
a=app.stuname.Value;                    %得到要移动的学生名单
b=app.stuname.Items;                    %得到现有学生列表中的学生名单
c=app.searchstuname.Items;              %得到查看学生列表中的学生名单
c=[c,a];                                %在原有的查看学生名单上添加新的学生
app.searchstuname.Items=c;              %显示添加后的结果
app.searchstuname.Value= app.searchstuname.Items(1);
                                        %从全部学生列表中去除被选中的学生
b=setdiff(b,a);                         %去除被选中的学生
if numel(b) ~=0
    app.stuname.Items=b;                %显示去除后的结果
    app.stuname.Value=app.stuname.Items(1);
else
    app.stuname.Items={};
    app.stuname.Value={};
end
```

参考以上代码,完成左移按钮的回调函数。

2. 为按钮增加图形效果

在按钮上显示图形,可以起到美化界面、增强提示功能等方面的作用。首先将按钮的
Text 清空,再为 Icon 设置要显示的图形(见图 8-38)。本例中的 right.jpg 非 MATLAB
自带。

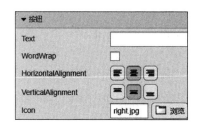

图 8-38　为按钮设置属性

3. 使用面板进行功能分区

如图 8-37 所示,使用了面板进行功能分区,另外可作为功能分区的还有选项卡,这里就
不一一介绍了。

8.4.6 任务 2-5：在表控件中显示查询结果

表能以表格的方式显示数据，主要的属性如下。

(1) Data 属性：元胞型，用户可根据实际需要显示数值和字符。

(2) ColumnName：列字段名，元胞型。

(3) RowName：行字段名，元胞型。

【例 8-21】 本例的功能是使用表控件显示查询结果。

在界面上添加表和查询按钮(见图 8-37)，并为查询按钮编写回调函数。

```
StuName=app.searchstuname.Items;          %得到要查看的学生名单
Course=app.coursename.Value;              %得到要查看的课程名称
ColName=app.StuData.Properties.VariableNames;  %得到数据表的列标题
tmp=ismember(app.StuData.Name,StuName)
rows=find(tmp==1);                        %ismember 和 find 配合，找到要查
                                          %看的学生所在位置
data=app.StuData(rows,{ColName{2},Course});  %要查询的学生的姓名和课程成绩，
                                          %姓名在第 2 列
app.UITable.ColumnName={ColName{2},Course};
app.UITable.Data=data;                    %将数据写入表中
```

运行效果如图 8-39 所示。

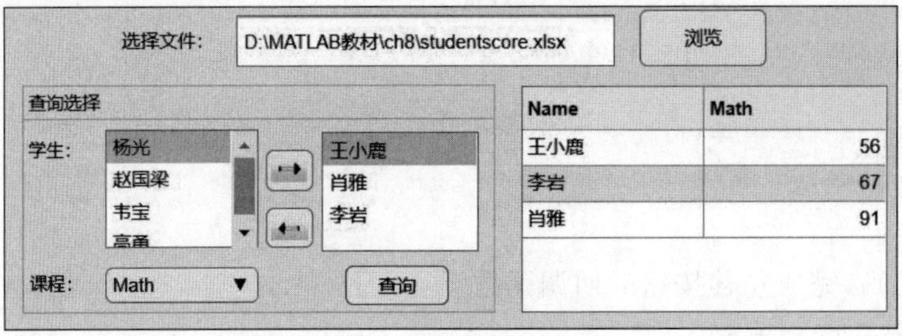

图 8-39 查询运行效果演示

8.5 设计 App3：多 App 窗口应用与数据传参

本章的第三个任务是将 App1 和 App2 整合为一个大的 App，即用户可以在主界面选择进入哪个子界面进行操作。

首先，建立一个主 App 窗口(见图 8-40)，窗口里有两个按钮，可分别启动 App1 和 App2 两个子界面。

【例 8-22】 本例的功能是进行多 App 窗口的调用和传参。

运行主界面后，用户可任意打开一个子界面进行处理。关闭该子界面后，会弹出信息框，累计打开该子界面的次数。以此学习和掌握学习 App 间传递参数的方法。

解题思路：

(1) 对于主界面：在用主界面打开子界面时，为防止用户多次打开子界面，必须先让主界面上的按钮不可用，然后再调用子界面。至于调的是哪个子界面，需要用私有属性保存，

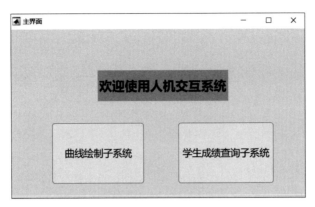

图 8-40　主界面演示

以便在主界面关闭时,同时确保子界面也要关闭。

（2）对于子界面：被哪个界面调用,必须用私有属性保存下来。同时确保在子界面关闭前,先把主界面上的相应按钮恢复成可用。

（3）关于累计次数：应有两个计数器,分别累计两个子界面的打开次数。在主界面启动时,计数器均应初始化为 0。此外,由于是为了学习参数传递的方法,所以就不把计数器设置为公有属性,而是通过 App 间的传参完成。主界面在调用子界面时把参数传给子界面,子界面进行累加处理后,再把数据传回主界面。

1. 在主界面要进行的设置

（1）在主界面增加三个私有属性：CallApp、Num1 和 Num2,分别用于保存要调用的子系统句柄、调用 App1 的次数和调用 App2 的次数。

```
properties (Access = private)
    CallApp                          %用于保存要调用的子界面的句柄
    Num1
    Num2
end
```

（2）在 startupFcn 中,将 Num1 和 Num2 初始化为 0。

```
function startupFcn(app)
    app.Num1=0;
    app.Num2=0;
end
```

（3）为第一个按钮 app.Button1 编写回调函数。

```
app.Button1.Enable='off';        %按钮不可用,以防用户多次打开子界面
app.CallApp=app1(app,app.Num1);  %调用 app1,同时把自己的句柄和 Num1 传过去
```

（4）为第二个按钮 app.Button2 编写回调函数。

```
app.Button2.Enable='off';        %按钮不可用,以防用户多次打开子界面
app.CallApp=app2(app,app.Num2);  %调用 app2,同时把自己的句柄和 Num2 传过去
```

（5）添加一个公有函数 printfmsg,以输出子界面的累计打开次数。子界面在关闭前会

调用主界面的公共函数。注意,公共函数中的第一个输入参数必须是 app。

```
function printfmsg(app,k,num)            %k 用来表示是哪个子界面传回来的数据
    if k==1
        msg=sprintf('曲线绘制系统已调用%d 次',num);
        app.Num1=num;                    %更新传过来的计数器
    else
        msg=sprintf('学生成绩管理系统已调用%d 次',num);
        app.Num2=num;
    end
    msgbox(msg,'提示信息');
end
```

（6）为主界面的 UIFigure 添加关闭管理 CloseRequest() 回调函数,确保子界面也被关闭。

```
function UIFigureCloseRequest(app, event)
    delete(app.CallApp);                 %确保关闭子界面
    delete(app);
end
```

2. 在子界面要进行的设置（以曲线绘制子系统为例）

（1）在子界面增加两个私有属性:CallingApp 和 Num,分别用于保存调用它的主界面句柄和主界面传过来的计数器值。

```
properties (Access = private)
    ……
    CallingApp        %用于存储调用它的主 App
    Num               %存储目前已调用子界面的次数,其值由主界面传过来
end
```

（2）在 App 的编辑器页面栏下添加 App 输入参数[见图 8-41(a)和图 8-41(b)]。

注意:图 8-41(b)中的 mainapp 是调用它的主界面句柄,num 是主界面传过来的计数器值。

(a)

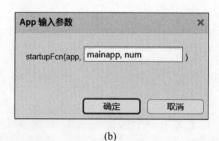

(b)

图 8-41　添加 App 输入参数

（3）在 startupFcn 中将主界面传过来的 mainapp 和 num 保存。

```
function startupFcn(app, mainapp, num)
    ……
    app.CallingApp=mainapp;      %记录下调用自己的主 app 句柄
    app.Num=num;
```

```
        app.Num=app.Num+1;            %将传过来的计数器加 1
end
```

（4）在 UIFigure 添加关闭管理 CloseRequest()回调函数，确保子界面关闭前先把主界面的相应按钮变成可用状态，并利用公共函数 printfmsg 输出计数器值。

```
function UIFigureCloseRequest(app, event)
    app.CallingApp.Button1.Enable='on';
    printfmsg(app.CallingApp,1,app.Num);     %调用公共函数,并传回在子界面中修改
                                             %的参数值
app.Num
    delete(app)
end
```

运行过程示例如图 8-42～图 8-46 所示。

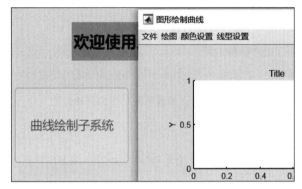

图 8-42　调用曲线子系统时，相应按钮变灰

图 8-43　关闭子系统后，按钮变为可用，且显示调用次数为 1 次

图 8-44　调用学生成绩管理子系统，相应按钮变灰

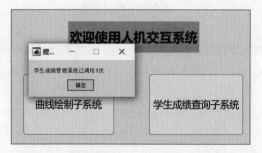

图 8-45   关闭学生成绩管理子系统后,相应按钮复原,计数器加 1

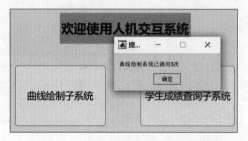

图 8-46   多次调用曲线子系统后的计数器值

8.6   打包、共享和安装 App

本章的第四个任务是把设计好的 App 打包(以打包 App3 为例),以便与他人共享。

1. 打包 App

如图 8-47 所示,从设计工具页面栏中的"共享"栏中选择 MATLAB App,并进入如图 8-48 所示的打包引导。打包引导会自动分析需要同时打包的依存文件,也可自行添加所需文件。

打包完成,在输出文件夹会有一个 app3 .mlappinstall 文件,即 MATLAB App Installer 文件。

图 8-47   打包为 MATLAB App

图 8-48 打包引导

2. 共享和安装 App

假设他人已下载打包好的 app3,就可以在 MATLAB 的 App 页面栏上单击"安装App",如图 8-49 所示,将 app3 加入"我的 App"(见图 8-50)。

图 8-49 安装已下载的 App

图 8-50 app3 已安装到"我的 App"

第9章

Simulink 概述

　　计算机出现之前，在科学研究中通常利用数学手段或其他方法来描述事物或现实世界，这些活动通常被称为"建模"。计算机出现后，人们开始利用计算机对各种复杂系统和复杂模型进行求解，渐渐地，这些求解手段和方法形成了计算机仿真技术。现在，建模与仿真已密不可分，并在众多学科和工程技术领域得到了高度的重视和广泛的应用。

　　仿真可分为实物仿真（物理仿真）、半实物仿真和数学仿真，本课程主要研究数学仿真部分，主要任务是不通过实物的方式就可以预先演练或试验某种算法的可行性。例如，飞船发射所需要的各种参数设置问题，蹦极时为保证使用者安全而必须考虑的蹦极高度、绳索的弹性参数等问题。如果这些试验以实物的方式进行，无疑会耗费大量的人力、物力，而且还不能保证实验成功。但是换种方式，通过数学建模和实验室仿真，就可以快速地找到所需要的各种参数。

　　MATLAB 提供了专门用于仿真建模的 Simulink 工具箱，可对动态系统进行建模、仿真和分析。它支持离散、连续及混合系统、线性和非线性系统、单任务和多任务系统，以及变采样率的系统。Simulink 包含众多仿真模块库，用户只需图形化的方式就能完成比较复杂的仿真过程。此外，用户还可以创建新的模块，不断扩充现有的模块库。

9.1　启动 Simulink

　　由于 Simulink 是基于 MATLAB 环境之上的仿真平台，因此必须先运行 MATLAB，然后才能启动 Simulink。有以下两种启动 Simulink 的方式。

　　（1）在命令窗口中输入 simulink 命令。

　　（2）单击主页工具栏中的"Simulink"按钮。

　　启动 Simulink 后的工作界面如图 9-1 所示。

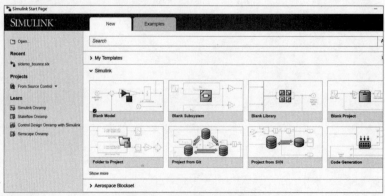

图 9-1　Simulink 工作界面

9.2　模型窗口介绍

单击 Blank Model 即可新建一个模型。

新建模型窗口如图 9-2 所示，单击"Library Browser"按钮，就可打开如图 9-3 所示的库浏览器。Simulink 就是通过连接模块，实现几乎不写代码就能仿真模型的目的。

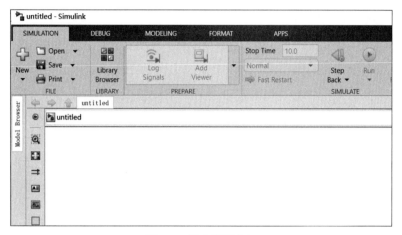

图 9-2　新建模型窗口

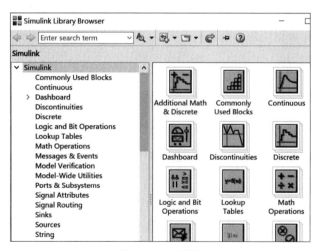

图 9-3　库浏览器

9.3　建　立　模　型

9.3.1　选择模块

通常，一个仿真模型由信源、信宿和中间的处理环节组成，当模型被确定后，即可从相应的模块库中选择合适的模块组建模型。

【例 9-1】　本例的功能是选择 $|\cos(x)|$ 仿真模型所需的模块。

本任务中,信源可以选择 Sources 信源库中的 Sine Wave(正弦波形)模块,信宿可选择 Sinks 信宿库中的 Scope(示波器)模块。由于要取绝对值,可使用 Math Operations 数学操作库中的 Abs(绝对值)模块。将这三个模块用鼠标拖放到模型窗口中,效果如图 9-4 所示。图中有一行黄色提示信息,利用 Ctrl 键可以将两个模块快速连接。方法是先单击信号输出模块(见图 9-4 中的正弦信号模块),在按下 Ctrl 键的同时单击信号输入模块(见图 9-4 中的绝对值模块),即可将两个模块连接起来。

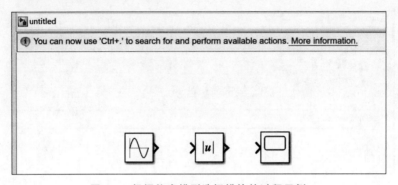

图 9-4　根据仿真模型选择模块的过程示例

9.3.2　模块的操作

1. 设置模块的参数

双击模块,即可对该模块的参数进行设置。以 Sine Wave 模块为例,双击后进入参数设置界面。由于输入信号是 $\cos(x)$,而 $\cos(x) = \sin(x + \pi/2)$,因此只需修改 Phase 参数即可,如图 9-5 所示。

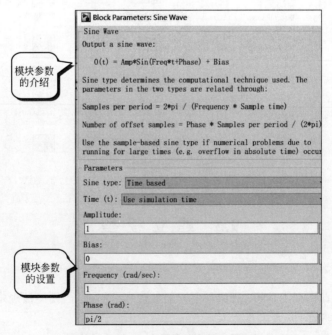

图 9-5　Sine Wave 模块的参数设置示例

双击 Abs 模块,其信号属性的参数设置如图 9-6 所示,该模块默认的输出数据类型与它的输入一致。另外,如有必要,还可控制它的最大和最小输出值。

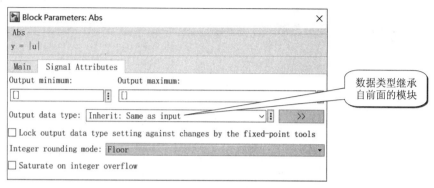

图 9-6　Abs 模块的参数属性示例

2. 调整模块的大小

有些模块,如 Gain(增益)模块和 Constant(常数)模块等,当参数位数过多时会用字母代替,直观性不强,如图 9-7(a)所示。此时,可适当地调整模块的大小,使其显示所设置的参数。具体方法如下。

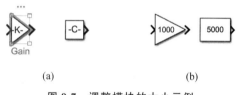

(a)　　　　　　　　　　　　　(b)

图 9-7　调整模块的大小示例

(1) 单击要调整的模块,此时模块四角会出现 4 个虚方块(见图 9-7(a))。

(2) 用鼠标拖动虚方块,调整模块大小,直至显示参数的所有位数(见图 9-7(b))。

3. 旋转和改变模块外观

默认情况下,模块总是输入端在左,输出端在右,模块名称在模块下方。可以根据需要旋转模块、改变模块颜色、改变模块名称、隐藏模块名称、改变模块名称的位置,甚至为模块增加阴影等,这些都可以通过模块的上下文菜单来完成。单击要进行旋转或改变外观的模块,再右击打开上下文菜单,如图 9-8 所示。此时,可对模块进行多种操作,如 Flip Block 表示把模块旋转 180°,而 Background Color 和 Foreground Color 能够改变模块的背景和前景颜色。

【例 9-2】　本例的功能是重命名 $|\cos(x)|$ 仿真模型中的信源模块并改变其外观。

单击模块的名称即可进入编辑状态,由于输入是余弦信号,因此需要把 Sine Wave 信源模块重命名为 cos。至于模块的外观,用户可自行设置,重命名并改变 Sine Wave 模块外观后的效果示例如图 9-9 所示。

4. 复制、删除和多选模块

在 Simulink 中,对模块的复制、删除和多选操作采用了与其他常用软件完全一致的风

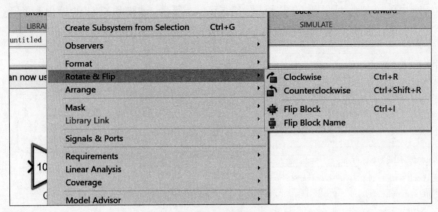

图 9-8　旋转和改变模块外观

格,如单击要操作的模块,用 Ctrl＋C 组合键进行复制,用 Ctrl＋V 组合键进行粘贴,用
Delete 键进行删除,按住 Shift 键可选择多个模块等,这里介绍一种最简单的复制模块方法:
按住鼠标右键拖动要复制的模块,到合适位置松开鼠标右键即可。

图 9-10 为复制信宿 Scope 示例。

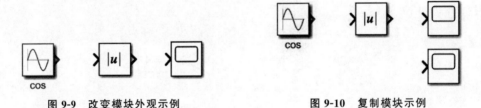

图 9-9　改变模块外观示例　　　　　图 9-10　复制模块示例

9.3.3　信号线的操作

1. 连接模块

【例 9-3】　本例的功能是连接 $|\cos(x)|$ 仿真模型中的各个模块。

有以下三种方法可以连接两个模块。

(1) 将鼠标移至第一个模块的输出端,当鼠标指针变为十字形时,按住鼠标左键不放,
拖动至第二个模块的输入端松开鼠标。

(2) 单击第一个模块,按住 Ctrl 键,同时鼠标左键单击第二个模块,Simulink 会自动连
接两个模块(推荐使用此方法)。

(3) 当有一个输出对应多个输入的情况时(见图 9-11(a)),先用前面的方法连接输出和
其中的任意一个输入,再将鼠标移至连接线上,按住鼠标右键不放,拖动至另一个输入端松
开鼠标(见图 9-11(b))。

提示:如果想要在一条连接线上插入一个模块,只需将这个模块移到线上就可以自动
连接了。但是,这个功能只支持单输入、单输出的模块,对于其他模块,只能先删除连接线、
重新放置模块,然后再连接线。

2. 移动连接线

在复杂的模型中,为了避免出现连线交叉的情况,经常需要移动连接线,具体方法:单

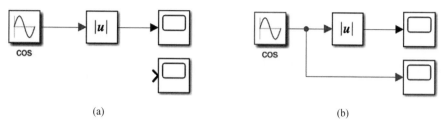

(a)   (b)

图 9-11　连接模块示例

击希望移动的连接线,按住鼠标左键不放(此时的鼠标指针为十字箭头形),移动到合适的位置松开鼠标。移动连接线后的示例效果如图 9-12 所示。

3. 移动节点

如图 9-12 所示,连接线的转折处,以及连接线的交叉处即为节点。移动节点的方法与移动连接线的方法类似:单击节点所在的连接线,鼠标移动到节点时,其形状会变为圆形,鼠标左键按住该节点不放,拖动到合适的位置即可。图 9-13 为移动节点后的示例效果。

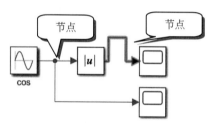 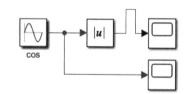

图 9-12　移动连接线的示例效果　　　　图 9-13　移动节点的示例效果

4. 删除连接线

删除连接线的方法与删除模块一样,最简单的方法是单击要删除的连接线,然后按 Delete 键。

5. 调整节点和连接线

分割连接线会产生新的节点,通过移动节点可以更自由地改变连接线的形状。单击要编辑的连接线,按住 Shift 键的同时拖动节点,将会形成新的节点形状(见图 9-14(a)),然后拖动节点到合适的位置松开即可(见图 9-14(b))。

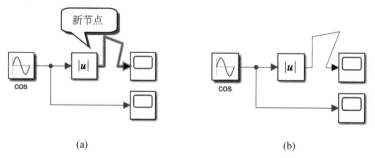

(a)   (b)

图 9-14　调整节点形状示例

6. 连接线的标签

为连接线添加标签有利于表明连接线的功能,增加模型的可读性。

(1) 添加标签。双击想要添加标签的连接线,即会出现一个编辑框,在编辑框内输入标签的内容即可。值得注意的是有的 Simulink 版本并不支持中文,需要根据实际情况选择标签的语言。

(2) 编辑标签。单击要编辑的标签,即可进入编辑状态。

(3) 移动标签。单击要移动的标签,出现编辑框后,鼠标左键按住编辑框边框附近不放,拖动到合适的位置松开。值得注意的是连接线的标签只能在连接线周围移动,无法将其移动至其他连接线上。

(4) 标签的传递。标签是可以传递的,如图 9-15(a)所示,首先为信源 cos 建立标签 cosine,然后双击与信源 cos 相连接的其他连接线,即可自动地传递标签内容(见图 9-15(b))。此后,只要变更或删除其中一个标签内容,与之相关的标签均会自动随之变化。

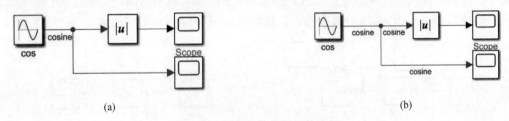

(a)   (b)

图 9-15   传递连接线标签的示例

提示:只能在信号的前进方向上传递该信号的标签。当一个带有标签的信号与 Scope 模块连接时,信号标签将作为标题显示在坐标轴上。

9.3.4   对模型进行注释

对模型进行注释可以让用户更了解模型的功能和使用方法。在模型窗口的任意位置进行双击,就会出现一个编辑框,输入需要添加的内容即可完成对模型的注释,如图 9-16 所示,必要时,可以改变字体、字号、增加阴影或改变颜色等。值得注意的是有的 Simulink 版本不支持中文,即使在编辑时能够输入中文,但在保存时会提示出错。

本模型对|cos(x)|进行仿真

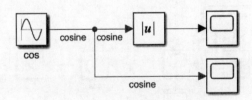

图 9-16   对模型进行注释的示例

9.3.5   模型的缩放

使用 View 菜单中的 Zoom in 和 Zoom Out 可以控制模型的缩小和放大显示,也可以利用快捷键 r 放大或 v 缩小模型。

如果想让模型充满窗口,按空格键。

9.4　保存和运行模型

保存的模型文件以.slx 为后缀名,单击模型窗口工具栏上的 Run 绿色按钮,即可仿真。

仿真开始后,">"变成"Ⅱ",单击表示暂停仿真;"■"变成"■",单击表示结束仿真。当然,也可选择 Simulation 菜单下的 Stop 结束仿真。

仿真结束后,双击 Scope 模块可查看仿真结果,如图 9-17 所示。如果前面的信号线有标签,则会以该标签为示波器曲线标题。

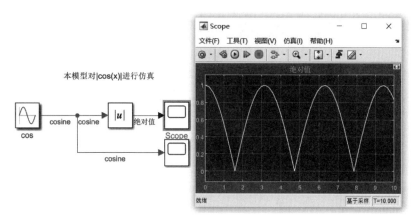

图 9-17　利用 Scope 查看仿真结果

9.5　查看仿真结果

9.5.1　示波器参数的设置

示波器是最常用的信宿模块,用于显示仿真数据,对其进行参数设置,有利于后续的数据分析工作。

单击示波器工具栏上的齿轮按钮或上下文菜单中的"配置属性",即可进入示波器配置属性对话框,如图 9-18(a)所示,单击上下文菜单中的"样式",即可进入如图 9-18(b)所示的对话框,为坐标轴和曲线设置参数。

9.5.2　信号的组合

【例 9-4】　本例的功能是用不同方法来查看多条曲线。

如果希望在同一示波器上显示多条数据曲线,可采用以下两种方法。

(1) 改变示波器中的端口个数,使其能够显示多条曲线(见图 9-19(a))。或者使用 Mux 模块将多个信号组合成一个信号(见图 9-19(b))。两种方法的仿真结果分别如图 9-20(a)和图 9-20(b)所示。

(a)   (b)

图 9-18   示波器参数的设置

本模型对|cos(x)|进行仿真

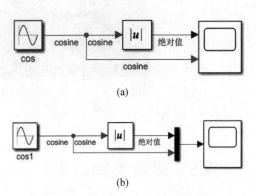

(a)

(b)

图 9-19   示波器输入端个数的设置

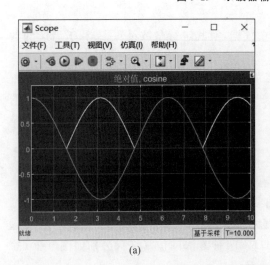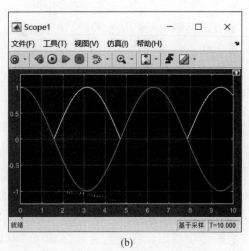

(a)   (b)

图 9-20   示波器显示多条曲线示例

从示波器的显示效果来看,两者似乎没什么不同,只是采用增加示波器端口的方法会显示曲线的标签。但如果右键单击模型空白处,打开上下文菜单,单击"Other Displays"→"Signals & Ports"菜单下的"Signal Dimensions"和"Wide Nonscalar Lines"命令,就可以看到,Mux 模块会将信号线的数据合而为一,经由它的信号数据不再是单一数值,而是一个向量(见图 9-21)。

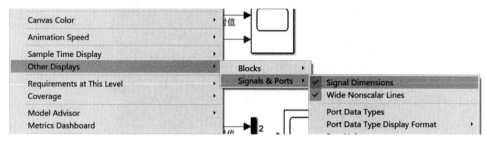

图 9-21　让信号线显示维数信息

(2) 使用 Signal Routing(信号路由)模块库中的 Mux(信号组合)模块(见图 9-22),可以将多个输入组合成一个向量,并将得到的向量作为模块的单个输入。

本模型对|cos(x)|进行仿真

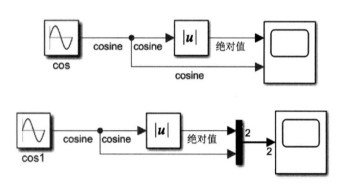

图 9-22　信号线可显示维数信息

提示:本模型使用了 Signal Dimensions 和 Wide Nonscalar Lines 选项以区分向量信号,并显示维数。在默认情况下,Simulink 模型是不对向量信号进行区分的。

【**例 9-5**】　本例的功能是对经由 Mux 模块组合的信号线继续处理并查看结果。

在 Mux 模块之后添加了一个增益模块,如图 9-23 所示,查看增益模块是否会对原先的两组信号同时处理。仿真结果如图 9-24 所示,两条信号都被放大了 3 倍。

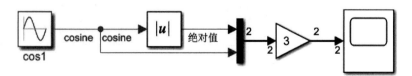

图 9-23　对经由 Mux 模块组合的信号线仿真示例

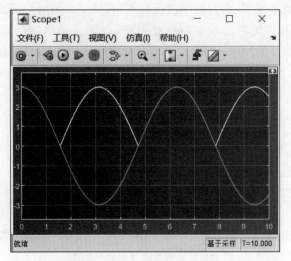

图 9-24　例 9-5 仿真结果示例

9.6　向量和矩阵

Simulink 的一个重要特性是支持矩阵(数组),默认情况下,会对向量中的逐个元素进行操作。例如,向量增益可以作用在一个标量信号上,并产生一个向量输出。

【例 9-6】　本例的功能是使用向量增益对输入进行放大。

如图 9-25 所示,Gain 模块的值设置为[2 5],表示分别对输入进行 2 倍和 5 倍的放大。标量输入经过向量模块后变成了向量信号,维数为 2,仿真结果如图 9-25 所示。

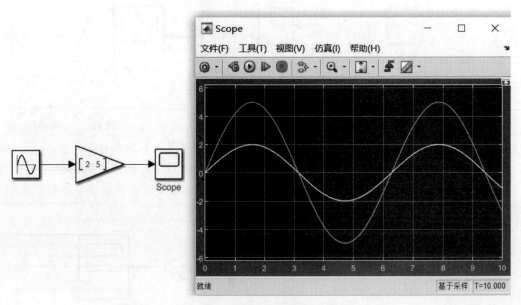

图 9-25　向量信号的使用示例

当使用有多个输入端的模块(如 Sum 模块)时,会将向量输入和标量输入混合在一起,此时,标量信号会依次与向量中的元素进行计算。

【例 9-7】 本例的功能是混合向量和标量输入进行计算。

模型如图 9-26 所示,Constant(常数)模块是标量,Constant1 模块是向量,两者求和后用 Display 模块显示结果。Constant 的标量依次与 Constant1 中的元素求和,Display 模块会自动判断向量的维数并进行显示。若 Display 模块的大小不足以显示所有数据,可调整其大小。

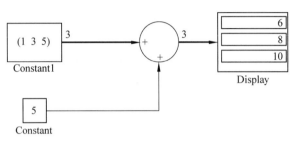

图 9-26 向量信号的使用示例

9.7 保存和打开已有模型

单击"Save"菜单下的"Save As..."命令可保存模型,Simulink 仿真模型的扩展名是.slx。类似地,单击"Open"菜单可打开已有的仿真模型。

9.8 处理大的模型

Simulink 适合用来建立复杂系统的模型,如线性和非线性系统、离散、连续和混合系统、单任务和多任务系统,以及变速率的系统。所有模型都是分级的,可以采取从上到下或从下到上的方法建立模型。例如,可以从下到上,先建立底层模型,然后对已经建好的部分生成子系统。也可采用从上到下的方式,先从顶层进行设计,然后再对细节进行设计。此时,可以在顶层使用空的子系统,然后再实现里面的具体细节。关于子系统部分,将在第 12 章进行详细的介绍。

通过 Simulink 的 Model Browser(模型浏览器),可以更好地编辑和建立复杂系统的模型。它允许分层次地显示系统模型,只需单击层中的某个块,就可以查看其中的内容。

【例 9-8】 本例的功能是使用 Model Browser 分层次查看模型结构。

在 MATLAB 命令行窗口输入 aero_six_dof,可打开 Simulink 自带的一个 Model,它仿真了具有 6 个自由度的机械运动模型。单击左下角的>>或<<按钮,可查看或隐藏该模型的层次结构(见图 9-27),单击其中任一子系统,即可查看该子系统中的内容。

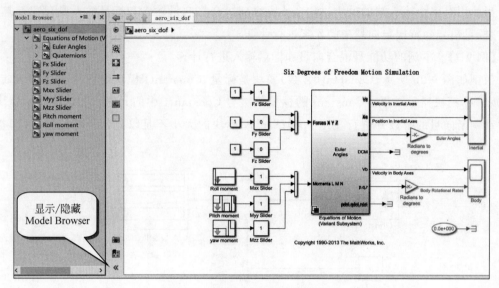

图 9-27　复杂系统的层次结构示例

9.9　常用的仿真参数配置

在 MODELING 页面栏中选择 Model Settings，将弹出如图 9-28 所示的仿真参数设置对话框，本节将对常用的 Solver（求解器）、Data Import/Export（数据的导入/导出）和 Diagnostics（诊断）进行介绍。

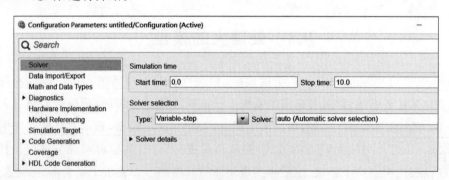

图 9-28　仿真参数设置对话框

9.9.1　Solver 求解器

Solver 是 Simulink 仿真的核心，提供仿真所需要的各种算法。如图 9-29 所示，Simulink 通过在系统框图和求解器之间建立联系来进行求解。Simulink 将系统的参数和方程提供给求解器，求解器经过计算后返回结果。

Simulink 提供的求解器包含了目前数值计算研究的最新成果，采用的都是速度快、精度高的计算算法。由于目前并没有一个万能的计算方法，能够非常理想地求解各类方程，因此，不同的系统需要选用不同的求解器。以下具体介绍一些求解器，以便根据系统特性选择

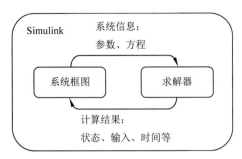

图 9-29　Simulink、系统与求解器的关系

合适、快速的计算方法。

1. 用于变步长的求解器

（1）ode45。这种求解器用于求解 NonStiff（非刚性）系统，计算精度适中，是最常用的求解器，也是 Simulink 默认的求解器。当用于 Stiff（刚性）系统时，ode45 的速度将变得很慢。

ode45 分别采用 4 阶、5 阶 Taylor 级数求取近似解，其误差就是 Taylor 级数的截断项。如果误差大于系统的设定值，就把步长缩短后重新计算，这也是变步长的由来。

（2）ode23。ode23 分别采用 2 阶、3 阶 Taylor 级数求取近似解，其计算精度低于 ode45，因此常用于对误差精度要求不高的非刚性系统。另外，ode23 也可用于求解中度刚性方程。

（3）ode113。与 ode45 和 ode23 采用 Taylor 级数方法不同，ode113 采用多项式方法，并使用变阶的 Adams 法实现多步预报校正。对于具有严格误差容限和计算密集型的问题，比 ode45 更加高效。

* 在预报阶段，用一个 $(n-1)$ 阶的多项式近似导数函数，多项式的系数可通过 $(n-1)$ 个节点及其导数值确定。
* 用外推的方法计算第 n 个节点的预报解。
* 在校正阶段，通过对前面 $n-1$ 个节点和预报解进行拟合来获得校正多项式。
* 用校正多项式重新计算第 n 个节点，获得校正解。
* 用预报解和校正解之间的差异作为误差，与系统设定值进行比较，用来调整步长，其方法类似于 ode45 和 ode23。

ode113 在执行过程中还能自动地调整近似多项式的阶数，以平衡其精确性和有效性。

ode113 的计算次数要少于 ode45 和 ode23，因此在计算光滑系统时的速度更快。

（4）ode15s。ode15s 基于数值差分方程（NDFs）求解，专用于求解刚性方程，其中使用了一种对系统动态转换进行检测的机制。ode15s 的计算精度适中。

（5）ode23s。ode23s 也用于求解刚性方程，其计算精度低于 ode15s。由于计算阶数不变，其计算效率要比 ode15s 高一些。

（6）ode23t。ode23t 用于求解中度刚性方程，计算精度低，不考虑衰减问题。

（7）ode23tb。ode23tb 用于求解刚性方程，计算精度低。

（8）discrete。discrete 专用于离散系统的为步长求解器。

2. 用于定步长的求解器

定步长求解器有 ode1、ode2、ode3、ode4、ode5、ode8、ode14x 和专用于离散系统的 discrete 求解器。

ode1 到 ode8 采用显函数来求解,即

$$x(n+1) = x(n) + h * Dx(n) \tag{9-1}$$

其中的 n 表示第 n 个采样时刻,x 表示状态,h 表示步长,Dx 表示求解器所使用的函数。这些求解器的区别表现在它们所使用的数值积分方法。表 9-1 对它们进行了说明。

表 9-1 定步长的连续系统求解器

求解器名称	采用的计算方法	计算精度(从低到高排序)
ode1	Euler 方法	1
ode2	Heun 方法	2
ode3(默认求解器)	Bogacki-Shampine 公式	3
ode4	4 阶 Runge-Kutta(RK4)公式	4
ode5	Dormand-Prince(RK5)公式	5
ode8	Dormand-Prince RK8(7)公式	6

ode14x 采用隐函数来求解,即

$$x(n+1) - x(n) - h * Dx(n+1) = 0 \tag{9-2}$$

由于没有误差控制机制,因此计算精度和仿真时间依赖于求解器所采用的步长。如果减小步长,能提高精度,但同时会增加仿真时间。对于相同的步长,求解器的复杂度越高,仿真用时也越长。Simulink 默认采用 ode3 求解器,它的计算精度和仿真时间得到了较好的平衡。

9.9.2 Solver 选项卡的参数设置

Solver 选项卡由四部分组成,以下分别介绍。

1. Simulation time

(1) Start time:仿真开始时间,默认为 0。

(2) Stop time:仿真结束时间,默认为 10。

2. Solver options

Type 含 Variable-step(变步长)和 Fixed-step(定步长)。当 Type 为 Variable-step 时,对话框的显示如图 9-30 所示。

其参数意义如下:

- Solver:Simulink 默认使用 ode45,如果用其进行仿真时速度很慢,可能是由于刚性系统的原因,可选用 ode15s。
- Max step size:求解时的最大步长。
- Min step size:求解时的最小步长。
- Initial step size:求解时的初始步长。这些步长应该是不同的,因为某些系统在开始

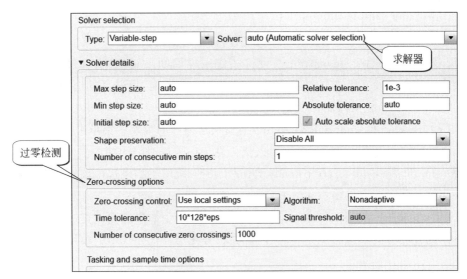

图 9-30　变步长时的参数选项

时有特别的启动条件,需要特别处理。

- Relative tolerance:相对误差容限。高的误差容限可以加快仿真速度,但可能给出不准确的结果,甚至造成数值的不稳定。
- Absolute tolerance:绝对误差容限。
- Shape preservation:是否使用派生信息,默认是不使用派生信息,该选项适用于多数的模型。

当 Type 为 Fixed-step 时,对话框的显示如图 9-31 所示。

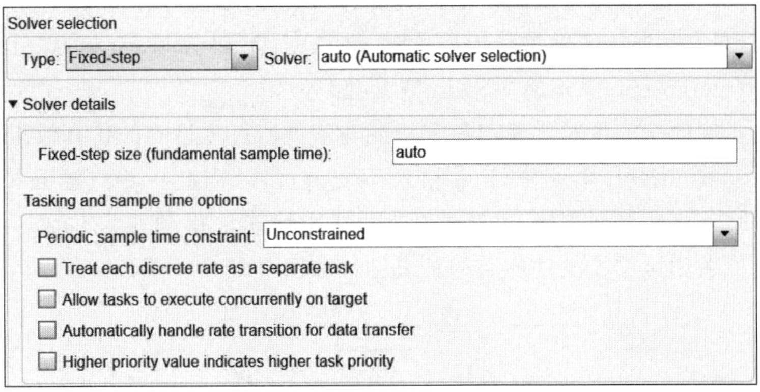

图 9-31　定步长时的参数选项

其参数意义如下:

- Solver:Simulink 默认采用 ode3。
- Fixed-step size:当为 auto 时,如果系统包含离散模块,Simulink 会将离散模块的采样时间作为步长;如果系统不包含离散模块,则会将仿真时间除以 50,以此作为步长。

3. Tasking and sample time options

多任务选项在变步长和定步长时可选择的内容有所不同。

- Periodic sample time constraint：允许指定采样周期限制，在仿真过程中，Simulink 会确保满足此要求。如果不满足要求，会出现错误信息，可选择的选项如下。
  - Unconstained：无限制。
  - Ensure sample time independent：使模块从前面的模块中继承采样时间。
  - Specified：确保模型运行在一系列优先划分的采样时间周期内。
- Automatically handle rate transition for data transfer：如果选中该复选框，将会在模块间插入隐含速率传输模块。
- Higher priority value indicates higher task priority：如果选中该复选框，系统将会给不同的任务分配不同的优先权，高的优先权分配给高优先权值的模块。

4. Zero-crossing options

过零检测选项，仅出现于变步长仿真。对于大多数的模型来说，该功能（Enable all）可以增加步长从而加速仿真。当模型变化剧烈时，关闭这个选项（Disable all）能够加速仿真，但同时会降低仿真的精度。

过零是一个重要的事件，表征系统中的不连续性，如响应中的跳变。如果在仿真中不对过零进行检测，可能会导致不准确的结果。过零在两个条件下产生：信号在上一个时间步改变了符号（含变为 0 和离开 0）；模块在上一个时间步改变了模式（如积分器进入了饱和阶段）。

当发生过零时，Simulink 会减小步长，以判断过零发生的准确时间。虽然这么做会放慢仿真速度，但它对于某些模块来说是至关重要的，如它的零值具有重要的意义或用来控制另外的模块。只有少数模块能够进行过零检测，如 Abs、Dead Zone（死区）、Integrator（积分器）、Relational Operator（关系运算）、Switch（开关）等。

【例 9-9】 本例的功能是对比使用过零检测与不使用过零检测的仿真效果。

模型如图 9-32(a)所示，本例中，Fcn 模块不支持过零，因此一些点被漏掉了。而由于 Abs 模块支持过零，每当它的输入改变符号时，都能精确地得到零点位置。仿真结果如图 9-32(b)所示。关闭过零检测功能后的仿真结果如图 9-32(c)所示。

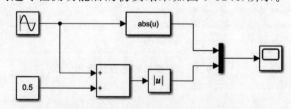

加上常数0.5的目的是为了避免两条曲线出现重合的情况

(a)

图 9-32 过零检测对仿真结果的影响

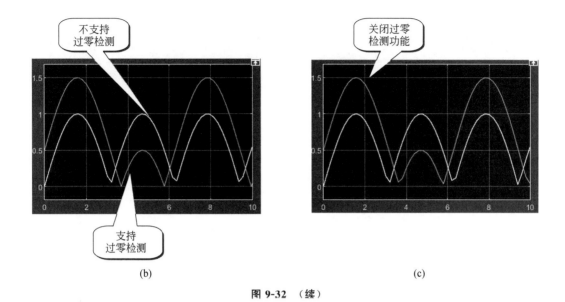

图 9-32 （续）

图 9-33 显示了关闭过零检测和打开过零检测时的采样时间,可以发现,关闭过零检测时,系统是均匀采样的;当打开过零检测时,在曲线变化剧烈的位置,步长明显变小。图 9-33(b) 中第 20 个采样时间为 3.665 191 429 188 092,第 21 个采样时间为 3.665 191 429 188 064,步长间隔仅为 10^{-14}。

	16	17	18	19	20	21	22	23	24	25	26
0	3.0000	3.2000	3.4000	3.6000	3.8000	4.0000	4.2000	4.4000	4.6000	4.8000	5.0000

(a) 关闭过零检测时的采样时间

	16	17	18	19	20	21	22	23	24	25	26
	3.0000	3.2000	3.4000	3.6000	3.6652	3.6652	3.8652	4.0652	4.2652	4.4652	4.6652

(b) 打开过零检测时的采样时间

图 9-33 有无过零检测时的采样时间对比

9.9.3 Data Import/Export 选项卡的参数设置

Data Import/Export 选项卡如图 9-34 所示,主要用于设置 Simulink 与 MATLAB 的工作区之间进行数据传输的相关参数。

1. Load from 工作区

从工作区中导入数据进行仿真。

- Input:从工作区导入的数据由时间 t 和数据 u 组成。
- Initial state:模型的初始状态,xInitial 是工作区中的变量名。

2. Save to 工作区

将仿真数据导出到工作区中,以便进一步分析。可导出的内容包括时间、状态和具体的仿真数据。

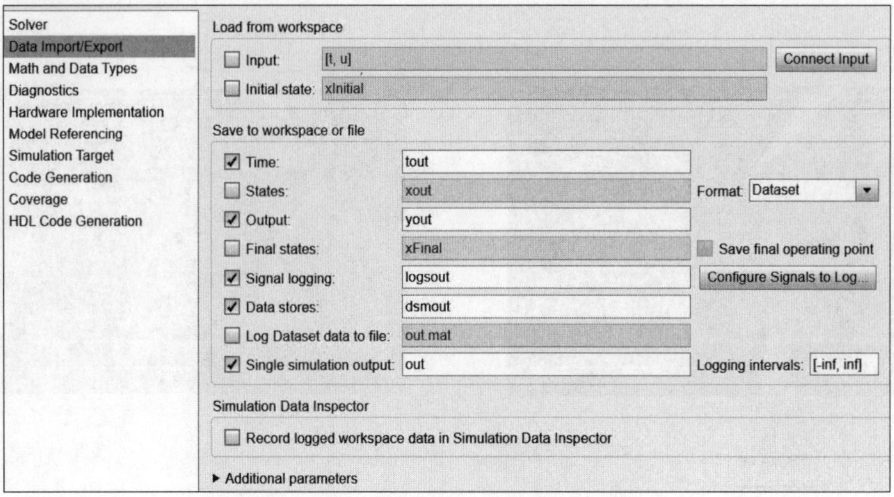

图 9-34　Data Import/Export 选项卡参数设置

对于 Time、States、Output 和 Final states 几个选项来说，编辑框中的内容即为数据导出到工作区后的相应变量名，默认的是 tout、xout、yout 和 xFinal，数据类型可以是 Array、Structure 和 Structure with time 三种。

此外，当仿真数据较多时，还可用 Limit data points to last 限制导出到工作区的数据个数，用 Decimation 设定每 N 个数据输出一个至工作区，默认是 1。

3. Signals

用于保存仿真过程中信号记录的变量名。

9.9.4　Diagnostics 选项卡的参数设置

Diagnostics 选项卡用于设置仿真中的异常诊断。它包含了多个子卡。图 9-35 列出了与 Solver 相关的异常。对于所列出的每一个异常，用户可以选择 none（没有错误）、warning（警告）和 error（错误）。在进行仿真时，如果出现上述异常，Simulink 将会根据设定进行相应的处理，如不予处理、进行警告或提示错误。

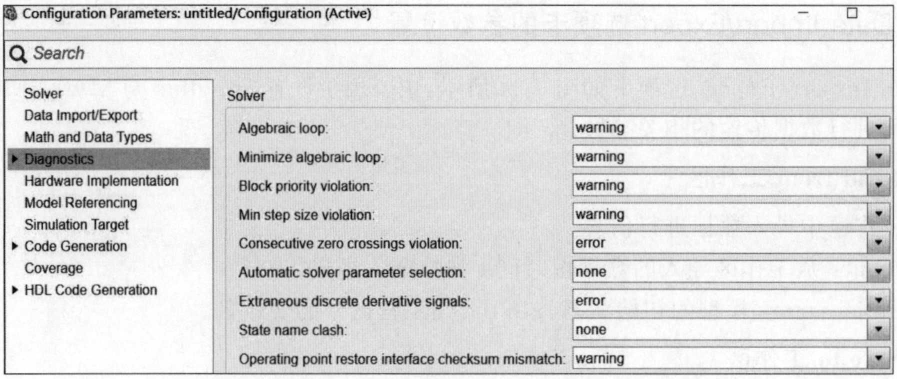

图 9-35　Diagnostics 选项卡中的 Solver 异常诊断设置

在运行前面的仿真模型时,是否在 MATLAB 命令窗口中出现了如图 9-36 所示的警告?

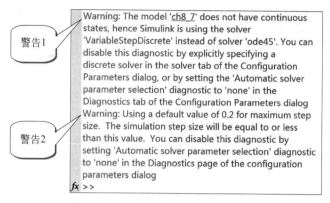

图 9-36   运行模型时出现异常的示例

这里有两个警告: 一个是提醒用户,由于模型中没有连续状态,因此 Simulink 使用了 VariableStepDiscrete 求解器代替了 ode45;另一个是 Simulink 使用了默认值 0.2 作为仿真时的最大步长。如果希望仿真时不再出现有关这两个异常的警告,可以将图 9-36 中的 Automatic solver parameter selection 异常设置为 none。

类似的,还可以对 Sample Time(采样时间)、Data Validity(数据有效性)、Type Conversion (数据的类型转换)、Connectivity(模块的连接)、Model Referencing(模型不同版本间的兼容性)等方面的异常进行设置。

第 10 章

常用模块库及数据的导入与导出

本章首先介绍 Simulink 提供的基本模块库,然后着重介绍其中的 Sources 信源库、Sinks 信宿库和 User-Defined Functions 用户自定义函数模块库。

10.1 Simulink 基本库简介

表 10-1 对 Simulink 含有的 19 个基本模块库进行了说明。

表 10-1 Simulink 含有的模块库

模块库名称	模块库简介
Commonly Used Blocks	常用模块,如 Gain、Sum、Constant、Mux 等
Continuous	带有连续状态的系统,如积分、微分等
Dashboard	与仿真进行交互的控制和指示模块
Discontinuities	限幅、量化,如死区、饱和等
Discrete	带有离散状态的系统,如离散化、差分方程等
Logic and Bit Operations	逻辑运算、位运算,如 AND、<= 等
Lookup Tables	查表
Math Operations	数学运算,如 Abs、Minmax、Gain 等
Messages and Events	为基于消息的通讯建模
Model Verification	模型检验,如 Check Dynamic Range
Model-Wide Utilities	线性化、文档,如 DocBlock、Time-Based Linearization
Ports & Subsystems	各种端口和子系统,如 Enable、Trigger、If 等
Signal Attributes	信号属性,如速率转换、初始值、类型转换等
Signal Routing	信号接口与操作、开关,如 Mux、Switch、From 等
Sinks	信宿,如 Scope、Display、To Workspace 等
Sources	信源,如 Sine Wave、In1、Clock、Step、Constant 等
String	可在模型中使用字符串的相关操作
User-Defined Functions	用户自定义函数模块,如 Fcn、MATLAB Function 等
Additional Math & Discrete	附加操作,如 Unit Delay Enabled、V++ 等

本章将重点介绍 Sources、Sinks 和 User-Defined Functions 模块库。对于 Continuous 和 Discrete 模块库,将在第 11 章中介绍。对于 Ports & Subsystems 模块库,将在第 12 章中进行介绍。

10.2 Sources 信源库与外部数据的导入

10.2.1 Sources 信源库介绍

Sources 信源库(见图 10-1)提供各种输入信号,这些模块的共同特点是只有输出端,没有输入端。表 10-2 对常用的信源模块进行说明。

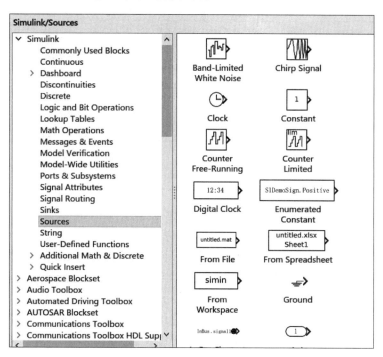

图 10-1 Sources 信源库

表 10-2 常用的信源模块说明

模块名称	模块简介
Band-Limited White Noise	限制带宽白噪声信号,常用于连续或混合系统的白噪声信号的输入
Chirp Signal	线性调频信号,较为成熟和应用最广泛的一种脉冲压缩信号
Clock	仿真时钟信号
Constant	常数信号
Counter Free-Running	累加信号,当累加信号大于 2^N-1 时,信号自动回零,N 为模块的参数
Digital Clock	数字时钟,只显示在制定的采样间隔内的时间,其他情况保持时间不变
From File	从 .mat 文件导入数据信号

续表

模 块 名 称	模 块 简 介
From Workspace	从工作区导入数据信号
Ground	接地,表示零输入。若某个模块的输入端暂时没被使用,可连接该模块
In1	输入端口模块,用来表示整个系统的输入端,可作为信号输入
Pulse Generator	脉冲信号,可设置幅度、周期和宽度等参数
Ramp	斜坡信号
Random Number	正态随机数发生器,可设置方差、均值和种子等参数
Repeating Sequence	用于构造重复的输入信号,需要输入关键时间点和对应的数值
Repeating Sequence Interpolated	用于构造重复的离散输入信号,样本间信号采用线性插值
Repeating Sequence Stair	用于构造重复的离散输入信号,样本间信号采用零阶保持
Signal Builder	在弹出的对话框中绘制信号图形,即可构造出所需的信号
Signal Generator	用于产生正弦波、方波、锯齿波等信号,可设置幅度和频率等参数
Sine Wave	用于产生正弦信号
Step	用于产生阶跃信号
Uniform Random Number	用于产生均匀分布的随机信号

【例 10-1】 本例的功能是使用 Clock 模块作为控制信号。

任务：当仿真时间小于 5 秒时输出 $2\sin 2t$；当仿真时间大于或等于 5 秒时输出 $5\sin 2t$。

模型的构建与模块的选择：根据需求,需要两种信源,分别是 Sine Wave 和 Clock,其中的 Sine Wave 用于提供 $\sin 2t$ 信号,Clock 用于提供仿真时间。由于有分支选择,因此需要 Switch(开关)模块,最后,还需要两个 Gain 模块和一个 Scope 模块。

Switch 模块位于 Signal Routing 模块库中。如图 10-2 所示,它有三个端口(从上到下为 input1 到 input3)。控制信号由 input2 输入,当满足条件时,数据从 input1 通过,否则数据从 input3 通过。控制条件只有三个选项,分别是 u2≥Threshold、u2>Threshold 和 u2～=0,本例中,选择 u2≥Threshold,Threshold 设为 5。

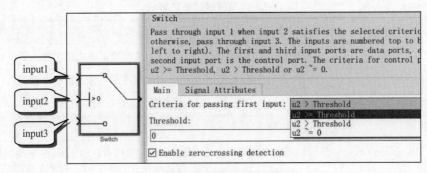

图 10-2 Switch 模块的使用方法

仿真模型和仿真结果如图 10-3 所示。

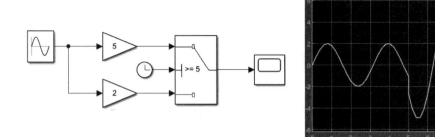

图 10-3 使用 Clock 作为控制信号

10.2.2 从外部导入数据

在 Sources 库中，In1、From Workspace 和 From File 三个模块能够从外部导入数据，但用法各有不同。

1. In1 模块

（1）利用 In1 从工作区导入数据。

当利用 In1 模块从工作区导入数据时，需要做以下三件事。

- 在模型中使用 In1 模块，将其作为信源。若有 N 个信号需要导入模型，就要配置 N 个 In1 模块，系统会自动为每个模块进行编号，如 1，2，…。这些编号显示在模块的中间位置，如要修改编号，则双击 In1 模块，在弹出的参数设置对话框中修改 Port number。注意修改模块的名称如 In1、In2 等无法改变模块的实际编号。
- 在工作区中为相应数量的信号赋值，并将这些信号按列的方式合并成一个新的变量，如 uu；同时，时间信号 t 单独设为一列。
- 单击模型窗口中 MODELING 页面栏下的 Model Settings（见图 10-4），在 Data Import/Export 选项卡中选中 Input 复选框，输入时间信号和数据信号在工作区中的相应变量名，如[t, uu]。

图 10-4 使用 In1 模块时需要对 Data Import/Export 选项卡进行设置

【例 10-2】 本例的功能是使用 In1 模块从工作区导入数据。

任务：当仿真时间小于 5 秒时输出 2sin2t；当仿真时间大于或等于 5 秒时输出 5sin2t。其中的 2sin2t 和 5sin2t 均从工作区中导入。

模型的构建与模块的选择：根据需求，需要两种信源，分别是 In1 和 Clock，其中的 In1 模块需要两个，分别对应外部信号 5sin2t 和 2sin2t，Clock 用于提供仿真时间。由于有分支选择，因此需要 Switch（开关）模块，最后，还需要一个 Scope 模块。

在命令行窗口中输入如下的命令：

```
>>t=0:0.1:10;                    %时间从 0 开始到 10 结束，间隔为 0.1
```

```
>>t=t';                        %转置时间 t,使其变成列向量
>>uu=[5 * sin(2 * t) 2 * sin(2 * t)];  %生成两列数据信号,取名为 uu,uu 的第一列对应 In1
                               %uu 的第二列对应 In2
```

仿真模型和仿真结果如图 10-5 所示。

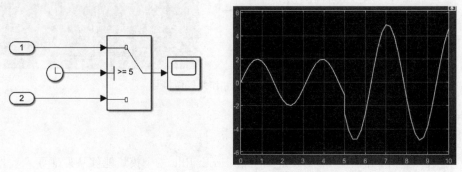

图 10-5 使用 **In1** 模块从工作区导入数据

提示：可以将时间 t 和数据 uu 按列的方式合并为一个变量,如 uuu。此时,在 Data Import/Export 对话框中将 Input 编辑框中的内容改为[uuu]即可,系统会自动将第一列作为时间信号,将其余列作为数据信号。

(2) 利用 In1 模块从模型的上一级层次导入数据。

当模型含有子系统时,会使用 In1 模块表示子系统的输入信号。图 10-6(a)为一个含有子系统的模型,图 10-6(b)为子系统中的内容,其输入信号即为 In1 模块,分别对应子系统的两个外部输入。图 10-6 所描述的模型为$|\sin(t)+1|$。

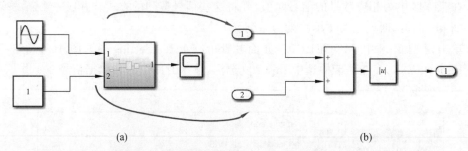

(a)   (b)

图 10-6 在子系统中使用 **In1** 模块导入外部数据

2. From Workspace 模块

From Workspace 模块专用于从工作区导入数据,数据在工作区中的默认变量名为 simin,可以双击该模块,选择要导入的变量名。

【**例 10-3**】 本例的功能是使用 From Workspace 模块从工作区导入数据。

任务：当仿真时间小于 5 秒时输出 2sin2t;当仿真时间大于或等于 5 秒时输出 5sin2t。其中的 2sin2t 和 5sin2t 均从工作区中导入。

模型的构建与模块的选择：根据需求,需要两种信源,分别是 From Workspace 和 Clock,其中的 From Workspace 模块需要两个,分别对应外部信号 5sin2t 和 2sin2t,Clock 用于提供仿真时间。由于有分支选择,因此需要 Switch(开关)模块,最后,还需要一个

Scope 模块。

在命令行窗口中输入如下的命令：

```
>>t=0:0.1:10;            %时间从 0 开始到 10 结束,间隔为 0.1
>>t=t';                  %转置时间 t,使其变成列向量
>>uu1=[t 5 * sin(2 * t)];  %From Workspace 至少含有两列,第一列是时间,第二列是数据
>>uu2=[t 2 * sin(2 * t)];
```

仿真模型和仿真结果如图 10-7 所示。

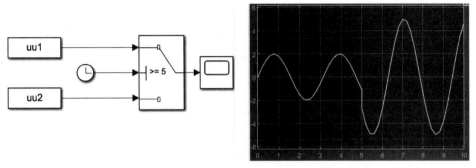

图 10-7　使用 From Workspace 模块从工作区导入数据

【例 10-4】　本例的功能是使用 From Workspace 模块从工作区导入多列数据。

在命令行窗口中输入如下的命令：

```
>>t=0:0.1:10;                  %时间从 0 开始到 10 结束,间隔为 0.1
>>t=t';                        %转置时间 t,使其变成列向量
>>uu=[t 5 * sin(2 * t) sin(t)];  %From Workspace 至少含有两列,第一列是时间,
                               %从第二列开始是数据
```

仿真模型和仿真结果如图 10-8 所示。

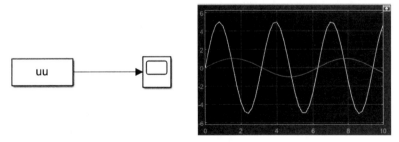

图 10-8　使用 From Workspace 模块导入多列数据

3. From File 模块

From File 模块专用于从 MAT 文件中导入数据,可以双击该模块,输入要导入的 MAT 文件名。

使用 From File 模块时,变量必须采用行的方式,即第一行为时间,从第二行开始为数据信号,这与 In1 模块和 From Workspace 模块采用列的方式导入数据是不同的,一定要加以注意。

【例 10-5】 本例的功能是使用 From File 模块从工作区导入数据。

在命令行窗口中输入如下的命令:

```
>>t=0:0.1:10;                %时间从 0 开始到 10 结束,间隔为 0.1
>>uu=[t;5*sin(2*t);sin(t)];  %From File 要求数据按的方式排列,第一行是时间,
                             %从第二行开始是数据
>>save aa.mat uu;            %只在 aa.mat 文件中保存 uu
```

仿真模型和仿真结果如图 10-9 所示。

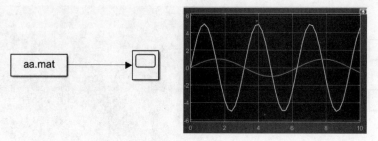

图 10-9 使用 From File 模块从 MAT 文件中导入数据

提示:MAT 文件中只能有一个变量,当超过一个变量时,系统将会因为不知该导入哪个变量的数据而出错。

10.2.3 从工作区导入模块参数

在对模块进行参数设置时,参数既可以是数值,也可以是变量,尤其是当若干个模块的参数依赖于同一个变量时,这个功能非常有用。此时,该变量可以有两个来源,一个来自工作区;另一个来自模型的回调函数。

1. 从工作区中导入模块参数

【例 10-6】 本例的功能是从工作区中导入模块参数。

任务:要实现 $a(b+\sin t)$ 模型。

解决方法:首先建立如图 10-10(a)所示的仿真模型,然后在命令行窗口中设置 a 和 b 的值,如"a=5;b=0.5",仿真结果如图 10-10(b)所示。

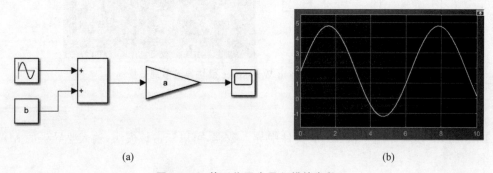

(a)   (b)

图 10-10 从工作区中导入模块参数

提示:如果仿真时所使用的模块参数在命令行窗口中没有定义,系统会提示出错。

2. 利用模型的回调函数导入模块参数

除了可以从工作区中导入模块参数外,还可以利用模型的回调函数设置模块参数。具体方法如下。

(1) 在模型的空白处单击鼠标右键,在上下文菜单上选择 Model Properties,在弹出的对话框中选择 Callbacks 选项卡(见图 10-11)。

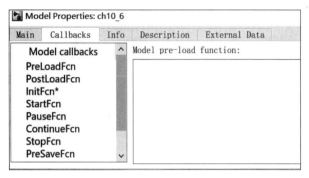

图 10-11 利用模型的回调函数设置模块参数

(2) 根据实际应用的需要,在相应的回调函数中进行模块参数的设置。例如,如图 10-12(a)所示,可以在 InitFcn() 函数中输入"a=3;b=0.6",单击 OK 按钮确认。运行仿真程序,结果如图 10-12(b)所示。

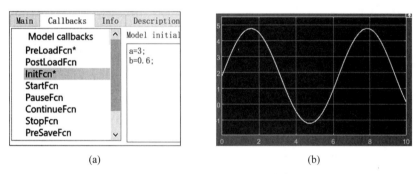

(a)   (b)

图 10-12 利用模型的回调函数设置模块参数示例

10.3 Sinks 信宿库与仿真数据的导出

10.3.1 Sinks 信宿库介绍

Sinks 信宿库(见图 10-13)提供各种输出模块,这些模块的共同特点是只有输入端,没有输出端。表 10-3 对常用的信宿模块进行说明。

对于 Display 模块,可设置数据的类型。而 XY Graph 模块与 Scope 模块不同,它有两个输入端,一个是横坐标 X 轴(通常作为时间轴),另一个是纵坐标 Y 轴。对于 XY Graph 模块,可设置 X 和 Y 的取值范围。

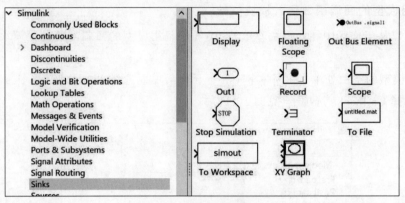

图 10-13　Sinks 信宿库

表 10-3　常用的信宿模块说明

模 块 名 称	模 块 简 介
Display	数字显示器,只能显示最后一组数据
Floating Scope	悬浮示波器,没有输入端,不与任何模块相连接
Out Bus Element	输出到外部端口
Out1	输出端口模块,用来表示整个系统的输出端,也可作为信号输出
Record	输出到录音模块
Scope	示波器
Stop Simulation	停止仿真模块
Terminator	终止模块,当模块的某个输出端暂时没有用时,可用它连接
To File	将数据导出到.mat 文件
To Workspace	将数据导出到工作区
XY Graph	绘制 XY 二维图

【例 10-7】　本例的功能是使用多个信宿模块显示仿真结果。

仿真模型如图 10-14(a)所示,仿真结果如图 10-14(b)所示。

10.3.2　Floating Scope 悬浮示波器

Floating Scope 是特殊的示波器,它没有输入端,无须连接任何模块,就好像"悬浮"于模型之上。利用 Floating Scope,可以根据用户需要显示任意模块的数据。

【例 10-8】　本例的功能是使用 Floating Scope 模块显示仿真数据。

仿真模型如图 10-15(a)所示,由于 Abs 模块没有与其他模块连接,因此使用 Terminator 模块与其进行连接。双击 Floating Scope,可打开如图 10-15(b)所示的界面。单击"信号选择器…"按钮,即可在模型中选择要显示的数据信号。本例中,共有 4 个信号可供选择。图 10-15(c)中,选择在悬浮示波器上显示 Sine Wave 模块的输出信号(原始信号)和 Abs 模块的输出信号。运行仿真,其结果如图 10-15(d)所示。右键单击示波器,可设置 Y 轴数值范围。

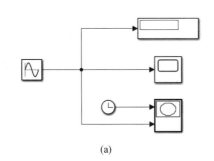

(a)

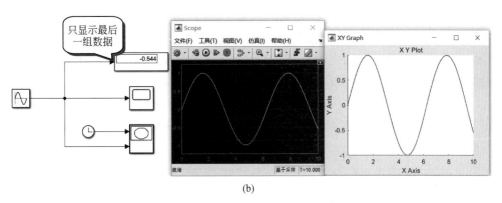

(b)

图 10-14　使用多个信宿模块显示仿真结果

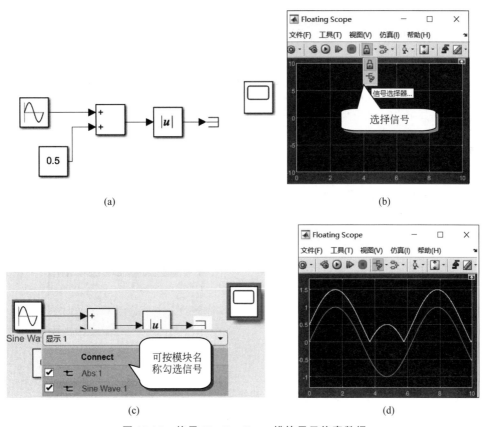

图 10-15　使用 Floating Scope 模块显示仿真数据

10.3.3　仿真数据的导出

在 Sinks 库中,Out1、To Workspace 和 To File 三个模块能够向外部导出数据。

1. Out1 模块

(1) 利用 Out1 将仿真数据导出到工作区。

当利用 Out1 将仿真数据导出到工作区时,需要做以下两件事。

- 在模型中使用 Out1 模块,将其作为信宿。若有 N 个信号需要导出,就要配置 N 个 Out1 模块,系统会自动为每个模块进行编号,如 $1,2,\cdots$。这些编号显示在模块的中间位置,如要修改编号,则双击 Out1 模块,在弹出的参数设置对话框中修改 Port number。只修改模块的名称如 Out1、Out2 等无法改变模块的实际编号。

- 单击模型窗口中 MODELING 页面栏下的 Model Settings(见图 10-16),在 Data Import/Export 选项卡中选中 Time 和 Output 复选框,输入时间信号和数据信号在工作区中的相应变量名,默认是 tout 和 yout,可自行修改。同时,可以对要导出的数据形式进行设置。

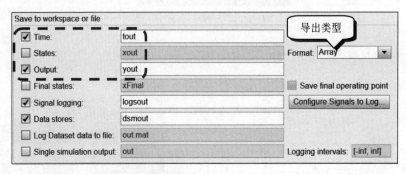

图 10-16　使用 Out1 模块时需要对 Data Import/Export 选项卡进行设置

【例 10-9】　本例的功能是使用 Out1 模块将数据导出到工作区。

仿真模型如图 10-17(a)所示。仿真结束后,在工作区中出现 tout 和 yout 变量(见图 10-17(b)),其中的 yout 具有 2 列,第 1 列是未经处理的正弦信号,第 2 列是经过处理的数据。在命令行窗口中输入 plot(tout,yout),即可显示图形数据(见图 10-17(c))。

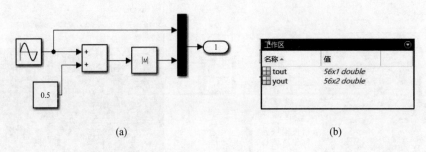

(a)　　　　　　　　　　　　　　　　　　(b)

图 10-17　使用 Out1 模块将数据导出到工作区

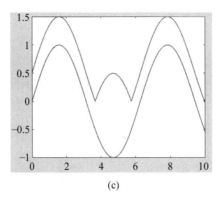

(c)

图 10-17　（续）

（2）利用 Out1 模块将数据导出到模型的上一级。

当模型含有子系统时，会使用 Out1 模块表示子系统的输出信号。图 10-18（a）为一个含有子系统的模型，图 10-18（b）为子系统中的内容，其输出信号即为 Out1 模块。

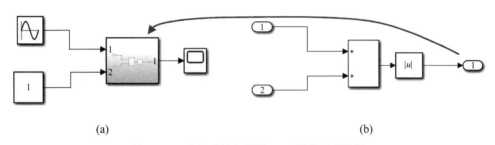

（a）　　　　　　　　　　　　　　　　　　　　　　　（b）

图 10-18　在子系统中使用 Out1 模块导出数据

2. To Workspace 模块

To Workspace 模块专用于向工作区导出数据，数据在工作区中的默认变量名为 simout。双击该模块，既可以修改变量名，又可以选择导出后的数据类型，默认是 Structure。

【例 10-10】　本例的功能是使用 To Workspace 模块向工作区导出数据。

仿真模型和仿真结果如图 10-19 所示，本例中，以数组类型导出数据。

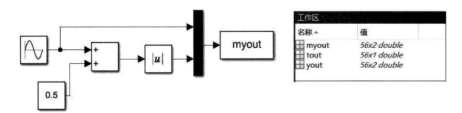

图 10-19　使用 To Workspace 模块向工作区导出数据

3. To File 模块

To File 模块专用于向 MAT 文件中导出数据，双击该模块，既可编辑要导出的 MAT 文件名，又可选择导出后的数据类型。

使用 To File 模块时,系统以行的方式保存变量,即第一行为时间,从第二行开始为数据信号,变量名为 ans。

【例 10-11】 本例的功能是使用 To File 模块向 MAT 文件中导出数据。

仿真模型如图 10-20(a)所示,仿真结果如图 10-20(b)所示。先在命令行窗口中清除工作区中的所有变量,然后用 load 命令导入 bb.mat 文件,此时,工作区中只有 ans 变量,它即为模型的仿真数据。

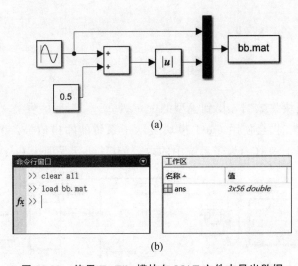

(a)

(b)

图 10-20 使用 To File 模块向 MAT 文件中导出数据

10.4 User-Defined Functions 库

用户可利用 User-Defined Functions 库(见图 10-21)在模型中自定义函数,其中最常用的是 Function Caller 模块和 MATLAB Function 模块。

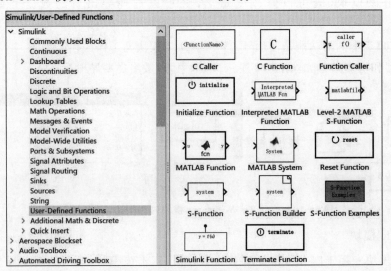

图 10-21 User-Defined Functions 库

Function Caller 模块可实现简单的函数关系,在 Function Caller 模块中,输入总是表示成 u,u 可以是多列的,u(1) 表示第一列输入信号,u(2) 表示第 2 列输入信号,如 sin(u(1) * exp(2.3 * (-u(2)))) 。输出总是一个标量,即一个具体的数值。

如果需要调用 MATLAB 函数来实现某些功能,可以使用 MATLAB Function 模块。MATLAB 函数的输入总是表示成 u,当函数要求多个输入参数时,应采用类似 Function Caller 模块的方式,用 u(1) 表示第 1 个输入参数,u(2) 表示第 2 个输入参数,以此类推。MATLAB Function 模块只能有一个输出,但该输出既可以是标量,也可以是向量。

如果模型中含有 Function Caller 模块或 MATLAB Function 模块,在每个时间步都要调用 MATLAB 解释器,这会增加仿真时间。因此,应尽量用 Simulink 提供的模块实现功能。

【例 10-12】 本例的功能是使用多种方式对输入求平方。

任务:使用四种方式对输入信号求平方,信源为 2sin(t)。在示波器上显示原始信号和经过处理后的信号。

解题思路:
- 第一种方式:用 Math Operations 库中的 Product 模块求平方。
- 第二种方式:用 Math Operations 库中的 Math Function 模块求平方。
- 第三种方式:用 Function Caller 模块求平方。
- 第四种方式:用 MATLAB Function 模块求平方。

Math Function 模块可实现多个数学计算功能(见图 10-22(a)),如 exp、mod、log10 等,求平方是 magnitude^2。

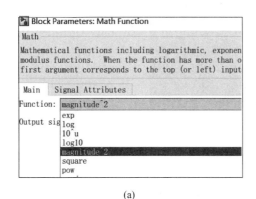
(a)

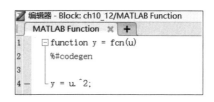
(b)

图 10-22 用不同的模块实现求平方

在 Function Caller 模块中,输入 u^2。

双击 MATLAB Function 模块中,在弹出的编辑器中编写求平方函数(见图 10-22(b))。MATLAB 函数编写完成后,在相应的工作目录会出现 slprj 文件夹,里面有与 MATLAB Function 相关的内容。

仿真模型如图 10-23(a)所示,仿真结果如图 10-23(b)所示。使用 Mux 模块组合信号时,为不使信号线出现交叉,将正弦信号分别引入第一个 Mux 模块的第二个端口和第二个 Mux 模块的第一个端口,因此,两个示波器的仿真结果刚好相反,在 Scope 中,正弦信号为蓝色,而在 Scope1 中,正弦信号为黄色。Scope2 和 Scope3 的情况也是如此。

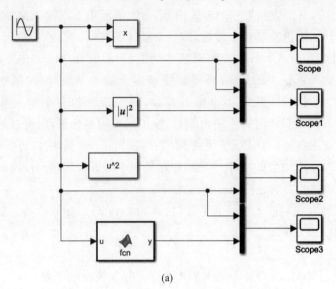

(a)

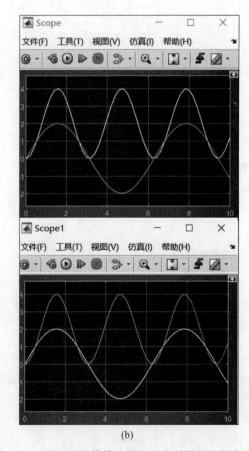

(b)

图 10-23　用不同的模块实现求平方的模型及仿真结果

第 11 章

动态系统的仿真与分析

Simulink 可对连续、离散和混合系统进行仿真和分析。通常,连续系统用微分方程进行描述,离散系统用差分方程进行描述,混合系统用差分-微分方程的联合方程进行描述。本章首先介绍 Continuous(连续系统)模块库和 Discrete(离散系统)模块库,然后着重介绍两者的应用。

11.1 连 续 系 统

所谓连续系统,是指时间和输出都是连续的系统,绝大多数的自然过程属于连续系统。连续系统的数学表达式当中会包含输入或输出的导数,这样的系统包含了连续状态。在某种意义上说,连续状态是记忆元素,它们能够保存系统的信息。在这种情况下,输出可以直接通过状态来计算,而不需要计算导数。

11.1.1 连续模块库介绍

图 11-1 为 Continuous 模块库的常用模块,表 11-1 对它们进行说明。

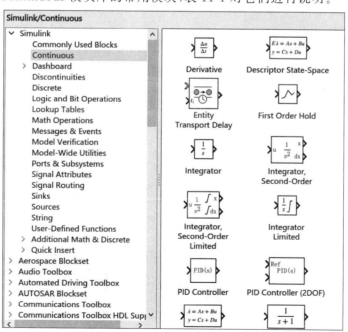

图 11-1　Continuous 模块库

表 11-1   Continuous 模块说明

模 块 名 称	模 块 简 介
Derivative	导数模块
Integrator	积分模块
Integrator Limited	可设置上、下限的积分模块
Integrator Second-Order	二阶积分模块
Integrator Second-Order Limited	可设置上、下限的二阶积分模块
PID Controller	PID 控制器
PID Controller(2DOF)	可设置权值的 PID 控制器
State-Space	状态空间模块
Transfer Fcn	传递函数模块
Transport Delay	传输延迟模块
Variable Time Delay	与 Variable Transport Delay 模块功能相同,默认为 Time Delay
Variable Transport Delay	与前者相同,只是默认为 Transport Delay
Zero-Pole	零、极点模块

11.1.2 Integrator 积分器

1. Integrator 模块介绍

Integrator(积分器)是构成连续系统的基本模块,是建立微分方程的基础。

【例 11-1】 本例的功能是查看积分器的仿真曲线。

任务:对模型$\dot{x}=t$进行仿真,所有模块采用默认设置,仿真时间为 10 秒。

解题思路:由模型可知,$x=\int_0^{10} t\,dt$,只需使用一个积分器对时间 t 进行积分即可。显然,x 的初始值不同,仿真结果就不同。因此,应当在积分器的参数设置框中设定初始值。对于积分器来说,默认的初始值为 0。

所建模型和仿真结果如图 11-2 所示。

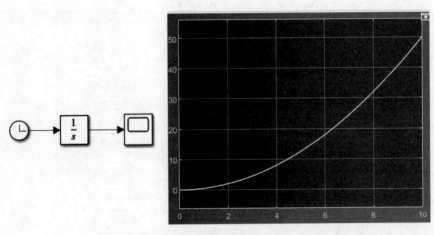

图 11-2   积分器仿真示例

提示：通常不提倡使用 Derivative 导数模块以相反的方式建立方程，只有当微分方程包含输入的导数，即在输入是已知的情况下时，才可使用导数模块。

2. Integrator 的参数设置

图 11-3 是积分器的参数设置框。

图 11-3　积分器的参数设置框

- External reset 表示可以按照指定的方式对积分器进行复位，如 rising 表示在控制信号的上升沿（从 0^- 到 0^+）进行复位。
- Initial condition source 表示初始值的来源，当为 internal 时，可在本对话框的 Initial condition 中进行设置。
- Limit output 复选框用于控制是否对输出的下限和上限进行限制。
- Show saturation port 复选框用于控制是否显示饱和端口。
- Show state port 复选框用于控制是否显示状态端口。

【例 11-2】　本例的功能是利用控制信号的上升沿对积分器进行复位。

任务：对模型 $\dot{x}=t$ 进行仿真，在控制信号 $20\sin(t)$ 的上升沿进行复位，x 的初始值为5，仿真时间为 20 秒。在示波器上同时显示控制信号，以便进行复位时间的观测。

解题思路：在积分器的 External reset 下拉列表中选择 rising，在 Initial condition 编辑框中输入 5。在 Sine Wave 模块的 Amplitude 编辑框中输入 20。最后，在模型窗口的仿真时间栏中输入 20。

所建模型和仿真结果如图 11-4 所示。每一次在控制信号的上升沿，输出都会复位到初始值 5。用户可尝试在控制信号的下降沿（falling）或双沿（either）进行复位。

【例 11-3】　本例的功能是利用控制信号的水平沿对积分器进行复位。

任务：对模型 $\dot{x}=t$ 进行仿真，在脉冲信号的水平沿进行复位，x 的初始值为5，仿真时间为 20 秒。在示波器上同时显示控制信号，以便进行复位时间的观测。

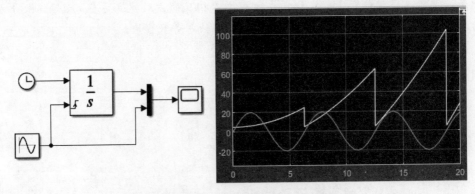

图 11-4 积分器在上升沿进行复位的仿真示例

解题思路：在积分器的 External reset 下拉列表中选择 level，在 Initial condition 编辑框中输入 5。在 Pulse Generator 模块的 Amplitude 编辑框中输入 20，Period 为 5，Pulse Width 为 50（% of Period）。最后，在模型窗口的仿真时间栏中输入 20。

所建模型和仿真结果如图 11-5 所示。每次在控制信号的水平沿，输出都会复位到初始值 5。

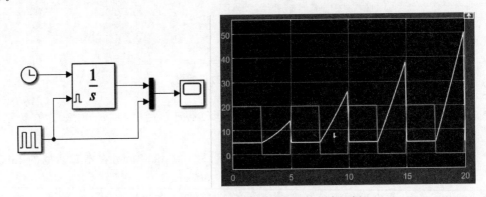

图 11-5 积分器在水平沿进行复位的仿真示例

【例 11-4】 本例的功能是利用外部信号对积分器复位时的初始值进行设置。

任务：对模型 $\dot{x} = t$ 进行仿真，在脉冲信号的上升沿进行复位，并且在仿真的第 14 秒产生阶跃信号，该阶跃信号的初始值为 5，终值为 10，仿真时间为 20 秒。在示波器上同时显示控制信号和阶跃信号，以便进行复位时间和初始值的观测。

解题思路：在积分器的 External reset 下拉列表中选择 rising，在 Initial condition source 下拉列表中选择 external。在 Pulse Generator 模块的 Amplitude 编辑框中输入 20，Period 为 5，Pulse Width 为 50（% of Period）。将 Step 模块的 step time 设为 14，Initial value 设为 5，Final value 设为 10。最后，在模型窗口的仿真时间栏中输入 20。

所建模型和仿真结果如图 11-6 所示。每次复位时，积分器的初始值都取自 Step 信号。开始几次，积分器的初始值为 5（即 Step 模块的 Initial value），当阶跃发生后，积分器的初始值被改为 10（即 Step 模块的 Final value），此后，每次复位到初始值 10。

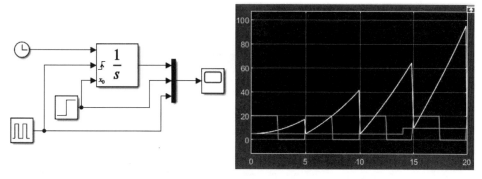

图 11-6　对积分器的初始值进行外部控制的仿真示例

11.1.3　采用积分器进行连续系统的仿真

实现一个微分方程的第一步就是要确定所需的积分器数量。如图 11-7 所示,如果方程中包含 x 的一阶导数,就需要一个积分器,此时的输入是 $\mathrm{d}x/\mathrm{d}t$,输出是 x;如果包含 x 的二阶导数,则需要两个积分器,第一个积分器的输入是 $\mathrm{d}^2x/\mathrm{d}t^2$,输出 $\mathrm{d}x/\mathrm{d}t$,第二个积分器的输入是 $\mathrm{d}x/\mathrm{d}t$,输出 x。可以发现,输出的导数等于输入。一旦放置好积分器,就可以利用原始方程,通过 $\mathrm{d}x/\mathrm{d}t$ 和 x 项表示 $\mathrm{d}^2x/\mathrm{d}t^2$。

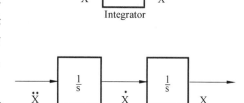

图 11-7　积分器的输入与输出

【**例 11-5**】　本例的功能是实现一个微分方程。

任务:模型如公式(11-1)所示,x_1 的初始值是 1,x_2 的初始值是 5,仿真时间为 3 秒,仿真此微分方程。

$$\ddot{x}_1 = 3\dot{x}_1 - 2x_2$$
$$\ddot{x}_2 = \dot{x}_1 + 3x_1 x_2 \tag{11-1}$$

解题思路:由于 x_1 和 x_2 都是二阶导数,因此一共需要四个积分器,然后配置相应的 Gain 模块、Product 模块和 Add 模块,最后用 Scope 显示仿真结果。在实现模型时,首先放置积分器,然后再根据方程进行连接。分别双击输出是 x_1 和 x_2 的积分器,可设置 x_1 和 x_2 的初值。

模型如图 11-8(a)所示,仿真结果如图 11-8(b)所示。本例中,对输出是 x_1 和 x_2 的积分器使用了信号标签,将示波器设置为显示所有信号的标题。

提示:例 11-5 中,当仿真时间超过 4 秒后,输出 x_2 的振荡将变得极为剧烈。由于积分器默认使用过零检查,因此求解器会将步长设置得极小,这将导致仿真时间变长。

【**例 11-6**】　本例的功能是实现蹦极的建模与仿真。

任务:蹦极属于极限运动,如图 11-9 所示,蹦极台离地面高度为 120m,蹦极台与基准面的距离刚好是蹦极绳的自然长度,蹦极绳的长度 $L=30$m,其弹力系数 $k=20$,蹦极者的

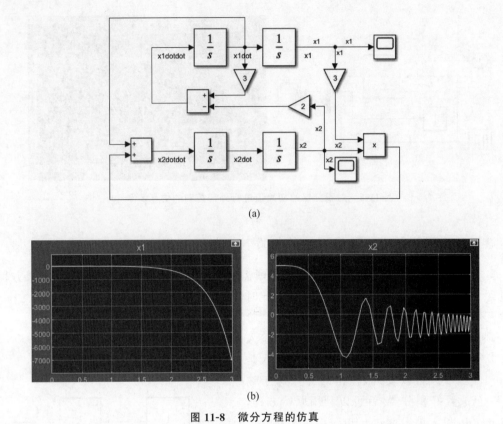

(a)

图 11-8　微分方程的仿真

体重为 80kg，重力加速度 $g = 9.8\text{m/s}^2$，仿真时间为 100s，分析该蹦极者是否能安全完成蹦极运动。

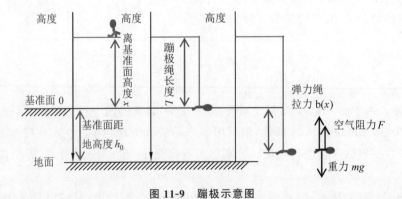

图 11-9　蹦极示意图

解题思路：蹦极问题需要分为两个阶段进行分析，在第一个阶段，蹦极绳尚未被拉伸，此时的蹦极者只受到重力和空气阻力的作用；在第二个阶段，蹦极绳超过自然长度，开始产生拉力，此时的蹦极者受到重力、空气阻力和蹦极绳拉力的共同作用。

首先，根据牛顿第二定律，物体的质量与加速度的乘积等于物体所受的合力，由于加速度是速度的导数，而速度是位移的导数，因此，

$$m\ddot{x} = mg - b(x) - F \tag{11-2}$$

其次,根据胡克定律,蹦极绳的拉力 $b(x)$ 与位置 x 的关系:

$$b(x) = \begin{cases} kx, & x > 0 \\ 0, & x \leqslant 0 \end{cases} \tag{11-3}$$

再次,空气阻力与速度的关系:

$$F = a_1|\dot{x}|\dot{x} + a_2\dot{x} \tag{11-4}$$

其中的 a_1 和 a_2 为系数,本例中取 $a_1 = a_2 = 1$。

由上述三个公式,最后可得到:

$$\ddot{x} = (mg - b(x) - a_1|\dot{x}|\dot{x} - a_2\dot{x})/m, \quad b(x) = \begin{cases} kx, & x > 0 \\ 0, & x \leqslant 0 \end{cases} \tag{11-5}$$

这是一个典型的非线性连续系统,根据公式(11-5)建立如图 11-10(a)所示的模型,其中的 $x(0) = -30, \dot{x}(0) = 0$。模型中部分模块的参数采用了利用模型的回调函数导入模型参数的方式(参见 10.2.3 节),在模型空白处单击鼠标右键,选择 Model Properties,在 Callbacks 选项卡中的 InitFcn 中输入如图 11-10(b)所示的参数。最后,仿真时间设置为 100 秒。仿真结果如图 11-10(c)所示,该蹦极者能安全地进行蹦极活动,下落的最低高度离地面将近 20m 左右。

需要注意的是,当确定仿真的起止时间后,Simulink 会自动地等时间间隔采样,仿真数据默认为 61 个,显然在本例中因为仿真时间为 100 秒,采样会出现失真的情况。建议修改步长(如定步长 0.05),并在示波器的"配置属性"的"记录"页面,把"将数据点限制为最后"前面的复选去掉,即显示全部数据,以避免数据丢失现象。

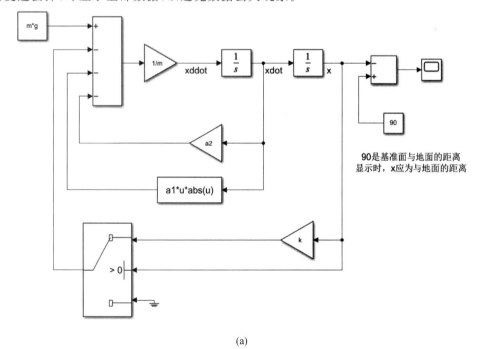

(a)

图 11-10　蹦极模型与仿真结果

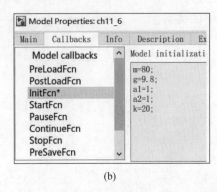

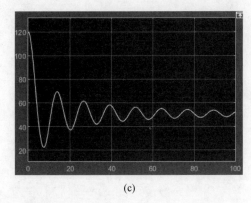

(b)   (c)

图 11-10 （续）

11.1.4 采用传递函数进行连续系统的仿真

如果连续系统是线性时不变的,可以对微分方程(初始状态为 0)使用拉普拉斯变换,将其输入/输出关系转换为一个传递函数:

$$G(s) = \frac{X(s)}{F(s)}$$

其中的 $G(s)$ 是传递函数,$X(s)$ 是输入,$F(s)$ 是输出。

【例 11-7】 本例的功能是利用传递函数实现系统的建模与仿真。

任务:图 11-11(a)所示的是弹簧-质点的阻尼运动过程,图 11-11(b)是质点的受力情况。其中,$m=5,k=3,c=1$。仿真该模型,外力 F 为阶跃信号(默认参数),仿真时间为 60 秒,定步长为 0.1。

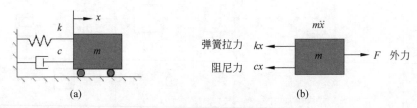

(a)   (b)

图 11-11 弹簧-质点的阻尼运动过程

解题思路:根据牛顿第二定律,本模型的方程是 $m\ddot{x} = F - kx - c\dot{x}$,可自行设计基于积分器的仿真模型。这里,将本方程整理为

$$m\ddot{x} + kx + c\dot{x} = F \tag{11-6}$$

使用拉普拉斯变换时,有 $x(t) \rightarrow X(s)$,$\dot{x}(t) \rightarrow sX(s)$,$\ddot{x}(t) \rightarrow s^2 X(s)$,因此,公式(11-6)经过拉普拉斯变换后为

$$F(s) = ms^2 X(s) + csX(s) + kX(s) \tag{11-7}$$

最后,可得到

$$G(s) = \frac{X(s)}{F(s)} = \frac{1}{ms^2 + cs + k} \tag{11-8}$$

根据公式(11-8)建立如图 11-12(a)所示的模型,传递函数模块的参数设置如图 11-12(b)

所示。在模型空白处单击鼠标右键，选择 Model Properties，在 Callbacks 选项卡中的 InitFcn 中设置 m、k 和 c 的值。最后，仿真时间设置为 60 秒。仿真结果如图 11-12(c)所示。由于外力是阶跃信号，随着时间的推移，质点的速度和加速度均会趋向于 0，并达到静平衡位置。根据公式(11-6)，将有 $kx=F$，本例中，$k=3$，$F=1$，因此，$x=1/3$。

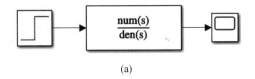

(a)

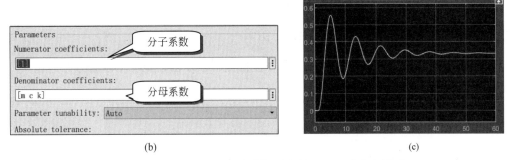

(b)　　　　　　　　　　　　　　(c)

图 11-12　基于传递函数的弹簧-质点的阻尼运动仿真模型

11.1.5　采用零-极点模块进行连续系统的仿真

可以使用传递函数的因式，即用零-极点模块来进行线性时不变连续系统的仿真。

【例 11-8】　本例的功能是利用传递函数的因式实现系统的建模与仿真。

任务：同例 11-7。

解题思路：将传递函数写成因式的方式，

$$G(s)=\frac{X(s)}{F(s)}=\frac{1}{ms^2+cs+k}=\frac{1}{m\left(s^2+\dfrac{c}{m}s+\dfrac{k}{m}\right)} \tag{11-9}$$

公式(11-9)中，没有零点，解 $s^2+\dfrac{c}{m}s+\dfrac{k}{m}=0$ 的根，可得极点：

$$s_{1,2}=\frac{-\dfrac{c}{m}\pm\sqrt{\dfrac{c^2}{m^2}-\dfrac{4k}{m}}}{2} \tag{11-10}$$

根据公式(11-10)建立如图 11-13(a)所示的模型，传递函数模块的参数设置如图 11-13(b)所示，仿真结果如图 11-13(c)所示。

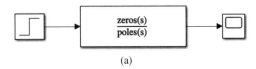

(a)

图 11-13　基于零-极点模块的弹簧-质点的阻尼运动仿真模型

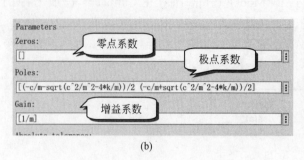 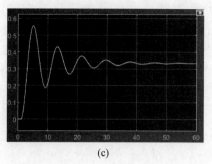

(b)　　　　　　　　　　　　　(c)

图 11-13　（续）

11.1.6　采用状态方程进行连续系统的仿真

若连续系统是线性的,在时域上可用状态空间进行表示。给定一个微分方程,可以将状态变量定义为

$$\dot{x} = Ax + Bu$$
$$y = Cx + Du$$

(11-11)

其中,A、B、C 和 D 矩阵是系统的参数。

状态空间是表达线性系统常用的方法,因为它能够在得到输入和输出的同时得到状态。仍以弹簧-质点的阻尼运动为例,质点的位置和速度可作为系统的状态。

注意：加速度不是状态,因为表达式不包含它的导数。

【例 11-9】　本例的功能是利用状态空间实现系统的建模与仿真。

任务：仍然是弹簧-质点的阻尼运动过程,其中,$m=5$,$k=3$,$c=1$。仿真该模型,外力 F 为阶跃信号（默认参数）,仿真时间为 60 秒,定步长为 0.1。

解题思路：选择位置 x 和速度 $\dot{x}$ 作为状态,$x_1=x$,$x_2=\dot{x}$,$\dot{x}_1=x_2$,$\dot{x}_2=\dfrac{1}{m}(F\text{-}kx\text{-}c\,\dot{x})$

则,

$$Y = \begin{bmatrix} x_1 \\ x_2 \end{bmatrix} = \begin{bmatrix} x \\ \dot{x} \end{bmatrix}$$

(11-12)

$$\dot{Y} = \begin{bmatrix} \dot{x}_1 \\ \dot{x}_2 \end{bmatrix} = \begin{bmatrix} \dot{x} \\ \ddot{x} \end{bmatrix} = \begin{bmatrix} 0 & 1 \\ -\dfrac{k}{m} & -\dfrac{c}{m} \end{bmatrix} \begin{bmatrix} x_1 \\ x_2 \end{bmatrix} + \begin{bmatrix} 0 \\ \dfrac{1}{m} \end{bmatrix} F$$

(11-13)

输出 Z 就是质点的位置 x,即

$$Z = CY = \begin{bmatrix} 1 & 0 \end{bmatrix} \begin{bmatrix} x_1 \\ x_2 \end{bmatrix}$$

(11-14)

公式(11-13)和(11-14)组成了状态空间方程,即

$$A = \begin{bmatrix} 0 & 1 \\ -\dfrac{k}{m} & -\dfrac{c}{m} \end{bmatrix}, \quad B = \begin{bmatrix} 0 \\ \dfrac{1}{m} \end{bmatrix}, \quad C = \begin{bmatrix} 1 & 0 \end{bmatrix}, \quad D = 0$$

(11-15)

根据公式(11-15)设计如图 11-14(a)所示的模型,状态空间模块的参数设置如图 11-14(b)

所示,仿真结果如图 11-14(c)所示。

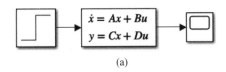

(a)

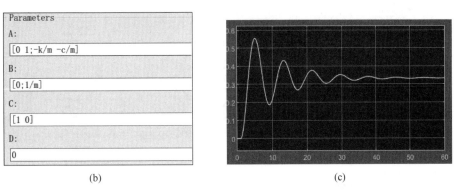

(b)   (c)

图 11-14   基于状态空间的弹簧-质点的阻尼运动仿真模型

11.1.7   四种连续系统仿真方法的比较

前面讨论了连续系统微分方程的四种表示方法,表 11-2 对此进行比较。

表 11-2   四种连续系统微分方程表示方法的比较

实 现 方 法	方 法 特 点
基于积分器	通用的方法,可用来建立非线性系统,允许非零值的初始条件
基于状态空间	仅用于线性系统,时域,允许非零值的初始条件
基于传递函数	仅用于线性系统,频域,初始条件必须为零
基于零-极点	同传递函数,只是以因式的方式表示

11.2   离 散 系 统

离散系统通常是用差分方程来描述的系统,此时的系统每经过一个固定的时间间隔才会“更新”一次,而这个固定的时间间隔被称为“采样周期”。采样周期是离散系统最重要的一个特性,在所有的离散模块中都要给出。

在动态系统中,输出的计算不仅与当时的输入相关,而且通常会与其他的值相关,这些值被称为“状态”,可能是先前时刻的输入或输出值。离散动态系统具有离散的状态,每个状态实际上都是一个存储元素,在采样周期内保存前一时刻的输入或输出值。

11.2.1   离散模块库介绍

图 11-15 为 Discrete 模块库的常用模块,表 11-3 对它们进行说明。

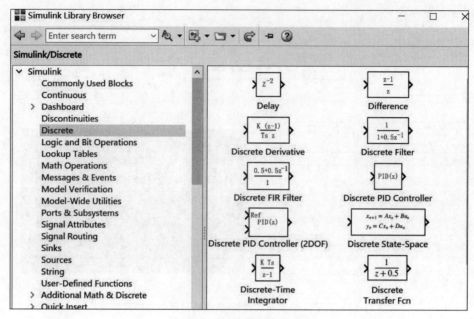

图 11-15　Discrete 模块库

表 11-3　Discrete 模块说明

模 块 名 称	模 块 简 介
Delay	可对输入延时指定的采样周期
Difference	差分模块,输出当前输入值减去前一时刻输入值的差值
Discrete Derivative	离散导数模块,只适用于固定采样率,无法用于触发子系统
Discrete FIR Filter	对每个输入端口进行独立的 FIR 滤波
Discrete Filter	对每个输入端口进行独立的离散 IIR 滤波
Discrete PID Controller	离散的 PID 控制器
Discrete PID Controller(2DOF)	可设置权值的离散 PID 控制器
Discrete State-Space	离散的状态空间模块
Discrete Transfer Fcn	离散的传递函数模块
Discrete Zero-Pole	离散的零-极点模块
Discrete-Time Integrator	离散的积分器
First-Order Hold	一阶保持器
Memory	存储模块
Tapped Delay	延迟 N 个采样周期,并输出对应的所有数据
Transfer Fcn First Order	离散的一阶传递函数
Transfer Fcn Lead or Lag	离散的补偿器模块
Transfer Fcn Real Zero	具有零点但无极点的传递函数
Unit Delay	单位延迟模块
Zero-Order Hold	零阶保持器

11.2.2　Unit Delay 单位延迟模块

Unit Delay(单位延迟器)是构成离散系统的基本模块,是建立差分方程的基础,这与 Integrator 积分器在连续系统中的作用很类似。

【例 11-10】　本例的功能是查看 Unit Delay 的仿真曲线。

任务:对正弦信号进行离散,并查看仿真结果。模块采用默认设置,仿真时间为 10 秒。

解题思路:需要使用一个单位延迟模块对时间 t 进行离散。对于单位延迟来说,默认的初始值为 0。

所建模型和仿真结果如图 11-16 所示。由于在采样周期内的输出保持不变,因此形成了类似阶梯状的曲线。

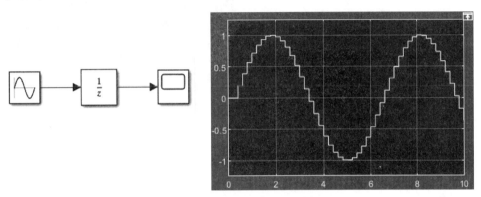

图 11-16　Unit Delay 仿真示例

提示:默认情况下,采样周期约为(仿真结束时间-仿真开始时间)/50,在变步长情况下,仿真数据略多于 50。

11.2.3　采用 Unit Delay 进行离散系统的仿真

离散系统通过差分方程来表示,实现一个差分方程的第一步就是要确定所需的单位延迟模块数量。如图 11-17 所示,如果方程中包含 $y(n-1)$,就需要一个单位延迟模块,此时的输入是 $y(n)$,输出是 $y(n-1)$;如果包含 $y(n-2)$,则需要两个单位延迟模块,第一个单位延迟模块的输入是 $y(n)$,输出 $y(n-1)$,第二个单位延迟模块的输入是 $y(n-1)$,输出 $y(n-2)$。一旦放置好单位延迟模块,就可以利用原始方程建模。

图 11-17　单位延迟模块的输入与输出

【例 11-11】　本例的功能是对人口的动态变化进行仿真。

任务:人口动态变化公式为

$$p(n) = rp(n-1)(1 - p(n-1)/K) \tag{11-16}$$

其中,$p(n)$ 表示某一年的人口,$p(n-1)$ 表示前一年的人口,r 表示人口的繁殖速度,K 表示资源只能满足 K 个个体的需要。

建立该模型,仿真 100 个时间单位,并查看仿真结果。

解题思路：由于模型中只包含 $p(n-1)$，因此只需使用一个单位延迟模块。本模型没有输入，在单位延迟模块中设置初始值 $p(0)$ 即可。

在模型的 InitFcn 回调函数中设置 $r=1.05$，$K=1e6$，在单位延迟模块中设置 $p(0)=1e5$。对 $p(n)$ 采用了信号标签，将示波器设置为显示所有信号的标题。

所建模型和仿真结果如图 11-18 所示。

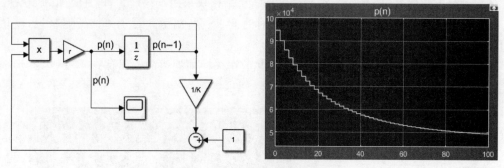

图 11-18　人口动态变化模型的仿真

11.2.4　采用传递函数进行离散系统的仿真

对于线性时不变的离散系统而言，可以使用 Z 变换建立相应的传递函数。传递函数主要有以下 3 种形式。

（1）离散的传递函数模块（Discrete Transfer Fcn）：函数的分子和分母都是以 z 的降幂形式排列的（见图 11-19）。

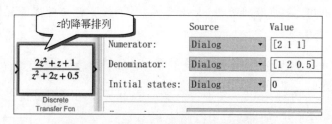

图 11-19　离散的传递函数模块表示形式

（2）零-极点传递函数模块（Discrete Zero-Pole）：函数的分子和分母都是以 z 因式分解的形式排列的（见图 11-20）。

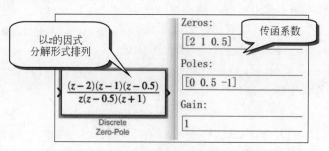

图 11-20　零-极点传递函数模块表示形式

（3）离散滤波器模块（Discrete Filter）：函数的分子和分母都是以 z^{-1} 的降幂形式排列的（见图 11-21）。

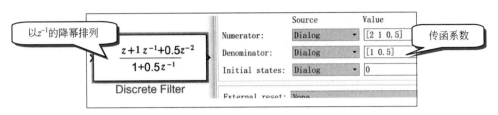

图 11-21 离散的滤波器模块表示形式

11.2.5 采用状态空间进行离散系统的仿真

离散状态空间方程如下。

$$\begin{cases} y(n) = Cx(n) + Du(n) \\ x(n+1) = Ax(n) + Bu(n) \end{cases} \tag{11-17}$$

当确定了 A、B、C 和 D 矩阵,就确定了离散系统。

11.2.6 零阶保持器

可以在输入端使用 Zero-Order Hold 零阶保持器,对连续信号进行采样,实现 $y(kT) = u(t)$。

【例 11-12】 本例的功能是使用零阶保持器对连续的输入信号进行采样。

任务：分别以 0.2、0.5 的采样周期对正弦信号进行采样,并显示结果。

模型如图 11-22 所示,双击第一个零阶保持器,将采样时间设置为 0.2,将第二零阶保持器的采样时间设置为 0.5,仿真结果如图 11-22 所示。

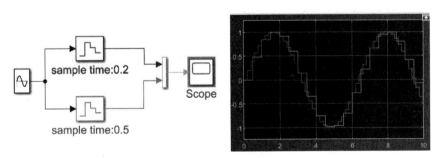

图 11-22 零阶保持器的使用示例

提示：MATLAB 提供的 c2d( )函数,就是通过在输入端加入零阶保持器的方式,把连续系统离散化为采样时间为 Ts 的离散系统。例如,sysd = c2d(sys,Ts)表示把连续系统 sys 离散化为采样时间为 Ts 的离散系统 sysd。

11.2.7 多速率的离散系统

在离散系统中,经常会遇到同一个系统具有多个不同的采样频率的情况（见图 11-22）。在 Simulink 中,可以通过不同的颜色来区分不同的采样速率,右键单击模型空白处,在弹出菜单中的 Sample Time Display 进行设置（见图 11-23），选择 Colors 即可实现不同采样率的模块用不同的颜色进行区分。

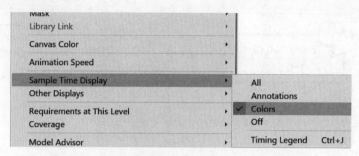

图 11-23　用不同的颜色区分模型中不同的采样速率

【例 11-13】　本例的功能是对多速率的离散系统进行仿真。

任务：假设某离散系统的差分方程为 $x(n+1)=0.5x(n)-u(n)$，其中的 $u(n)$ 是正弦信号，其采样速率为 0.1，示波器的采样周期为 0.5，其余模块的采样速率为 0.2。仿真该模型，仿真时间 10 秒。

解题思路：可利用零阶保持器完成工作。正弦信号加装采样周期为 0.1 的零阶保持器，示波器加装采样周期为 0.5 的零阶保持器，单位延迟模块的采样周期设为 0.2，其余模块采用默认参数（Sample time 为 -1，即继承前一模块的采样周期）。

模型如图 11-24(a)所示，仿真结果如图 11-24(b)所示。对于 Add 模块，由于其输入具有不同的采样率，此时将会采用输入信号中最小的采样周期作为本模块的采样周期。

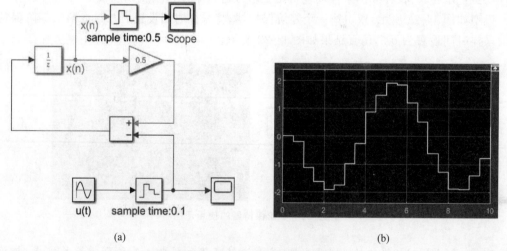

(a)　　　　　　　　　　　　　　　　　　(b)

图 11-24　多速率的离散系统仿真示例

11.3　命令行仿真

截至目前，对模型进行仿真时，都需在打开模型的条件下启动仿真（如单击"▶"）。其实，完全可以通过命令行的方式，在命令行窗口输入命令或在编辑器中运行脚本来完成模型的仿真,而这种方式不需要按下仿真按钮。并且,如果需要分析某个模块 A 的某一参数 ua1 对系统仿真结果的影响,可以很容易地通过 for 循环自动地修改该参数的值。需要注意的是,这时需要在模型的顶层对模块 A 使用 Out1 模块,并且模块参数 ua1 必须已在工作空间中进行了赋值,即从工作空间向模块 A 输入参数 ua1。

11.3.1 使用 sim 命令对系统进行仿真

sim 命令的调用格式为

```
[t,x,y]=sim('model', timespan, options, ut);
```

其中:

- model 为模型的名称(不带.slx 扩展名)。
- timespan 为仿真时间范围,如果使用一个数值,该数值表示仿真终止时间(默认开始时间为 0),如果使用[tStart tFinal]的形式,则 tStart 表示仿真开始时间,tFinal 表示仿真结束时间。
- options 是结构体类型,用于设置除仿真时间以外的其他参数(如相对容差、求解器的选择等)。
- ut 表示系统模型顶层的外部可选输入,与 In1 模块相对应,可以使用多个可选输入 ut1, ut2,…
- t、x 和 y 为仿真结果,分别是时间、状态和输出。

使用 sim 命令时,只有 model 是必须输入的参数,其余参数均可不进行设置。对于没有设置的参数,sim 命令将会使用默认的参数值,而默认的参数值由系统的模型框图所决定。如果在 sim 命令中对部分参数进行了设置,则这些设置将覆盖模型中的默认参数值。

【例 11-14】 本例的功能是利用命令行方式对蹦极进行仿真。

任务:以命令行方式对例 11-6 所建立的模型进行仿真,所有参数均已在模型中进行了设置,其中仿真时间为 100 秒。

首先,在 ch11_6 的模型中添加一个 Out1 模块,以便把数据导出到工作区(见图 11-25),然后将模型另存为 ch11_14.slx。

```
>>subplot(2,2,1);          %将图形窗口分为 2×2 的子图,在第一个子图中绘图
>>[t,x,y]=sim('ch11_14');  %使用模型默认的仿真时间,即 100s
>>plot(t,y);               %t 是仿真时间,y 是输出,即蹦极者所在的位置
>>title('模型默认时间 100s'); %标题
>>axis tight;              %将坐标轴设置为紧凑型,即自动以数据范围设置坐标轴范围
>>subplot(2,2,2);          %在第二个子图中绘图
>>[t,x,y]=sim('ch11_14',50); %将仿真时间设置为 50s,会覆盖模型中的默认时间
>>plot(t,y);
>>title('仿真时间为 50s');
>>subplot(2,2,3);          %在第三个子图中绘图
>>[t,x,y]=sim('ch11_14',[10 50]);  %将仿真时间设置为从第 10s 开始,到第 50s 结束
>>plot(t,y);
>>title('仿真时间从 10 到 50');
>>subplot(2,2,4);
```

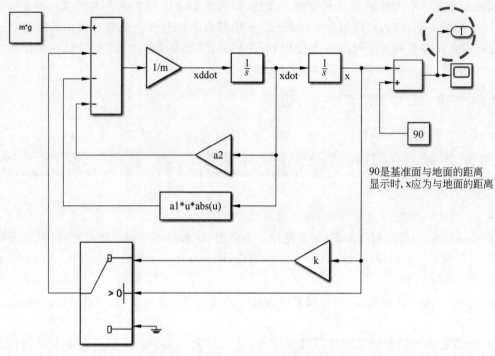

图 11-25　利用 sim 命令设置仿真时间示例

```
>>[t,x,y]=sim('ch11_14',10:2:50);  %仿真时间从第10s开始,到第50s结束,步长为2秒
>>plot(t,y);
>>title('仿真时间为10:2:50');
```

命令行仿真结果如图 11-26 所示。

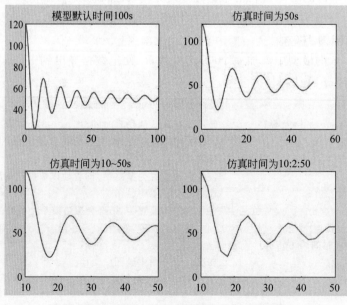

图 11-26　利用 sim 命令进行仿真的效果示例

蹦极仿真时,在其他参数不变的情况下,可以根据蹦极者的实际体重判断蹦极者能否安全完成蹦极。那么,能否找到蹦极台对蹦极者的体重要求,即只有满足体重要求的蹦极者才可以在该蹦极台安全地进行蹦极呢?当然可以不断地输入数据并进行仿真,但有更好的方法,即采用命令行的方式,自动地找到合适的数据。

【例 11-15】 本例的功能是以命令行方式对蹦极模型中的参数进行设置与仿真。

任务:在例 11-14 其他参数不变的情况下,修改蹦极者体重,找到能安全进行蹦极的体重限制。仿真步长为变步长,且最大步长为 0.05,最小步长为 0.01。

解题思路:由于要对体重进行修改,因此要做以下几件事。

(1)从模型的 InitFcn 回调函数中去除"m=80;"这一项(见图 11-27)。因为如果不去除该语句,在每一次初始化模型时,系统均会将体重 m 设置为 80,反而会覆盖从工作区传递来的参数。

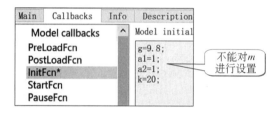

图 11-27 去除 InitFcn 中有关 m 的设置

(2)在编辑器中编写以下代码。

```
for m=80:200              %让体重从 80 开始,到 200 结束,间隔为 1
    [t,x,y]=sim('ch11_14');  %以 sim 方式运行仿真,均采用模型的默认值
if min(y)<5 && min(y)>0   %若仿真过程中,蹦极者所在的位置曾经处于(0, 5)之间,
                          %表示蹦极者已十分接近地面
        break;            %只要出现上述情况,立刻退出循环
    end
end
disp(m)                   %输出蹦极者体重,此即为蹦极台对蹦极者的体重限制
```

将上述代码保存为 ch11_15.m,并运行代码,结果为 102,即只有体重小于或等于 102kg 的人可以在本蹦极台蹦极。此时的仿真结果如图 11-28 所示,其中的最小值为 4.49m。

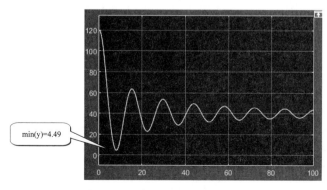

图 11-28 m=104 时的蹦极仿真

11.3.2 获取和设置仿真参数

1.simget 命令

simget 命令用于获取 sim 语句中的 options 结构体中各成员的当前参数值,其调用格式为

```
simoptions= simget('modelname')
```

```
>>simoptions=simget('ch11_14')
simoptions =
    包含以下字段的 struct:
                        AbsTol: 'auto'
                AutoScaleAbsTol: []
                         Debug: 'off'
                    Decimation: 1
                  DstWorkspace: 'current'
                 FinalStateName: ''
                     FixedStep: 0.0500
                  InitialState: []
                   InitialStep: 'auto'
                      MaxOrder: 5
        ConsecutiveZCsStepRelTol: 2.8422e-13
             MaxConsecutiveZCs: 1000
                    SaveFormat: 'Array'
                 MaxDataPoints: 1000
                       MaxStep: 0.0500          %最大步长
                       MinStep: 0.0100          %电波步长
            MaxConsecutiveMinStep: 1
                  OutputPoints: 'all'
               OutputVariables: 'ty'
                        Refine: 1
                        RelTol: 1.0000e-03
                        Solver: 'VariableStepAuto'   %求解器选择的是变步长
                  SrcWorkspace: 'base'
                         Trace: ''
                     ZeroCross: 'on'
                 SignalLogging: 'on'
             SignalLoggingName: 'logsout'
             ExtrapolationOrder: 4
          NumberNewtonIterations: 1
                       TimeOut: []
    ConcurrencyResolvingToFileSuffix: []
         ReturnWorkspaceOutputs: []
      RapidAcceleratorUpToDateCheck: []
       RapidAcceleratorParameterSets: []
```

2. simset 命令

simset 命令用于设置 sim 语句中的 options 结构体中各成员的参数值,其调用格式为

```
simset('setting1',value1,'setting2',value2,…)
```

例如,simoptions 中的'Solver'的当前值为'ode45',现将其改为'ode23',其命令为

```
>>newoptions=simset('solver', 'ode23');
```

提示:模型的名称并没有作为 simset 的参数,这表明模型本身的参数不受 simset 的影响,即在 ch11_14.slx 当中,solver 仍然是 ode45。只是通过将 newoptions 作为 sim 仿真时的第三个参数,可以使用新的选项进行仿真。还可一次改变多个选项,所有未定义的选项(选项中使用的是[])均采用模型中的默认值。

【例 11-16】 本例的功能是使用 simset 对 options 结构体进行设置并仿真。

```
>>newoptions=simset('minstep',1,'maxstep',2);  %设置仿真的最小步长为 1,最大步长为 2
>>[t,x,y]=sim('ch11_14',100,newoptions);       %将新的 options 结构体参数用于
                                               %仿真 ch11_14.slx
>>plot(t,y)
>>simoptions=simget('ch11_14');                %获取 ch11_14.slx 的当前仿真参数
>>simoptions.MinStep                           %查看 MinStep 的设置,发现并没有被改
                                               %为 1,表明 simset 并不会修改模型本
                                               %身的参数值

ans =
    0.0100
```

仿真结果如图 11-29 所示。

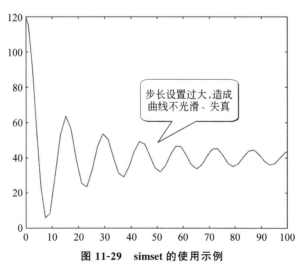

图 11-29 simset 的使用示例

11.3.3 确定模型的状态

当使用命令行进行仿真时,输出 y 是通过 Out1 模块得到的(见图 11-25 的红圈部分)。其他参数,如状态变量是从积分器中得到的,并保存在 x 中。通常情况下,很难知道这些状态的顺序,尤其当要对某个状态进行单独处理时更需要这方面的信息。此时,可以通过下面的命令得到相关信息。

```
[sizes,x0,xord]=modelname
```

其中：

- modelname 是模型名称（不带.slx 扩展名）。
- sizes 是向量尺寸，由以下 7 行组成。
    - 连续状态个数；
    - 离散状态个数；
    - Out1 输出个数；
    - In1 输入个数；
    - 保留位；
    - 直接反馈标识；
    - 采样时间。
- x0 表示状态的初始值。
- xord 表示状态的名称。

【例 11-17】 本例的功能是确定模型的状态信息。

```
>>[sizes,x0,xord]=ch11_14          %确定 ch11_14 的状态信息
sizes =
     2                             %有 2 个连续状态
     0                             %没有离散状态
     1                             %有一个 Out1 输出
     0                             %没有 In1 输入
     0                             %保留位
     0                             %没有直接反馈标识
     2                             %采样时间为 2
x0 =
   -30                             %第一个状态的初始值为-30
     0                             %第二个状态的初始值为 0
xord =
    {'ch11_14/Integrator1'}        %第一个状态的名称是 Integrator1
    {'ch11_14/Integrator' }        %第二个状态的名称是 Integrator
```

11.3.4 寻找模型的平衡点

当一个系统处于静止时，就称之为平衡，此时所有状态的导数为 0。利用命令行函数 trim，可以分析系统的平衡点。trim 的调用方式如下。

(1) [x,u,y,dx]=trim('sys')：查找模型 sys 中的平衡点。

(2) [x,u,y,dx]=trim('sys',x0,u0,y0)：查找最接近(x0,u0,y0)的平衡点。

(3) [x,u,y,dx]=trim('sys',x0,u0,y0,ix,iu,iy)：查找最接近(x0,u0,y0)的平衡点，并满足一系列条件 ix,iu 和 iy。ix,iu 和 iy 是 x0,u0 和 y0 中元素的索引。

(4) [x,u,y,dx]=trim('sys',x0,u0,y0,ix,iu,iy,dx0,idx)：查找指定的非平衡点，即系统状态导数具有指定的非 0 值，dx0 表示在搜索开始点指定的状态导数值，idx 是在 dx0 中必须严格满足的元素的索引。

(5) [x,u,y,dx,options]=trim('sys',x0,u0,y0,ix,iu,iy,dx0,idx,options)：options 是一个优化参数的数组，优化函数将依次使用这一数组来控制最优化的过程。有五个优化数组元素对搜索平衡点很有用，表 11-4 列举了它们的序号及相关说明。

表 11-4　优化数组元素的序号及说明

序号	默认值	说　　　明
1	0	指定显示选项：0 表示不显示；1 表示显示输出；−1 表示禁止警告信息
2	10^{-4}	要终止搜索时，平衡点计算必须达到的精度
3	10^{-4}	要终止搜索时，搜索目标函数必须达到的精度
4	10^{-6}	要终止搜索时，状态导数必须达到的精度
10	N/A	返回用于搜索平衡点所使用的迭代次数

由于平衡点不是唯一的，因此需要确定状态 x、输入 u 和输出 y 的特定值。

trim() 函数使用一种有限制的优化方法，如状态导数为 0，对于这样的问题，很有可能不存在可行的答案。此时，trim() 函数将返回最接近限制条件的点。

最后，为了能够使用 trim() 函数，必须在模型中使用 In1 作为输入，Out1 作为输出。

【例 11-18】　本例的功能是寻找模型的平衡点。

任务：采用如图 11-30 所示的模型，这是一个状态空间方程：

$$\dot{x} = Ax + Bu$$
$$y = Cx + Du$$

其中：

$$A = [-0.09 \quad -0.01；1 \quad 0]；$$
$$B = [0 \quad -7；0 \quad -2]；$$
$$C = [0 \quad 2；1 \quad -5]；$$
$$D = [-3 \quad 0；1 \quad 0]；$$

依据如下条件寻找平衡点。

(1) 模型的平衡点。

(2) 在 $x = [1;1]$，$u = [1;1]$ 附近寻找平衡点。

(3) 满足输出 y 必须是 $[1;1]$ 的平衡点。

(4) 同时满足 $y = [1;1]$ 和 $x = [0;1]$ 的平衡点。

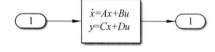

图 11-30　要使用 trim 的模型示例

解题思路：从状态空间方程可得到，x、u 和 y 都是 2 维列向量。只要正确使用 trim 的参数即可。

(1) 寻找模型的平衡点。

```
>>[x,u,y,dx,options] = trim('ch11_18')        %x, u, y 均为 0 时，是平衡点
x =
     0
     0
u =
     0
     0
y =
     0
     0
```

```
dx =
    0
    0
options =
  列 1 至 13
    0  0.0001  0.0001  0.0000  0  0  1.0000  0  0  7.0000  2.0000  0  2.0000
  列 14 至 18
  500.0000      0  0.0000   0.1000   1.0000
>>options(10)                          %本次 trim 的迭代次数
ans =
    7
```

(2) 在 $x=[1;1]$，$u=[1;1]$附近寻找平衡点。

```
>>x0 = [1;1];
>>u0 = [1;1];
>>[x,u,y,dx,options] = trim('ch11_18', x0, u0)
x =
  1.0e-11 *
    0.1319
    0.0658
u =
    0.3333
    0.0000
y =
   -1.0000
    0.3333
dx =
  1.0e-11 *
   -0.4729
    0.0004
```

为节省篇幅,此处略去 options 的值。

```
>>options(10)                     %本次迭代次数
ans =
25
```

(3) 满足输出 y 必须是$[1;1]$的平衡点。

```
>>y = [1;1];
>>iy = [1;2];                          %y 中的两个元素都必须严格满足
>>[x,u,y,dx] = trim('ch11_18', [], [], y, [], [], iy)
x =
    0.0009
   -0.3075
u =
   -0.5383
    0.0004
```

```
y =                                         %y 被满足
    1.0000
    1.0000
dx =
    1.0e-16 *
    0.0260
   -0.2743
```

（4）同时满足 $y=[1;1]$ 和 $x=[0;1]$ 的平衡点。

```
>>y = [1;1];
>>iy = [1;2];                    %必须严格满足 y 中的两个元素值
>>dx = [0;1];
>>idx = [1;2];                   %必须严格满足 dx 中的两个元素值
>>[x,u,y,dx] = trim('ch11_18',[],[],y,[],[],iy,dx,idx)
x =
    0.9752
   -0.0827
u =
   -0.3884
   -0.0124
y =
    1.0000
    1.0000
dx =
    0
    1
```

11.3.5　模型的线性化

模型的线性化是指将原来的非线性模型转化为用状态空间矩阵 A、B、C 和 D 表示的线性方程组 $\begin{cases} \dot{x}=Ax+Bu \\ y=Cx+Du \end{cases}$，其中的 x，u，y 分别表示状态、输入和输出。

1. 连续非线性系统的线性化

linmod()函数可以实现连续非线性系统的近似线性化，其调用格式为

> (1) $[A,B,C,D]$=linmod('model')：模型在初始状态和输入均为 0 时的线性化。
> (2) $[A,B,C,D]$=linmod(' model ',x,u)：模型在指定状态和输入条件下的线性化。

其中，model 是模型名称，x 和 u 分别是模型的状态和输入。

【例 11-19】　本例的功能是进行连续非线性系统的线性化。

任务：对于非线性系统 $\begin{cases} \dot{x}_1=x_1^2+2x_1^2-1 \\ \dot{x}_2=3x_1-x_2 \end{cases}$，求：

（1）其在 x=$[0;0]$ 附近的线性化模型，并判断模型在此处的稳定性。

（2）其在 x=$[1;2]$ 附近的线性化模型，并判断模型在此处的稳定性。

（3）其在 x=$[-0.25;-0.7]$ 附近的线性化模型，并判断模型在此处的稳定性。

解题思路：首先搭建系统模型，然后对模型使用 linmod 命令。

系统模型如图 11-31(a)所示,仿真结果如图 11-31(b)所示。

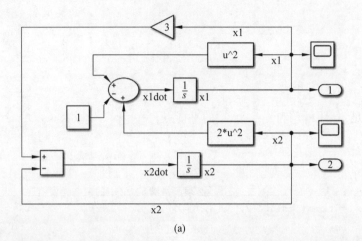

(a)

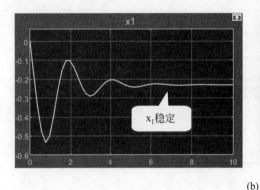 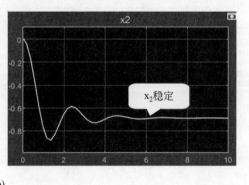

(b)

图 11-31　要进行线性化的模型示例

(1) 求其在 x＝[0;0]处的线性化模型。

```
>>[A,B,C,D]=linmod('ch11_19')
A =
     0     0
     3    -1
B =                    %由于模型没有输入,所以 B 和 D 都为 0
   Empty matrix: 2-by-0
C =
     1     0
     0     1
D =
   Empty matrix: 2-by-0
>>eig(A)               %用特征根判断模型在此处的稳定性
ans =                  %特征根具有零值,处于临界稳定
    -1
     0
```

(2) 求其在 x＝[1;2]处的线性化模型。

```
>>[A,B,C,D]=linmod('ch11_19',[1;2]);
```

```
>>eig(A)
ans =                    %特征根具有正实部,处于不稳定状态
    5.6235
   -4.6235
>>[A,B,C,D]=linmod('ch11_19',[-0.25;-0.7]);
>>eig(A)
ans =                    %特征根全部具有负实部,处于稳定状态,从图中看,也确定证实了这一点
   -0.7500 +2.8875i
   -0.7500 -2.8875i
```

2. 离散非线性系统的线性化

dlinmod()函数可以在任意给定的采样时间处进行模型的线性化,包括多采样率的、连续与离散混合系统的线性化。调用 dlinmod()函数的方法与 linmod()函数方法一样,只不过需要使用采样时间作为第二个参数,以确定在哪些时间步执行线性化。其调用格式为

```
[Ad,Bd,Cd,Dd]= dlinmod('sys', Ts, x, u)
```

模型在采样时间 Ts 处,对指定状态和输入条件下的模型进行离散线性化。

对于包含多采样率和连续模块的系统,如果满足下列条件:

(1) Ts 是系统中所有采样时间的整数倍。

(2) Ts 不小于系统中最慢的采样时间。

(3) 输入是常量。

(4) 系统是稳定的。

则 dlinmod 在转换后的采样时间 Ts 处将产生有着相同频率,并和时间相应的线性模型。

当上述条件不满足时,也有可能产生有效的线性模型,可利用特征根来判断系统的稳定性。

最后,可以利用 bode(伯德图)函数绘制连续或离散系统的频率响应。

第 12 章

子 系 统

对于简单的系统来说,可以直接建立系统的模型,并分析模块之间的相互关系及它们的输入输出关系。但当系统较为复杂,或在一个大系统中存在多个相对独立的子系统时,仅在一个层上建立模型会造成很多问题,如模块布局问题、连线交叉问题、模块间的相互关系等,这会增加建立、仿真、分析和调试系统模型的难度。

利用子系统可以很好地解决上述问题,通过将联系比较紧密的模块封装于同一个子系统中,可以把复杂模型子系统化和功能化。这种方式既能让设计人员对系统模型一目了然,也能更好地按功能或子系统分块建立、调试和分析模型。

此外,子系统可以作为库模块,被其他模型所引用,这极大地扩展了子系统的可用性和灵活性。

本章首先介绍子系统的概念和建立方法,其次介绍封装子系统的方法,以及将自建的子系统加入模块库的方法,最后介绍常用的子系统。

12.1 子系统的建立与基本操作

Simulink 适合用来建立复杂的系统模型,而 Simulink 提供的子系统功能,通过将模型进行逐层分级,可以减小设计模型的难度,并且大大提高系统的可读性。

子系统就像是一种"容器",将一组相关的模块封装进该容器当中,并按这些模块的实际功能为容器命名。可将封装好的子系统作为库模块进行引用,此时,调用和设置子系统参数的方法跟普通模块一样,而子系统的功能也完全等效于封装前原系统模块群的功能。尤其是当库模块被修改或升级后,引用块也会相应的更新。

12.1.1 建立子系统

可以采取从上到下或从下到上的方法建立子系统。例如,可以从下到上,先建立底层模型,然后将已经建好的部分生成子系统。也可采用从上到下的方式,先从顶层进行设计,然后再对细节进行设计。此时,可以在顶层使用空的子系统,然后再实现里面的具体细节。

1. 从下到上,在已有的系统模型中建立子系统

【例 12-1】 本例的功能是利用从下到上的方式建立子系统。

任务:设已有系统模型如图 12-1 所示,现在要将除输入和输入模块之外的其他模块建立为一个子系统。

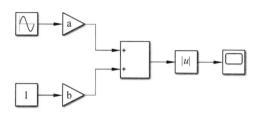

图 12-1　Simulink 模型

建立子系统的步骤如下。

（1）在模型窗口中框选除输入和输出模块之外的其他模块。

（2）单击鼠标右键，在弹出的上下文菜单中选择 Create Subsystem from Selection 命令（见图 12-2(a)）。

子系统建立成功后，在它的调用层将显示为一个模块，其名称默认为 Subsystem（见图 12-2(b)）。双击该子系统，将显示如图 12-2(c)所示的子系统模型，其中的输入用 In1 模块表示，输出用 Out1 模块表示，其他模块的名称、模块之间的相互关系与建立子系统前一样，没有发生变化。

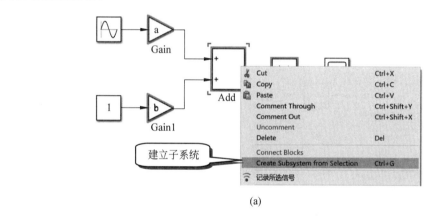

(a)

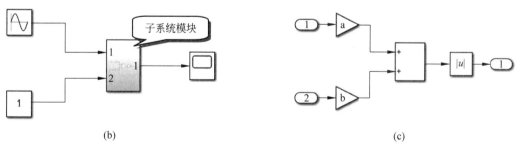

(b)　　　　　　　　　　　　　　　　　　　　(c)

图 12-2　从下到上建立子系统的过程

可以发现，子系统的功能就是把相关模块集中起来，系统的整体结构并没有发生变化。

2. 从上到下，在已有的系统模型中实现子系统

【例 12-2】　本例的功能是利用从上到下的方式建立子系统。

任务：在对两个输入进行计算后，用示波器显示结果。计算公式为 $|a*u(1)+b*u(2)|$，

其中的 $u(1)$ 和 $u(2)$ 分别表示第一个和第二个输入，a 和 b 表示系数。本例采用与例 12-1 相同的输入信号。

建立子系统的步骤如下。

（1）分别在 Sources 和 Sinks 找到需要的模块，再从 Ports & Subsystem 模块库中找到 Subsystem 模块，将它们放入模型中（见图 12-3(a)）。

（2）双击 Subsystem 模块，将显示如图 12-3(b)所示的默认模型。

（3）将其修改为如图 12-3(c)所示的模型，以实现 $|a*u(1)+b*u(2)|$。

（4）回到系统顶层，此时的 Subsystem 将出现两个输入端（见图 12-3(d)）。

（5）连接相应的信号线，完成模型（见图 12-3(e)）。

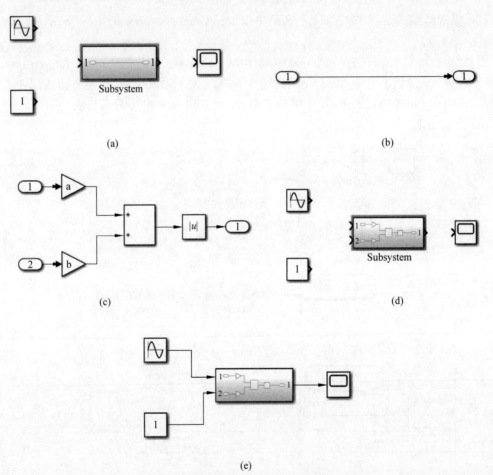

图 12-3 从上到下的方式建立子系统的过程

提示：Subsystem 模块默认一个输入和一个输出，可以在子系统模型中增加输入和输出的个数。关闭子系统模型窗口后，Subsystem 模块会自动更新输入和输出端口的个数。

无论采用哪种方式建立子系统，最终实现的功能都完全一样，只是操作顺序不同。前者是先搭建整个系统，然后将相关的模块封装起来；而后者是先放置一个容器，然后在容器中添加模块，最后将容器与其他模块相连接。

如果系统相对简单,可以采用从下到上的方法,而且这种方法不容易出错。但对于复杂的系统,建议采用从上到下的方式,先将系统拆分成若干个子系统,然后逐层、逐子系统建立模型。

12.1.2　子系统的基本操作

成功建立子系统后,可对子系统进行如下基本操作。

(1) 命名子系统:双击子系统的当前名称,即可重新命名子系统。建议使用有意义的名称,有利于增强系统的可读性。

(2) 编辑子系统:双击子系统模块,可进入子系统模型,并对其进行编辑。

(3) 设置子系统属性:鼠标右键单击子系统,即可从上下文菜单中设置子系统的字体、前景颜色或背景颜色、旋转子系统、显示或隐藏子系统名称,以及加阴影等。

(4) 取消子系统:鼠标右键单击子系统,从上下文菜单中的 Subsystem & Model Reference 的子菜单中选择 Expand Subsystem,即可取消子系统。

(5) 删除子系统:单击子系统模块,按 Delete 键即可删除子系统,该子系统模型也会随之删除。

12.2　封装子系统

所谓封装系统,就是将子系统的内部结构"隐藏"起来,使其像普通模块那样,只为用户提供参数设置对话框,而不允许用户对其内部结构进行修改。事实上,Simulink 中的大多数模块自身就是一个子系统,它们由最底层的模块封装起来(如状态空间模块、信号产生模块等),其内部结构不可见,只允许用户调用和设置相关参数。

子系统封装好后,将拥有自己的图标、参数设置框和帮助文档,其调用与参数设置方法与 Simulink 中的其他模块完全一样。

封装好的子系统可以作为用户的自定义模块,既可用于不同的模型,也可添加到模块库中以供调用。

12.2.1　封装子系统的步骤

下面以例 12-1 中所建立的子系统为例,介绍封装子系统的步骤及相关注意事项。

1. 打开 Mask Editor 对话框

打开 ch12_1.slx 模型,鼠标右键单击 Subsystem 子系统模块,在上下文菜单中选择 Mask 子菜单中的 Create Mask[见图 12-4(a)],将打开如图 12-4(b)所示的 Mask Editor 对话框。

Mask Editor 对话框包含四个选项卡,每个选项卡都可以定义子系统的某个封装特性。

- Icon & Ports:用于定义封装后的模块图标效果。
- Parameters & Dialog:用于定义模块的参数设置和对话框中的相关内容。
- Initialization:用于定义模块的初始化命令。
- Documentation:用于定义模块的帮助文档。

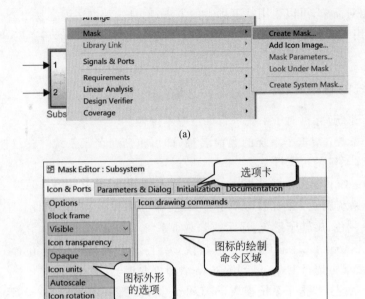

图 12-4　Mask Editor 子系统封装对话框

2. 编辑 Icon & Ports 选项卡

打开 Mask Editor 对话框后的默认选项卡就是 Icon & Ports[见图 12-4(b)]，它由 Icon drawing commands(图标绘制命令)和 Options(选项)两部分组成，用于定义封装后的模块图标。

(1)绘制图标示例。

较早的 Simulink 版本在封装子系统时提供了部分 Simulink 所支持的图标绘制命令(见图 12-5)，表 12-1 对它们进行了说明，可以在封装子系统时参考使用。

Examples of drawing commands

Command	image	(show a picture on the block)
Syntax	text	(show text at a location)
	port_label	(label specific ports)
	image	(show a picture on the block)
Unmask	patch	(draw filled shapes)
	color	(change drawing color)
	droots	(show zero pole)
	dpoly	(show transfer function)
	fprintf	(print formatted text)

Apply

图 12-5　较早版本的 Simulink 在 Icon & Ports 选项卡中的图标绘制命令示例

表 12-1　图标绘制命令说明

绘制命令	说　　明	绘制命令示例	图标效果示例
text	在指定位置显示文本,此时 Options 中的 Icon Units 应为 Pixels 或 Normalized,后者会随模块尺寸的变化自动调整	若 Icon Units 为 Pixels,可写 text(10,20,'|a∗u(1)+b∗u(2)|');若 Icon Units 为 Normalized,可写 text(0.1,0.5,'|a∗u(1)+b∗u(2)|');	|a*u(1)+b*u(2)|　Subsystem
port_label	为指定端口命名	port_label('input',1,'x'); port_label('input',2,'y'); port_label('output', 1, '|ax+by|');	x　y　|ax+by|　Subsystem
image	在模块上显示图片,需事先设计图片内容。由于是位图图片,当模块尺寸改变时,图像会失真	image(imread('test1.jpg')); ％test1.jpg 非 MATLAB 自带	|a*u(1)+b*u(2)|　Subsystem
patch	绘制填充图形,搭配不同的 Icon Units,会有不同的效果	patch([0 10 20 30 30 0], [10 30 20 25 10 10],[1 0 0])	Subsystem
color	设置颜色(默认是黑色),通常和其他命令合用	port_label('input',1,'x'); port_label('input',2,'y'); color('red'); port_label('output', 1, '|ax+by|');	x　y　|ax+by|　Subsystem
droots	绘制零-极点形式的图标	droots([−1], [−2 −3], 4);	$\frac{4(s+1)}{(s+2)(s+3)}$　Subsystem
dpoly	绘制传递函数形式的图标	dpoly([0 0 1], [1 2 1], 'z');	$\frac{1}{z^2+2z+1}$　Subsystem
fprintf	居中显示指定格式的文本,包括指定数值的精度,如％.2f	fprintf('|a∗u(1)+b∗u(2)|');	|a*u(1)+b*u(2)|　Subsystem

（2）Icon drawing commands。

设计者需要在图标绘制命令区域编辑命令(参见表 12-1 中的"绘制命令示例"),完成图标的绘制。绘制完毕后按 Apply 按钮,Simulink 将按顺序执行绘制命令区域中的命令,并在子系统的模块上显示图标的绘制效果。

一般情况下,应根据子系统的功能选择合适的图标绘制命令,并且图标最好能随着模块尺寸的改变而自动调整。

（3）Options。

Options 用于对图标的外形进行定义,包含以下五部分。

- Block Frame(模块框架)：模块框架是将模块框起来的矩形，可以用 Visible 显示或 Invisible 隐藏框架，默认是 Visible。图 12-6 对此进行了对比，图 12-6(a)是 Visible 状态，图 12-6(b)是 Invisible 状态。

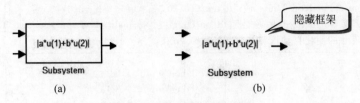

图 12-6　Block Frame 的效果

- Icon Transparency(图标透明度)：Icon Transparency 可以将图标设置为 Opaque(不透明)、Transparent(透明)和 Opaque with ports 状态，默认是 Opaque，即覆盖 Simulink 模块自带的端口标签。图 12-7 对此进行了对比，图 12-7(a)是 Opaque 状态，图 12-7(b)是 Transparent 状态。

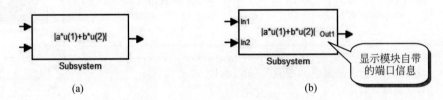

图 12-7　Icon Transparency 的效果

- Icon Units(图标单位)：Icon Units 控制了绘制命令所在坐标轴的单位，可选择 Autoscale(自动调整)、Pixels(像素)或 Normalized(归一化)，默认是 Autoscale。注意，该选项仅对 patch 和 text 命令有效。
  - Autoscale：自动根据模块的尺寸变化进行调整，不适用于 text 命令。
  - Pixels：用 X 和 Y 的像素值来绘制图标，当模块的尺寸变化时，图标并不会随之改变大小。
  - Normalized：设置左下角坐标是(0,0)，右上角坐标是(1,1)，坐标 X 和 Y 只能在 [0,1] 取值。会自动根据模块的尺寸变化进行调整，不适用于 X 和 Y 取值范围超过 1 的 patch 命令。

图 12-8 对此进行了对比，绘制命令为 patch([0 10 20 30 30 0], [10 30 20 25 10 10], [1 0 0])，图 12-8(a)是模块原始尺寸。当改变模块尺寸时，图 12-8(b)是 Autoscale 状态，图标自动进行调整；图 12-8(c)是 Pixels 状态，图标不发生变化；图 12-8(d)是 Normalized 状态，由于 patch 中的 X 和 Y 的取值范围超过了 1，无法进行绘制。

- Icon Rotation(图标旋转)：当模块旋转时，可以设定图标是否也跟着变化，Fixed 表示图标固定，不跟着变化，Rotates 表示跟着旋转变化，默认是 Fixed。图 12-9 对此进行了对比，将模块顺时针旋转，图 12-9(a)是旋转前的图标，图 12-9(b)是 Fixed 状态，图 12-9(c)是 Rotates 状态。
- Port Rotation(端口旋转)：当模块旋转时，可以设定端口的标号顺序，Default 表示始终以从左到右或从上到下的顺序对端口进行标号，Physical 表示原端口标号的物理

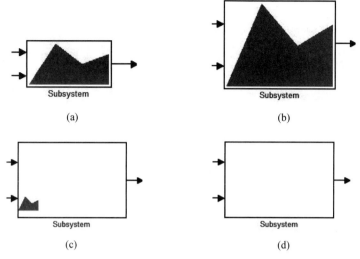

图 12-8　Icon Uints 的效果

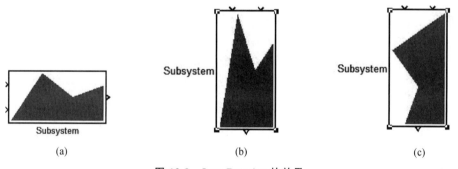

图 12-9　Icon Rotation 的效果

位置不变,默认是 Default。图 12-10 对此进行了对比,将模块顺时针旋转,图 12-10(a)
是旋转前的图标,图 12-10(b)是 Default 状态,图 12-10(c)是 Physical 状态。

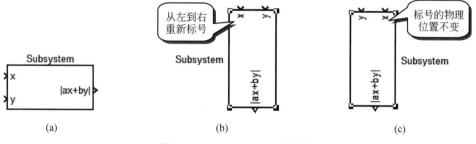

图 12-10　Port Rotation 的效果

3. 编辑 Parameters & Dialog 选项卡

Parameters & Dialog 选项卡(见图 12-11)由 Controls、Dialog box(对话框参数)和
Property editor(被选控件的参数设置)三部分组成,主要用于创建和修改封装子系统的对
话框参数,这些参数决定了封装子系统的特性和行为。

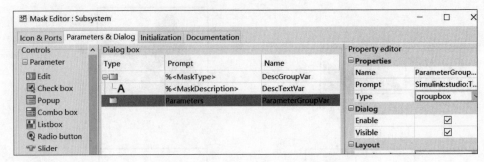

图 12-11　Parameters & Dialog 选项卡

（1）Controls。

该部分主要用于新增参数对话框中的控件。单击想要添加的控件，即可在 Dialog box 中新增相应类型的控件。如果想删除已添加的控件，右击 Dialog box 中的该控件，选择 Delete 即可。

（2）Property editor。

单击 Dialog box 中的某一个控件，会在 Property editor 中显示跟该控件有关的参数设置。以下列举一些相关参数的性质。

- Evaluate：如果参数的编辑框中是表达式，当该复选框被选中时，将首先对表达式进行计算，然后将结果赋予相应的参数，否则将会把表达式作为字符串赋予参数。例如，在编辑框中输入 m，如果 Evaluate 被选中，则 Simulink 会首先获取或计算 m 的值，然后赋值给相应的参数；如果 Evaluate 没被选中，则直接将字符串'm'赋值给参数。

- Tunable：当值为 On 时，将允许 Simulink 在仿真过程中改变参数的值。

（3）Dialog box。

在 Dialog box 中添加控件后，可对其进行参数设置，其中的 Type 是控件类型，Prompt 是参数的提示信息，Name 是参数名。例 ch12_1.slx 模型中，子系统有两个参数 a 和 b，它们分别是两个输入 $u(1)$ 和 $u(2)$ 的增益系数，故可采用编辑字段 Edit 控件来获得用户的输入。控件的提示信息和控件名如图 12-12(a)所示，实际运行效果如图 12-12(b)所示。

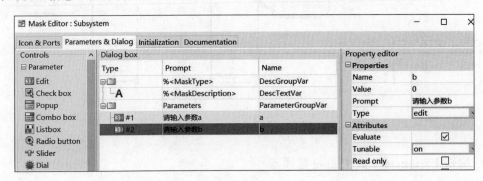

(a)

图 12-12　新增参数的过程与封装效果

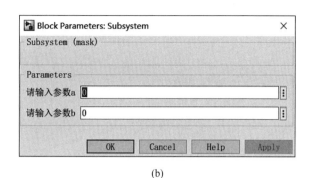

(b)

图 12-12　（续）

4. 编辑 Initialization 选项卡

Initialization 选项卡（见图 12-13）允许使用 MATLAB 命令初始化封装好的子系统。

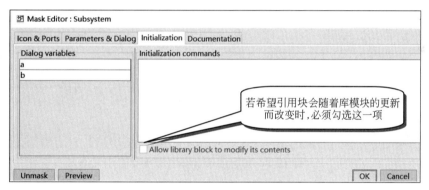

图 12-13　Initialization 选项卡

（1）Dialog variables。

Dialog variables 列表显示了当前子系统中所包含的参数，设计者既可以从列表中复制参数名到 Initialization commands 中，以便进行跟参数有关的初始化操作，也可以双击列表中的某一参数，对其进行重命名。

（2）Initialization commands。

该区域用于输入子系统的初始化命令，如为参数对话框的参数设置初始值、绘制模块图标等。若非必要，否则初始化命令应使用";"来结尾，以避免在 MATLAB 命令窗口中出现中间结果。

提示：不能对工作区中的变量进行初始化。

Simulink 在以下几种情况执行 Initialization commands 命令。

- 更新模块的封装参数时。
- 当 Icon draw commands 有内容，且翻转或旋转模块时。
- 加载模型时。
- 开始仿真时。
- 更新模型时。

- 子系统本身发生改变时。
- 复制子系统模块时。
- 生成代码时。

(3) Allow library block to modify its contents。

如图 12-13 所示,目前该复选框是不可用的,仅当把已封装好的子系统添加到模块库(参见 12.3 节),即目前正在封装的模块是库模块时才可用。选中它后,当库模块有所更新或改动,引用块也会随之变动。

5. 编辑 Documentation 选项卡

Documentation 选项卡(见图 12-14)用于编写子系统的帮助文档。

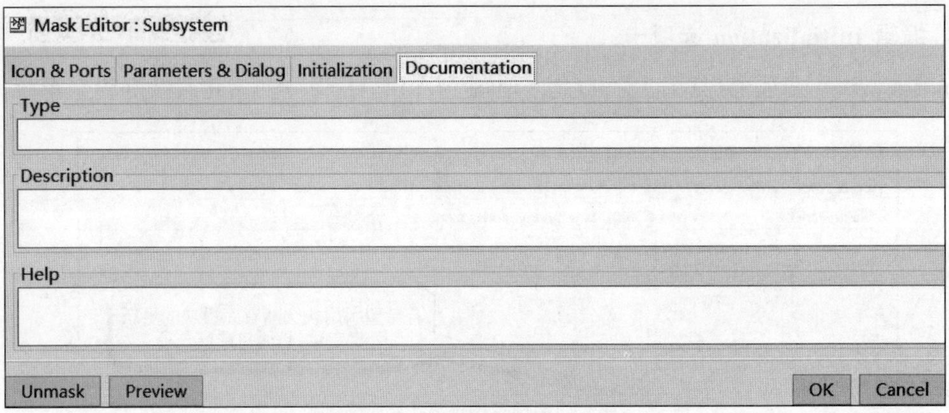

图 12-14　Documentation 选项卡

【**例 12-3**】　本例的功能是利用 Documentation 选项卡为子系统编写帮助文档。

本例为子系统编写的帮助如图 12-15(a)所示,实际运行时,双击子系统,将出现如图 12-15(b)所示的帮助内容。在参数对话框中单击 Help,将出现如图 12-15(c)所示的帮助文档。

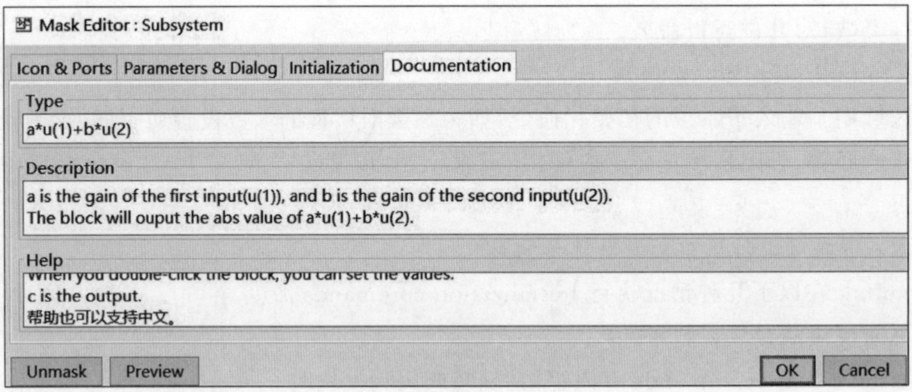

(a)

图 12-15　子系统帮助文档示例

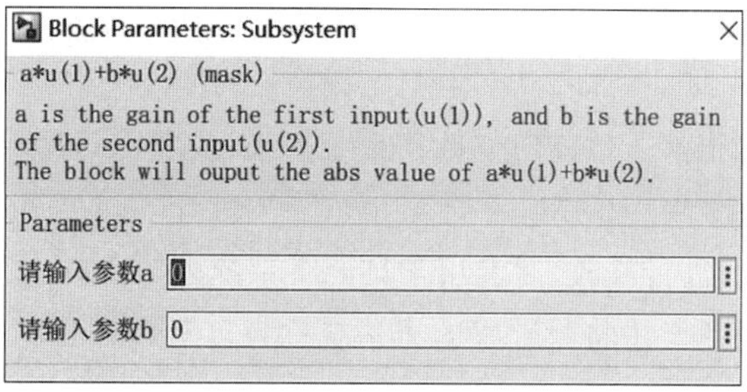

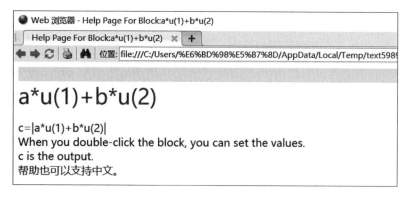

(b)

(c)

图 12-15　（续）

12.2.2　使用封装子系统

子系统封装完毕后，即可将其视为普通的模块加以使用，如双击模块可以打开参数对话框进行参数的设置，还可以查看有关该模块的帮助信息。

【例 12-4】　本例的功能是使用封装好的子系统。

任务：使用已封装好的子系统，进行参数设置并查看仿真结果。

双击 Subsystem 打开参数对话框，设置 a 和 b 的值，确认后运行仿真，其结果如图 12-16 所示，表明模型已成功接收到用户设置的参数，子系统封装成功。

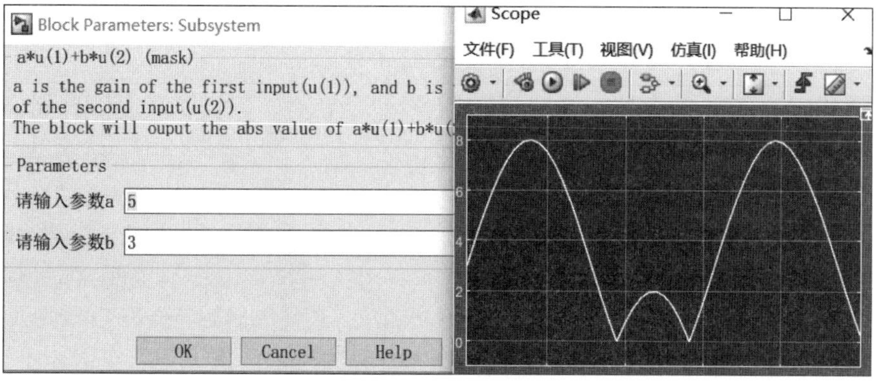

图 12-16　使用已封装好的子系统

12.2.3　修改封装子系统

子系统封装完毕后,仍然可以随时修改子系统模型,或者重新封装子系统。鼠标右键单击子系统,此时的上下文菜单中的 Mask 有 Edit Mask 和 Look Under Mask,前者用于打开 Mask Editor,对封装选项进行修改,后者用于打开子系统模型窗口,对模型进行修改。

为表述方便,本章的后文中将封装好的子系统称为自定义的模块。

12.3　模块库技术

所谓模块库,是指具有某种共同特性的一类模块的集合,例如,Math Operations 数学运算模块库、Sources 信源模块库和 Continuous 连续系统模块库等。在 Simulink 提供的模块库之外,用户也能自己创建自己的模块库,把开发模型所需要的模块或自定义的模块添加进去,这样不仅能更方便地建立模型,也能更高效地管理和使用模块。

12.3.1　建立模块库

建立模块库的步骤如下。

(1) 在新建中选择 library,将打开如图 12-17(a)所示的 library 库窗口。

(2) 将用户的自定义模块或所需要的其他模块库中的模块拖放到新建的模块库中(见图 12-17(b))。当要将自定义模块添加到模块库中时,需要先打开自定义模块所在的模型,然后拖放自定义模块。

(3) 保存模块库,如 mylibrary1.slx。

【例 12-5】　本例的功能是使用自定义模块建立 $|3(\sin(t)+0.5)-0.2t|$ 模型。

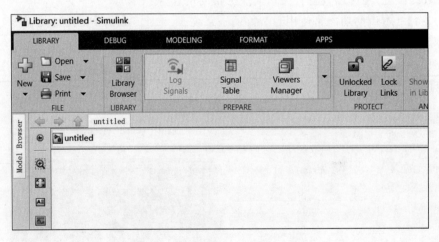

(a)

图 12-17　建立模块库的步骤

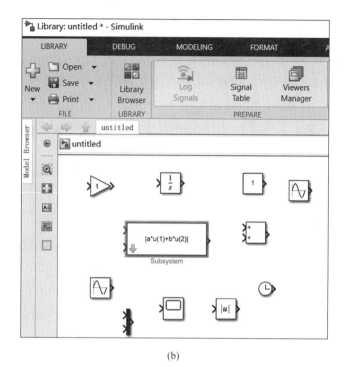

(b)

图 12-17 （续）

打开 mylibrary1 模块库，从中取用模块建立如图 12-18 所示的模型，为自定义模块设置参数值，运行仿真，结果与预期相符。

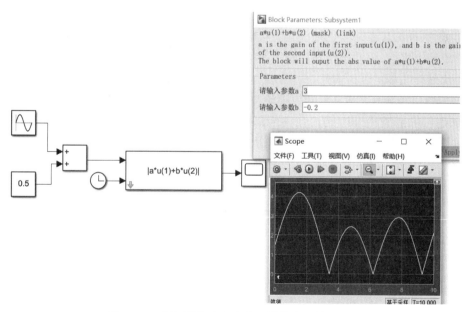

图 12-18 运用模块库和自定义模块建立模型示例

12.3.2　库模块与引用块的关联

模块库中的模块被称为库模块,将库模块添加到模型中后,就称其为引用块。默认情况下,如果修改了库模块的内容,引用块的内容也会发生相应改变。利用这种关联方式可以很方便地对自定义模块进行修改,并同时更新与之关联的所有引用块。

选择 mylibrary1.slx 中自定义的库模块,鼠标右键单击该模块后,在上下文菜单中的 Mask 子菜单中选择 Edit Mask,进入 Initialization 选项卡,会发现下面的 Allow library block to modify its contents 复选框已变成可选,勾选后,就可实现更新库模块后会随之更新引用块,如图 12-19 所示。

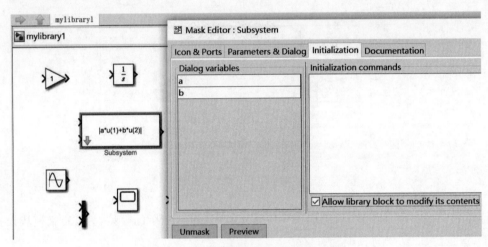

图 12-19　设置库模块与引用块的关联

此后,当选择 Edit Mask 更新自定义模块的封装内容,或选择 Look Under Mask 更新自定义模块的内容后,再在引用该自定义模块的模型中使用 Update diagram“”,与之关联的引用块就会同步更新。当然,也可以取消库模块和某个引用块之间的关联。

【例 12-6】　本例的功能是设置库模块与引用块的关联关系。

为方便比对,新建一个模型 ch12_6.slx,在模型中建立两个完全相同的系统,其中的子系统 1 和子系统 2 都来自同一个自定义模块,如图 12-20 所示。

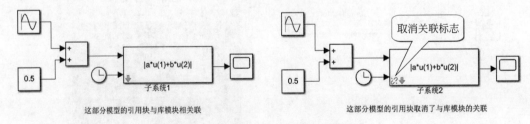

图 12-20　库模块与引用块的关联测试

（1）鼠标右键单击子系统 2 模块,在上下文菜单中选择 Library Link 子菜单中选择 Disable Link,取消该引用块与库模块的关联。

（2）子系统 1 采用默认状态,即与库模块关联。

（3）打开库模块的 Look Under Mask，在其中添加一行文字（见图 12-21(a)）。关闭库模块的模型窗口后，在 ch12_6.slx 模型窗口工具栏中单击 Update diagram"🐌"。

（4）鼠标右键分别单击子系统 1 和子系统 2 两个引用块，在上下文菜单中的 Mask 子菜单中选择 Look Under Mask，查看两个引用块模型的不同（见图 12-21(b) 和图 12-21(c)）。由于子系统 2 取消了与库模块的关联，因此，其模型不随库模块的改变而改变。而子系统 1 默认与库模块相关联，因此当库模块改变时，它也会相应改变。

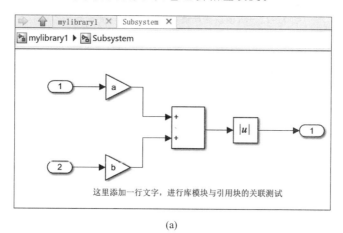

(a)

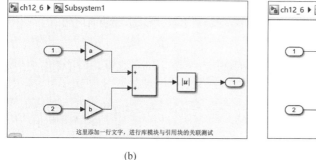

(b)

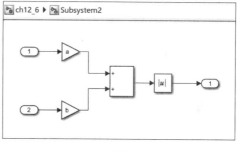

(c)

图 12-21　取消关联的引用块没有随库模块相应更新

（5）如果要恢复引用块和库模块的关联，鼠标右键单击子系统 2，在上下文菜单中选择 Library Link 子菜单中的 Restore Link，即可恢复引用块与库模块的关联。

提示：取消引用块与库模块的关联后，鼠标右键单击该引用块，在 Library Link 的子菜单中有 break Link 选项。如果选择该选项，则引用块将彻底与库模块取消关联，而且无法再恢复。

12.3.3　在库浏览器中加入自建模块库

将自建模块库添加到 Simulink Library Browser(库浏览器)，每次启动 Simulink 后，就可以像使用其他模块库一样，随时调用自建模块库中的模块。

（1）把 mylibrary1.slx 保存到指定的文件夹下（本例中，在 C 盘下建立了一个 mylibrary 文件夹）。同时，将这个文件夹添加到 MATLAB 的搜索路径中，如图 12-22 所示。

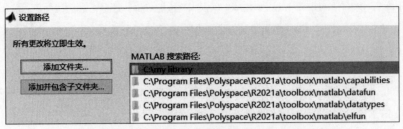

图 12-22 　将模块库所在的文件夹加入搜索路径

（2）每个 Simulink 模块库的相关信息都保存在它自己的 slblocks.m 中，Simulink 在启动时，会读取这些 M 文件，然后在 Library Browser 中显示模块库的相关信息，并打开对应库文件。因此，也需要为 mylibrary1.slx 建立一个 slblocks.m 文件。可以参考其他 slblocks.m 文件，并修改相关信息。

在 my library 文件夹中新建一个 slblokcs.m，其内容如下所示。

```
function blkStruct = slblocks
%SLBLOCKS Define the Simulink library block representation.

%Define the library list for the Simulink Library browser.
%Return the name of the library model and the name for it
Browser(1).Library = 'mylibray1';              %要加载的模块库名称
Browser(1).Name = 'My work Toolbox';           %浏览器中将显示的模块库名
blkStruct.Browser = Browser;
```

到此，my library 文件夹中有一个 mylibrary1.slx 和一个 slblocks.m，并注意该文件夹的属性不能是"只读"，如图 12-23 所示。

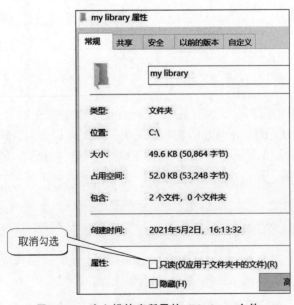

图 12-23 　建立模块库所需的 slblocks.m 文件

（3）关闭 MATLAB 后重新打开，再打开 Simulink，My work Toolbox 已出现在 Library Browser 中（见图 12-24）。

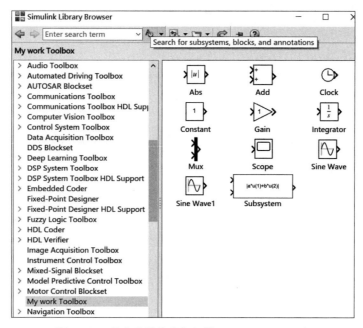

图 12-24　将自建模块库加入到 Library Browser 中

12.4　Simulink 自带的子系统模块库

Simulink 提供了 Port & Subsystem 模块库（见图 12-25），本节将对部分常用的子系统进行介绍。

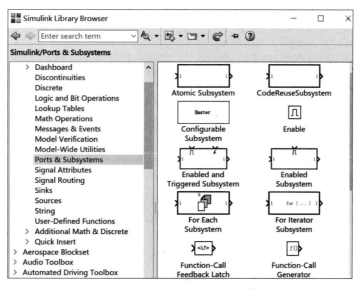

图 12-25　Port & Subsystem 模块库

12.4.1 Enabled 使能子系统

所谓使能子系统,是指当输入信号为真(即输入信号为正数)时,开始执行子系统。当输入信号为假时,子系统的输出保持前一时刻的值,即输出一条直线。

【例 12-7】 本例的功能是使用使能子系统。

模型如图 12-26(a)所示,从 Port & Subsystem 选择 Subsystem 模块,并将 Enabled 模块放到该子系统中,使能子系统的控制端采用 Pulse Generator 脉冲信号。另外,在子系统添加一个 Gain 模块,其值为 2。

(1) Pulse Generator 中,Period 为 1,Pulse Width 为 50(可产生占空比为 50% 的脉冲信号),其余为默认值。

(2) 输入信号为 Sine Wave,采用默认参数。

运行模型,仿真结果如图 12-26(b)所示,为方便查看数据,将第一个坐标轴的 Y 值范围调整为[-2,2]。可以看出,当 Pulse Generator 模块产生的信号为正时,使能子系统直接输出正弦信号;当 Pulse Generator 模块产生的信号不为正时,使能子系统的信号保持不变。

需要说明的是,Simulink 默认仿真步长为"(仿真结束时间-仿真开始时间)/50",在变步长状态时,仿真数据略多于 50。数据点之间采用直线相连以形成曲线,因此,本例中的输出信号有部分失真。图 12-26(c)显示的是采用固定步长为 0.05 时的仿真结果,曲线失真得到抑制。

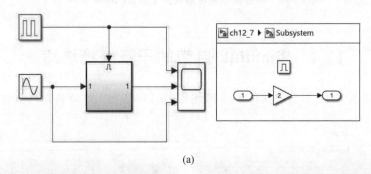

(a)

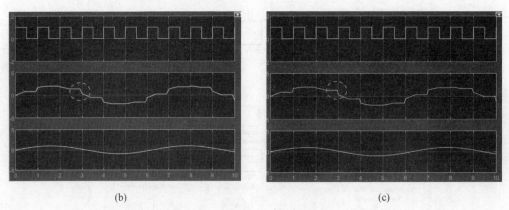

(b)   (c)

图 12-26 使能子系统的应用示例

提示：在 Port & Subsystem 模块库中，有一个 Enabled Subsystem，它其实就是 Enable 模块和 Subsystem 的结合体，在设计使能子系统时，这两种方式可任选一种。

12.4.2　Trigger 触发子系统

所谓触发子系统，是指当控制信号符号发生变化时，开始执行子系统。控制信号可分为以下 3 种。

- 在控制信号的上升沿触发子系统。
- 在控制信号的下降沿触发子系统。
- 在控制信号的双边沿触发子系统，即只要控制信号的符号发生变化就执行子系统，而不管控制信号此时是上升还是下降。

【例 12-8】　本例的功能是使用触发子系统。

模型如图 12-27(a)所示，从 Port & Subsystem 选择 3 个 Triggered Subsystem 模块，分别将其设置为上升沿触发、下降沿触发和双边沿触发。

（1）控制信号为 Pulse Generator，其中 Period 为 1，Pulse Width 为 50，其余采用默认值。

（2）输入信号为 Sine Wave，采用默认参数。

仿真结果如图 12-27(b)所示，为更好地查看仿真数据，将 5 个坐标轴的 Y 值范围均设置为[−2 2]。第一幅图是控制信号，第二幅图是上升沿触发子系统的运行结果，第三幅图是下降沿触发子系统的运行结果，第四幅图是双边沿触发子系统的运行结果，第五幅图是正弦输入信号。可以发现，上升沿触发子系统只有在控制信号从 0→1 时才执行，下降沿触发子系统只有在控制信号从 1→0 时才执行，双边沿触发子系统只要在控制信号符号发生改变时就执行，不管是 0→1 还是 1→0。

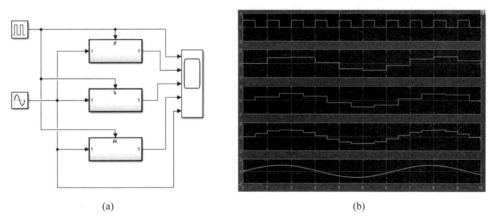

(a)　　　　　　　　　　　　　　　　(b)

图 12-27　触发子系统的应用示例

提示：Triggered Subsystem 由 Trigger 模块和 Subsystem 模块组成，可直接使用。

12.4.3　触发使能子系统

所谓触发使能子系统，就是同时融合了触发子系统和使能子系统特性的子系统。其执行步骤如图 12-28 所示。

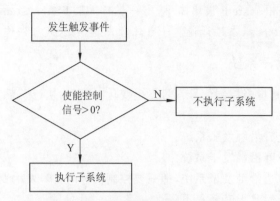

图 12-28　执行触发使能子系统的步骤

【例 12-9】　本例的功能是使用触发使能子系统。

模型如图 12-29（a）所示，从 Port & Subsystem 选择 1 个 Enabled and Triggered Subsystem 模块，将其中的 Trigger 模块设置为 rising，即上升沿触发。

（1）使用两个 Pulse Generator，其中的 Pulse Generator 作为触发模块的控制信号，其中 Period 为 0.5，Pulse Width 为 50，其余采用默认值；Pulse Generator 作为使能模块的控制信号，其中 Period 为 1，Pulse Width 为 50，其余采用默认值。

（2）输入信号为 Sine Wave，采用默认参数。

仿真结果如图 12-29（b）所示，四个坐标轴的 Y 值范围均设置为 $[-2\ 2]$。第一幅图是使能控制信号，第二幅图是触发模块的控制信号，第三幅图是上升沿触发使能子系统的运行结果，第四幅图是正弦输入信号。可以发现，在触发模块的第一个上升沿，由于使能控制信号为 0，因此不执行子系统，输出信号保持为初始状态的 0。在触发模块的第二个上升沿，由于使能控制信号为正，因此执行子系统，输出发生相应变化。

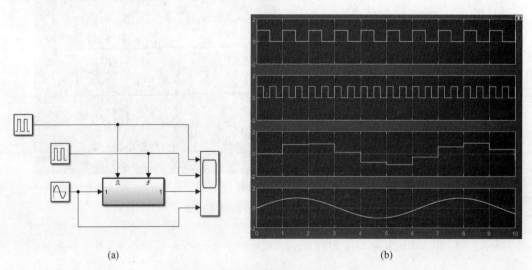

(a) (b)

图 12-29　触发使能子系统的应用示例

提示：触发使能子系统能由 Trigger 模块、Enable 模块和 Subsystem 模块组成。

12.4.4　Switch Case 子系统和 Switch Case Action Subsystem 子系统

所谓 Switch Case 子系统,是指在对输入信号进行判断的基础上,选择相应的输出端口,使得相应的 Switch Case Action Subsystem 子系统得以执行。

【例 12-10】　本例的功能是使用 Switch Case 子系统和 Switch Case Action Subsystem 子系统。

任务:当输入信号为 1 时,输出 Amplitude 为 1 的正弦信号;当输入信号为 2 或 4 时,输出 Amplitude 为 2 的正弦信号;对于其余输入信号,输出 Amplitude 为 3 的正弦信号。

解题思路:由于有三个分支,因此要在 Switch Case 子系统中设置相应的输出端口,并使用 3 个 Switch Case Action Subsystem 输出对应的正弦信号。

(1) 使用五个 Step 阶跃模块构造 Switch Case 子系统的输入信号,其 Step time 分别为 0,2,4,6,8,Final value 均为 1,其余采用默认值。

(2) 使用一个 Add 模块,其目的是累加上述 Step 信号,在 0~2 秒之间,Add 的输出为 1;由于在第 2 秒发生了一个阶跃信号,因此在 2~4 秒之间,Add 的输出为 2。以此类推,从第 8 秒开始,Add 的输出为 5。

(3) 使用一个 Sine Wave 信源,作为 Switch Case Action Subsystem 的输入,采用默认值。

(4) 使用一个 Switch Case 子系统,双击打开如图 12-30 所示的参数对话框,输入{1,[2,4]},并勾选 Show default case 复选框。这表明对于输入信号 1,执行第一个 Case Action Subsystem;对于输入信号 2 或 4(它们组成一个向量),执行第二个 Case Action Subsystem。由于选中了 default case,因此对于其他输入信号,执行 default case。

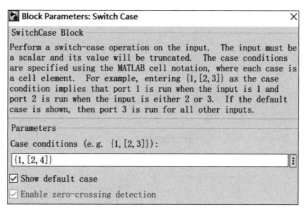

图 12-30　设置 Switch Case 子系统的参数

(5) 使用三个 Switch Case Action Subsystem 子系统,双击打开 Switch Case Action Subsystem1 子系统[见图 12-31(a)]的参数对话框,在其中添加一个 Gain 模块,其值为 2;双击打开 Switch Case Action Subsystem2 子系统[见图 12-31(b)]的参数对话框,在其中添加一个 Gain 模块,其值为 3;对 Switch Case Action Subsystem 不做改变。由此可以看出,Switch Case Action Subsystem 用于响应 Switch Case 的 1 号端口,Switch Case Action Subsystem1 用于响应 Switch Case 的 2 号端口,Switch Case Action Subsystem2 用于响应

Switch Case 的 3 号端口,也就是 default case 端口。

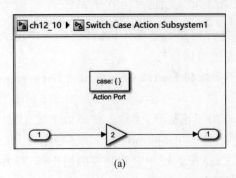 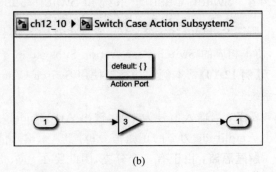

(a)   (b)

图 12-31　设置 Switch Case Action Subsystem

模型如图 12-32(a)所示,仿真结果如图 12-32(b)所示。可以看出:

在前 2 秒,输入信号为 1,因此,Switch Case 的 1 号端口输出信号,正弦信号没有被放大。

在第 2～4 秒,输入信号为 2,因此,Switch Case 的 2 号端口输出信号,执行对应的 Switch Case Action Subsystem1 模块,正弦信号被放大 2 倍。

在第 4～6 秒,输入信号为 3,因此,Switch Case 的 default 端口输出信号,执行对应的 Switch Case Action Subsystem2 模块,正弦信号被放大 3 倍。

在第 6～8 秒,输入信号为 4,因此,Switch Case 的 2 号端口输出信号,执行对应的 Switch Case Action Subsystem1 模块,正弦信号被放大 2 倍。

在第 8～10 秒,输入信号为 5,因此,Switch Case 的 default 端口输出信号,执行对应的 Switch Case Action Subsystem2 模块,正弦信号被放大 3 倍。

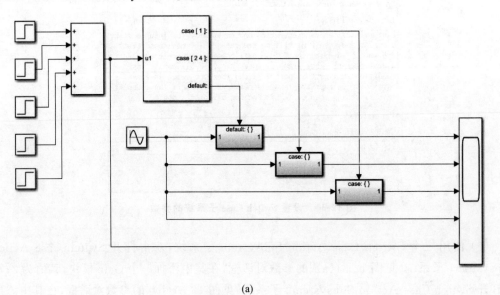

(a)

图 12-32　Switch Case 和 Switch Case Action Subsystem 的应用示例

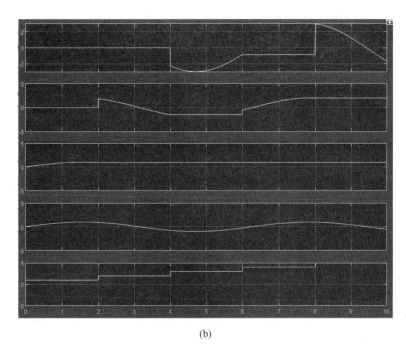

(b)

图 12-32　（续）

提示：若仿真的结果与文中相比精度不够，或曲线有失真，可更改仿真步长，如定步长为 0.05。

12.4.5　If 系统和 If Action Subsystem 子系统

If 子系统的使用方法与 Switch Case 相似，都是在对输入信号进行判断的基础上，选择相应的输出端口，使得相应的 If Action Subsystem 子系统得以执行。

【例 12-11】　本例的功能是使用 If 子系统和 If Action Subsystem 子系统。

任务：用 If 子系统和 If Action Subsystem 子系统实现例 12-10 中的任务。

解题思路：由于有三个分支，因此要在 If 子系统中设置相应的输出端口，并使用三个 If Action Subsystem 输出对应的正弦信号。

If 子系统的参数对话框如图 12-33 所示，默认是一个输入端口，如果有多个输入，会分别用 u1，u2，u3，…表示。If 子系统默认一个 If 输出端和一个 else 输出端，当取消勾选 Show else condition 时，则会取消最后的 else 端口。当需要在 else 中嵌套 If 判断时，只需在 Elseif Expression 中用逗号分隔条件，Simulink 会根据逗号的个数确定输出端个数。

使用三个 If Action Subsystem 子系统（也可使用 Switch Case Action Subsystem，两者其实相同），双击打开 If Action Subsystem1 子系统（见图 12-34）的参数对话框，在其中添加一个 Gain 模块，其值为 2；双击打开 If Action Subsystem2 子系统的参数对话框，在其中添加一个 Gain 模块，其值为 3；对 If Action Subsystem 不做改变。由此可以看出，If Action Subsystem 用于响应 If 子系统的 1 号端口，If Action Subsystem1 用于响应 If 的 2 号端口，If Action Subsystem2 用于响应 If 的 3 号端口，也就是 else 端口。

其实模块均同例 12-10。

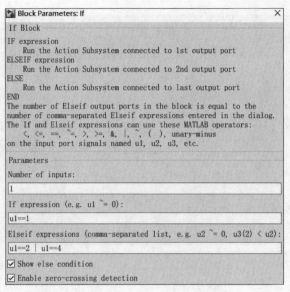

图 12-33 **If** 子系统的参数对话框

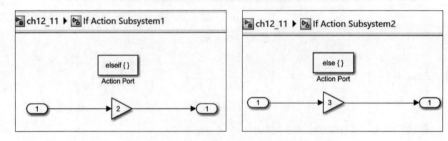

图 12-34 **If Action Subsystem** 的参数设置

模型如图 12-35(a)所示,仿真结果如图 12-35(b)所示,与例 12-10 的仿真结果相同。

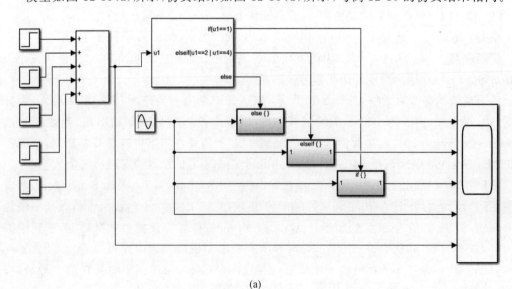

(a)

图 12-35 **If** 子系统和 **If Action Subsystem** 子系统的应用示例

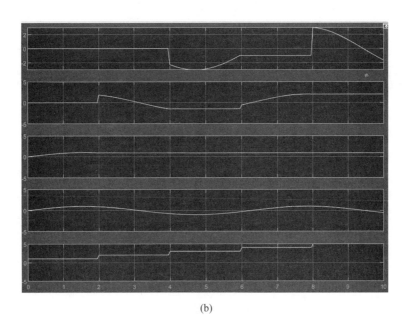

(b)

图 12-35　（续）

图书资源支持

感谢您一直以来对清华版图书的支持和爱护。为了配合本书的使用，本书提供配套的资源，有需求的读者请扫描下方的"书圈"微信公众号二维码，在图书专区下载，也可以拨打电话或发送电子邮件咨询。

如果您在使用本书的过程中遇到了什么问题，或者有相关图书出版计划，也请您发邮件告诉我们，以便我们更好地为您服务。

我们的联系方式：

地　　址：北京市海淀区双清路学研大厦 A 座 714

邮　　编：100084

电　　话：010-83470236　010-83470237

客服邮箱：2301891038@qq.com

QQ：2301891038（请写明您的单位和姓名）

资源下载：关注公众号"书圈"下载配套资源。

资源下载、样书申请

书 圈

图书案例

清华计算机学堂

观看课程直播